对标一流　迈向卓越

——西北农林科技大学第二届机关优秀工作案例集

刘新胜　主编

西北农林科技大学出版社

图书在版编目(CIP)数据

对标一流　迈向卓越：西北农林科技大学第二届机关优秀工作案例集／刘新胜主编. —杨凌：西北农林科技大学出版社，2018.7
ISBN 978-7-5683-0530-3

Ⅰ. ①对… Ⅱ. ①刘… Ⅲ. ①高等学校-教育工作-陕西-文集 Ⅳ. ①S-40

中国版本图书馆 CIP 数据核字(2018)第 169697 号

对标一流　迈向卓越

西北农林科技大学第二届机关优秀工作案例集

刘新胜　**主编**

出版发行	西北农林科技大学出版社	
地　　址	陕西杨凌杨武路 3 号	**邮　编**:712100
电　　话	总编室:029-87093105	发行部:87093302
电子邮箱	press0809@163.com	
印　　刷	陕西天地印刷有限公司	
版　　次	2018 年 7 月第 1 版	
印　　次	2019 年 7 月第 1 次印刷	
开　　本	787mm×1092mm　1/16	
印　　张	23	
字　　数	411 千字	

ISBN 978-7-5683-0530-3

定价:55.00 元

编 委 会

前言

习近平总书记在党的十九大报告中指出:“党的基层组织是确保党的路线方针政策和决策部署贯彻落实的基础。要以提升组织力为重点,突出政治功能,把企业、农村、机关、学校、科研院所、街道社区、社会组织等基层党组织建设成为宣传党的主张、贯彻党的决定、领导基层治理、团结动员群众、推动改革发展的坚强战斗堡垒。党支部要担负好直接教育党员、管理党员、监督党员和组织群众、宣传群众、凝聚群众、服务群众的职责,引导广大党员发挥先锋模范作用。”这为我们加强党的基层组织建设提供了根本遵循。

2016 年 3 月,西北农林科技大学机关党委按照校党委的统一部署,在全体党员中认真开展了“两学一做”学习教育。把此作为一项重大的政治任务,精心谋划,认真组织,高质量推进。在学习教育中,做到分类指导,确保全员参与,并结合机关工作特点,学习教育既突出党性教育,又结合各部门、各党支部实际,把党的建设与机关工作相融合,使“两学一做”成效充分体现在做好机关的各项工作中,进而推动了“两学一做”学习教育常态化、制度化的开展。

为充分展示机关各党支部“两学一做”学习教育成效,交流基层组织建设经验,持续推进机关作风建设,不断提升机关的执行力和执政能力,加强“学习型、创新性、服务型、规范性、效率型、廉洁型”机关建设,营造“争创一流,追求卓越”的良好氛围,2017 年 4 月至 9 月,机关党委在机关各部门、党支部和全体职工中开展了第二届机关优秀工作案例评选活动。评选产生的这些优秀工作案例,是机关各部门、各党支部长期以来积极探索实践和智慧的结晶。将这些优秀工作案例汇编成册,供大家互相学习借鉴,对于加强学校党的基层组织建设具有重要意义。

管理服务类优秀工作案例,内容丰富,重点突出,各具特色。在内容上充分展示机关部门和工作人员追求卓越、争创一流的工作实绩。案例紧紧围绕学校中心工作以及部门、科室的工作职能，突出在完成学校重点工作、改革任务、解决基层实际问题中的具体实践和创新做法。具有客观性、典型性、有效性、创新性、示范性等特点。

党建工作类优秀工作案例（党支部“两学一做”风采展示工作案例），特色明显，文约事丰，注重党支部工作创新，聚焦高校机关党的建设与机关管理服务工作的深度融合，从实践层面极大地拓展和丰富了基层党的建设科学化内涵，为提高党支部工作水平做出了积极探索。具有较强的实践价值、研究价值、推广价值。

本届优秀工作案例，创新成果显著。充分体现了机关各部门、各党支部解放思想、改革创新、有特色、有引领的特征；充分体现了各部门、各党支部在工作理念、工作方法、工作机制等方面的新突破；充分体现了“管理就是服务”的理念；充分体现了“立德树人”的根本要求。展示了机关党委及各党支部在贯彻落实校党委部署，完成学校重点工作中求真务实、作风严谨、争创一流、追求卓越的精神面貌和工作态度；展现了机关管理育人、服务育人、关爱学生、服务学生的工作成果；展示了机关工作人员勤于学习、善于钻研、各司其职、主动服务、解决问题，为师生提供优质、高效、精细化服务的宗旨。

机关优秀工作案例评选活动已成为我校机关各部门、各党支部以及工作人员相互交流学习和风采展示的重要平台，成为认真总结机关工作先进经验乃至机关工作规律的重要载体，促进了机关工作水平的提升，激发广大机关工作人员不断对标一流，迈向卓越。

我相信经过不断的积累和探索，这项活动会发挥越来越强的示范作用，成为推动全校“两学一做”学习教育常态化、制度化的一种新的工作方式，成为进一步做好机关各项工作学习借鉴的成功范例，成为积极推进我校“双一流”建设的实践探索。

西北农林科技大学党委副书记

2017年11月16日

目录

对标一流 迈向卓越

西北农林科技大学第二届机关优秀工作案例集

管理服务类

党建工作类

DUIBIAOYILIU MAIXIANGZHUOYUE

管理服务类

创建创新平台　推进农林学科拔尖人才培养

教　务　处

2008 年,西北农林科技大学率先推进农林学科拔尖创新人才培养示范,创建创新实验学院。2015 年《国务院办公厅关于深化高等学校创新创业教育改革的实施意见》印发实施,学校高度重视,协同推进、构建多层次分类人才培养模式,教务处牵头系统推进我校创新创业工作。

一、背景和目标

早在 2008 年,西北农林科技大学就着眼于拔尖创新人才教育示范,创建创新实验学院,实行两段三阶多通道拔尖创新人才培养,采用“2 + X”本硕博贯通培养、自主选课制、导师制和分流管理等,培养基础宽厚、素质协调、实践和科研能力强的创新人才,在农林院校率先开展创新育人探索。

2015 年《国务院办公厅关于深化高等学校创新创业教育改革的实施意见》印发实施,学校高度重视,精心组织,制订出台了《西北农林科技大学深化创新创业教育改革实施方案》,成立了校长任组长的学校创新创业教育工作领导小组。坚持问题导向,补齐培养短板,协同推进、突出特色、形成亮点的原则,把开展创新创业教育作为落实立德树人根本任务、提升人才培养质量的重要抓手;努力构建课堂教学、实践教学、自主学习、指导帮扶、文化引领“五位一体”的创新创业教育体系,发挥场站、基地育人功能;创建分类多层次人才培养模式,不断激发学生创新活力,挖掘创业潜能;注重学生实践创新能力培养,形成创新创业教育特色,在全国产生了较好的引领作用。

二、思路与举措

1. 优化双创教育管理体制和工作机制

2016 年 6 月 29 日成立校长任组长的创新创业教育工作领导小组,定期召开研究部署逐项推进，形成校领导牵头，教务处、学工部、研工部、就业指导中心与团委齐抓共管、统筹推进的工作机制。同时启动创业学院筹建，全面深化创新创业教育改革。各学院成立双创工作组，组织实施双创教育。

2. 加强课程设置，夯实双创教育基础

建立创新创业与素质教育学分设置、认定标准等制度，实施“创新创业优质课程建设计划”“素质拓展计划”，双创教育融入教学全程。学校开设“昆虫分类学导论”等4门国家级视频公开课，“园艺设施学”等12门国家精品课程，“葡萄酒工程学”等46门省级共享课。引进建设一批慕课及网络公开课，其中尔雅和智慧树单独开放45门次，选课人数从2014年的2 270名上升至2016年的4 630名。面向全体学生开设“新生研讨课”和“大学生创业基础”“创业意识培养”“趣味创业学”等选修课，探索多样化授课模式。2017年春季仅“创造性思维与创新方法”等14门创新创业课程模块选修人数为5 707名，受到学生普遍欢迎。组织创新创业试点学院建立了创新创业教育案例库。

3. 推进教育教法改革，确保教育质量

以教学质量奖励津贴、“金牌教师”奖励计划为导向，激励教师潜心双创教学，改进授课方法，投身双创教育实践。各专业小班化教学达20%，实践课学分比达30%以上。促进实习教学内容从单个课程向跨学科、多课程的综合实习转变；实施产学研“基地化教学”和“情系‘三农’”活动，学生全程参与到各类科研和实践项目中。

设立本科生学业评价体系改革专项。在“园艺产品加工学”等26门课程中开展多元化考核评价改革，在“基础生物化学实验”等61门课程开展学业考核评价试点改革，重构基于过程的多元化评价体系。

4. 强化实践训练，聚焦双创能力培养

（1）打造多元平台，扶持创新创业团队。学校拥有国家级省级实验教学示范中心、虚拟仿真中心17个，校内基地45个，校外基地310个和海外实践教学基地4个，向学生全面开放，将创新创业教育融入教学实习、科研训练等环节。

与政府、企业合建“国家农科教合作人才培养基地”等大创实践基地，建成800平方米大学生创客空间与3 000平方米大学生创业园，与杨凌示范区联手打造集培训、孵化、服务等一体化创业实践平台，41家企业入孵。

（2）强化项目训练，提高双创意识。近五年获批国家级大学生创新性实验计划项目726项，参与学生3 625人次，校重点1 591项，校一般2 175项，合计1.6万余人，学生创新创业能力显著提高。自2012年起，获得国家级奖励219

项，省级奖励232项，发表论文302篇，获得专利197项。

（3）出台《西北农林科技大学大学生学科竞赛管理办法》，构建四级竞赛体系，提升竞争力。近5年每年参与学生6 000余人次。2016年学科竞赛获国家级、国际级奖项185项，创历史新高。2016年第二届中国“互联网＋”大学生创新创业大赛取得银奖2项，总成绩列全国第22名；获2016年“创青春”创业大赛银奖1项；获2016年中国“创翼”创新创业大赛银翼奖4项、陕西省青年创新创业大赛金奖1项。

（4）发挥学生主动性，营造创新创业文化氛围。成立大学生科学技术协会和创业爱好者协会。每年举办政策宣传、推介、沙龙等20余场，以创新工作坊、创业训练营等方式开展多类型校园社群培训，培训学生300人次。每年大学生创新创业论坛暨成果展示参与学生5 000余人次。李华教授推建的大学生葡萄酒爱好者协会，为万名学生培训葡萄酒文化。大学生葡萄酒联盟有37所高校加入。

5. 双创教育融入培养方案，加强教育教学管理

创新创业育人理念融入课程，贯穿育人始终。出台《本科生创新创业与素质教育学分管理办法》，将创新创业与素质教育8学分纳入本科人才培养方案中，设置“三大模块、六类项目”的创新创业学分配套制度。修订中的学籍制度，实施4～6年弹性学制，允许学生调整学业进程、保留学籍休学创业。校长奖学金单设创新创业类别，学院设立多个创新创业奖学金，树立优秀典型，激发学生参与热情。

制定《“大学生创新性实验计划”实施细则》，实现大创项目和毕业论文无缝衔接。完善《学术特长生免试攻读硕士学位推荐办法》，保证特长生指标，放宽推免门槛，鼓励学生投身创新创业。

三、成效与体会

2016年我校获批教育部第二批“全国高校实践育人创新创业基地”。依据学科特色，产学研紧密结合，先行先试，引领育人特色。2017年7月，教育部公示了“全国第二批深化创新创业教育改革示范高校”入选名单，我校与中国人民大学等101所高校一同入选。2016年6月我校动科学院入选2016年陕西省高等学校创新创业教育改革试点学院（系）名单。2017年6月，我校园艺学院和葡萄酒学院2个学院入选2017年陕西省高等学校创新创业教育改革试点学院（系）名单。

学校将继续深化创新创业教育改革，建成一批创新创业教育优质课程，研发一批学创融合项目，建设一支创新创业师资队伍，培养一批具有创新精神、创业意识和创新创业能力的学生，形成具有我校特色的创新创业人才培养模式，引领、示范和带动创新创业教育全面深入改革，着力培养创新创业型人才，推动创新创业教育工作取得新成效。

我校遴选8个卓越农林人才试点学院和3个省级创新创业试点学院。依据学科特色，产学研紧密结合，先行先试，引领育人特色，在国内外颇具影响力。

（1）园艺学院面向国内外园艺产业，国家级团队引领，以“设施农业科学与工程新专业创建及人才培养体系探索与实践”国家教学成果二等奖为依托，整合校内外教学资源，在西北园艺产业中心地带创建集创新、培养、推广、交流“四位一体”的西北园艺产业双创人才培育中心。涉及7种园艺作物试验示范站和基地19个，每年3 000名学生驻站实习。出台《园艺学院学生创新创业和学术实践成果奖励办法》，激励学生主动参与创新创业实践。2016年“第一届世界苹果大会”应邀嘉宾有1 000多人，参会4万余人，为学生创新创业开阔了视野，搭建了国际化交流平台。

（2）葡萄酒学院依托全产业优势，以“中国葡萄酒产业链关键技术创新与应用”（2016年）国家科技进步二等奖为引领，创建四模块“从土地到餐桌”的全产业链育人特色，培养学生国际就业竞争力。设“金葡萄创业奖”“李华科研创新奖学金”“院长基金”和“华王NO.1奖励基金”等为自主创业大学生提供支持。率先建立“葡萄酒学院百特葡萄酒酿造（法国）实践教学基地”“卡聂高国际控股公司（法国）实践教学基地”等海外基地4个，加强国际化办学。

（3）动科学院设置特色班育人，创建国家农科教合作人才培养基地，建立行业协同育人新机制。与院所、企业建成“宝鸡肉牛牦牛农科教合作人才培养基地”“蒙宁晋绒毛用羊农科教合作人才培养基地”国家级基地2个。校企成立“动科扬翔班”“动科石羊班”“动科六和班”“动科学院—康达尔创新创业空间”，提升育人质量和水平。

（执笔人：王凌云　王俊儒）

精心谋划　扎实推进　助力教师教学能力提升

教学发展中心

一、工作背景

《国家中长期教育改革和发展规划纲要(2010—2020年)》指出:教育大计,教师为本。有好的教师,才有好的教育。教师不仅是人才培养目标的具体实施者,而且也是教育教学改革的推动力量。目前,各个高校都处于快速发展阶段,各个学科都在不断提升其水平和质量,高校间的竞争亦日趋激烈。为了在高校竞争中立于不败之地并有所建树,各高校亟须有一大批教学水平高、科研创新和社会服务能力强、勇于实践、敬职敬业的教师。由此,教师培训便成为高校师资建设工作的重中之重。

2013年自我校教师教学能力发展中心成立以来,为有效帮助我校教师提升教学能力,相继开展了常规培训(如教师单科进修、网络在线培训、校外短期培训),以及基于教师发展需求的提升性培训,如慕课、微课等专题讲座、教学方法研讨会、教育技术工作坊等,帮助老师更新教学理念、转变教学方法。随着教师专业化的发展及高等教育改革的不断深化,高校教师培训必须要高效、有计划地进行,才能满足教师培训需求的多样化、个性化。因此,教学发展中心不断细化不同时期、不同阶段教师教学发展需求,在原有培训内容、方式的基础上重新进行梳理,努力构建基于教师终身职业发展的"分层分类,多元混合"教学能力发展体系。

二、工作举措

(一)务实创新,开发完善培训专题

教学发展中心持续加强教师培训效果与后续培训需求调研,探寻教师教学发展的实际需求;同时对教师教学发展进行深入研究,在此基础上进行培训体

系的架构与内容的更新重组，确定了以新教师入职培训和教育信息化为主线，融合“课堂教学设计”“BOPPPS 模型”“课堂讲授”“网络公开课的制作技术”“混合教学法”“网络与移动终端教学技术”“翻转课堂”等专题，整合梳理出“教育技术与网络资源建设”“混合教学”和“有效教学”3 类专题培训。

（二）内部挖潜，建立校本化师资培训队伍

由于地缘劣势，导致我校不能像其他大城市的高校实现培训资源共享。在这样一种现实困境中，我校充分挖掘校内的优秀师资资源，组建老中青结合的校本化师资培训队伍。师资培训队伍主要负责教育教学理论及其教学实训、教师教育技术理念及操作、有效教学等方面的培训。师资培训队伍除承担相应的培训任务外，还肩负着制订培训方案、研发培训课程的任务。

（三）协调发展，共建优质培训资源

“他山之石，可以攻玉。”中心自成立以来，坚持探索实践，不断向外拓展培训资源，开展“校与校”联合、“校与企”合作，形成了内外结合的培训形态。中心借助外力，加强引智共建，举办台湾大学王秀槐教学工作坊、清华大学教育研究院“混合课程（翻转课堂）教学设计”工作坊、智慧树网“慕课共享训练营”等活动，这些活动已经成为我校教师提升培训的品牌。与此同时，中心在这些品牌培训活动方案、内容的基础上，结合我校教师教学发展实际需求，进行自主研发培训课程，并面向全校教师开展相应培训。

（四）与时俱进，优化培训管理方式

培训水平的高低与培训管理方式有着莫大的关系，为构建更加完善的培训体系，中心建立微信公众号，对每期培训信息进行实时更新，方便教师及时了解培训信息。培训报名方式也进行创新，由原来通过发邮件改为采用问卷星在线报名方式，简化了报名程序，节约校内校外教师报名时间。与此同时，中心联合信息学院蔚继承老师团队自主研发教师教学培训成长档案系统，详细记录教师参加培训的相关信息。最后，中心为切实保证教师参加的培训效果，不断提升学习体验，在培训课程结束后会利用问卷星对培训的效果及后续的需求进行追踪调研，以便不断调整和补充新内容。

三、工作成效

（一）培训资源建设成效显著

到目前为止，我校共有教学实务培训团、教育技术培训团及有效教学团队共三支师资培训队伍，共 32 人。教学实务培训团主要承担新进教师入职培训任务，教育技术培训团及有效教学团队主要承担中青年教师提升培训任务。近三年师资培训队伍在我校共开展培训90余场，培训人次达2 000多人次。研发包括“大学教学与教师成长”“课堂教学设计”“BOPPPS模型”“课堂讲授”“LaTeX排版系统”“混合式教学模型”等35门培训课程。我校师资培训团队在立足本校的同时，已走出校门，面向全国高校开展教师教学培训服务。

（二）初步建成周周可培训、时时可学习的培训体系

仅2017年上半年中心共举办专题培训40场，平均每周就有一到两场培训，累计培训教师1 306人次。培训内容涉及“微课视频设计与制作”“混合式课程是如何设计的”“基于移动端的翻转课堂实施”“SPSS数据分析入门”“有效教学设计理论”“有效学业评价”等课程内容。参加培训的王佳老师表示，“周周有培训，时时可学习”的培训安排，让教师有了更大的自主权，基本上只要有学习意愿和时间就可以参加培训，大幅度提升了培训效率。

（三）教师教学水平全面提升

授课水平的优秀率从2015年的11.1%上升到2017年的28.1%。在陕西省2015年首届及2016年第二届微课教学比赛中，我校作品斩获多项奖项，共有2件作品获一等奖，5件作品获二等奖，10件作品获三等奖，4件作品获优秀奖。同时，在陕西省第三届青年教师教学竞赛中，我校理学院陈莹莹老师获理科组一等奖，实现新突破。陈莹莹老师认为取得的教学成绩跟参加的培训是分不开的，通过参加培训，自己能更准确地把握如何制作科学、合理的教学设计，如何进行更加有效的课堂组织知识和讲授。

（四）有效扩大了学校的影响

近三年来，中心举办的各类研修班吸引全国60余所高校近千名名教师参加，扩大了学校影响力，提升了教师教学能力。与此同时，我校师资培训团队在2016年作为教育部全国高校教师网络培训中心品牌团队为全国17所高校提供了新教师入职培训，同时应邀先后赴大连大学、内江师范学院、西安理工大学、西安建筑科技大学、陕西中医药大学、延安大学、西安职业技术学院开展培训。

四、工作启示

（一）建章立制，建立长效运行保障机制

立足长远，建立教师发展的长效机制，激发教师教学发展的热情，应尽快出台教师教学能力提升工作指导性文件，建立相应的培训考核标准，指导教师参加相应的提升培训，保障我校教师培训工作科学、规范地进行，以实现我校教师教学水平稳定的提升。

(二)引智招才,充实我校师资培训资源

要建立高水平的师资培训队伍。中心在现有师资队伍的基础上,从国内外选聘德能兼备、有突出教学成绩的名师或教学发展专家担任首席培训师,带领建设一批高水平兼职培训师资队伍,系统开展教师职业发展培训工作。

(三)双管齐下,助力培训师专业化发展

教学发展中心要通过“请进来、走出去”的模式对培训师开展培训,促进培训师自身专业化发展,更好地服务于我校教师培训。一方面邀请教育名家来校开展工作坊,让培训师参与其中,以会带训进行培训;另一方面要建立定期的培训师外出进修(短期培训)和调研考察机制,以此作为提升自己学术水平和补充培训授课内容的重要途径。

(执笔人:孙优优)

练内功　提水平　稳步推进国家自然科学基金工作

科学技术发展研究院

一、工作背景

2014 年，国务院印发了《关于深化中央财政科技计划（专项、基金等）管理改革的方案》（国发〔2014〕64 号），提出了优化中央财政科技计划（专项、基金等）布局，整合形成了五类科技计划（专项、基金等），国家自然科学基金（以下简称国家自然基金）作为五类科技计划之一，主要资助基础研究和科学前沿探索，支持人才和团队建设，增强源头创新能力。

国家自然基金受到全国高水平大学的普遍重视，竞争日益激烈。近三年，我校申报国家自然基金项目数量稳定在 650 项以上，也就说，每年有近三分之一的科教人员申报国家自然基金。国家自然基金已成为我校科研项目与科研经费重要来源之一，对推动我校基础科学研究进展、促进青年科技人才成长、推动学科建设发展具有重要作用。

二、工作举措

国家自然基金涉及科教人员数量大、头绪多，且要求严格、竞争性强。科研院聚焦国家需求，倡导基础科学研究自由探索，在项目申请、项目过程管理、项目结题等方面实施了“全过程谋划、分时段部署、抓节点落实”的管理服务模式，实现了项目申报—项目执行—项目结题的全过程管理，尝试建立青年项目—面上项目—重点项目的良性循环机制，努力实现科技人员项目申报—获批—执行—结题—再申报的良性持续进展。

（一）多途径加强国家自然基金项目培育

基础科学研究原始创新积累直接影响国家自然基金项目能否获批，科研院以项目培育科技人员开展基础科学研究自由探索，分别设立了中央高校基本科研业务费、杰青优青科研培育专项、重点培育项目和一般培育项目等，通过项目带动、经费资助支持基础研究原始积累，增强科技人员原始创新能力，提高国家自然基金项目获批率。

近年来，科研院资助基本科研业务费专项资金重点项目93项，一般项目900余项。重点项目主要资助科技人员以科学前沿和国家重大需求为导向开展基础研究，为申请国家自然基金重点类项目做好积累；一般项目资助青年科技人员围绕学校优先发展学科方向，开展探索性的基础研究与应用基础研究，增强自主创新能力，为申请国家自然基金青年项目、面上项目奠定基础。

（二）多举措加强国家自然基金项目申请指导

1. 开展项目申请书撰写技巧培训

科研院梳理了不同学院、不同学科项目申请书中出现的主要问题，动员学院开展项目申请书撰写技巧培训，邀请经验丰富的专家分享心得体会，讲解申报技巧。

2. 对申请书撰写开展分类指导

对初次申报国家自然基金的人员进行申请书的撰写要点、注意事项等方面的专项指导。对申请但未获批项目的，由学院（专家）进行"一对一""多对一"指导。

3. 搜集国家自然基金委二审专家信息

建立了2 462名二审专家信息库，为学院邀请知名专家来校指导提供了资源信息。

4. 对项目申请书开展两轮集中预评审

申报前一年的12月初，开展项目第一轮集中预评审，由学院根据申报项目学科情况进行分组评审，项目申报人利用PPT现场汇报，校内专家现场点评把脉。申报当年的2月中旬，开展项目第二轮集中预评审，由学院邀请校内外相同或相近学科知名专家评审项目申请书，项目申报人与专家面对面交流，再次对申请书核心内容进行修改，提升申请书整体质量。

5. 开展项目申请书集中形式审查

结合当年国家自然基金项目指南，制定项目申请自查表，项目申请人对照自查表逐项开展自查，并对自查结果签字确认。报送项目前期，科研院组织专家对项目申请书进行集中形式审查，对不符合要求的申请书退回修改。近年来我校在国家自然科学基金委的形式审查中，不通过率一直控制在1.5%以内。

（三）多形式强化国家自然基金项目执行过程管理

1. 严格项目计划书的填写规范

制定项目计划书填写规范，对项目负责人提交的项目计划书严格审核，不规范的一律退回修改，培养科教人员严谨治学的良好习惯。

2. 严格审核项目年度进展报告

项目年度进展报告是国家自然基金委了解、掌握项目进展的最直接途径，也是依托单位科研管理部门和财务管理部门全面了解项目进展及存在问题的直接方式之一。年度重要研究进展和取得研究成果直接反映了项目负责人一年来开展研究工作的情况。科研院督促项目负责人对研究工作进展进行认真总结，并严格审核项目进展报告，对报告中重要研究进展阐述不清楚或研究成果罗列不规范的，直接督促项目负责人修改；对报告中提出的存在问题，如属于依托单位管理范畴的，直接与项目负责人沟通、解决。确保项目研究内容与研究经费执行按年度分期完成，从而顺利完成整个项目计划。

3. 对青年项目和面上项目开展预结题答辩

青年项目与面上项目执行情况直接影响着后续项目的获批，科研院与学院一起对青年项目和面上项目开展预结题答辩，答辩按学部、学科分组，采取项目负责人 PPT 汇报、校内外专家现场点评的方式。专家对项目负责人多对一指导，助力科教人员实现青年项目向面上项目、面上项目向重点项目过渡。

（四）转变作风，沉入学院提升国家自然基金项目服务水平

1. 在动员阶段，科研院负责人赴学院与科教人员座谈交流，分析近年来申请与获批情况，讲解项目申请新形势新要求，根据不同学院、不同学科特点寻找新的增长点、突破口。

2. 举办“与‘国家杰青’面对面学术沙龙”。国家杰出青年基金获得者韦革宏教授与入选杰青、优青培养科研专项（青年英才培育计划）的青年科技人才进行互动交流。通过学术沙龙引发青年科技人才深入思考，对自己重新定位，重新设计目标，对自己提出更高要求，努力申报国家自然基金杰青、优青项目。

3. 针对国家自然基金杰青、优青项目申报工作，科研院负责人逐一走访学院，与学院领导班子、专家座谈交流，制订符合青年科技人才特点的个性化指导方案，助力青年科技人员获批杰青、优青项目。

国家自然基金项目管理是个系统工程，需要在各个环节开展有效的工作，科研院逐渐建立了“科研院—学院—科教人员”三位一体的工作体系，实施了国家自然基金常年性、常态化管理，形成了健康有序的循环发展模式。

三、主要成效

近三年，我校国家自然基金获批数量整体呈上升趋势，在全国高校中排名在第40位左右，全国农林高校中排名稳居第2位，在陕西省高校中排名稳居第3~4位。特别是2016年，获批国家自然基金优青项目4项、重大研究计划1项，均为历史性突破，优青项目获批数位居陕西省高校第一位，并列全国农林院校第一位。另外，项目资助率同样呈上升趋势，并稳定高出国家自然基金委平均资助率五个百分点以上。

（执笔人：谷申杰）

凝心聚力　助力脱贫攻坚

科技推广处

一、背景与目标

根据《关于做好新一轮中央、国家机关和有关单位定点扶贫工作的通知》（国开办发〔2012〕78 号）、《教育部关于做好直属高校定点扶贫工作的意见》（教发〔2013〕3 号）、《关于进一步完善定点扶贫工作的通知》（国开办发〔2015〕27 号）、《中共陕西省委高教工委、陕西省教育厅、陕西省扶贫开发办公室关于印发〈高校结对帮扶贫困县助力脱贫攻坚行动计划实施方案〉的通知》（陕高教统〔2017〕2 号）等重要文件，我校定点扶贫陕西省合阳县。

承担扶贫任务以来，我校深入贯彻落实党中央、国务院、教育部、陕西省等关于扶贫攻坚系列重要指示和中央扶贫开发工作会议精神，切实增强责任感、使命感、紧迫感。建立健全工作机构，创新工作机制，选派优秀干部，多方筹措资源，创新帮扶举措，坚持发挥学校教育科技优势与立足贫困地区实际相结合，把工作目标瞄准建档立卡贫困户，坚持精准扶贫、精准脱贫，进一步提高定点扶贫的精准度和有效性，为坚决打赢脱贫攻坚战做出贡献。

二、主要工作举措

（一）扶贫制度建设

2016 年 5 月 13 日，学校召开第 9 次党委常委会议，专题研究学校扶贫工作领导机构。会议根据新形势下扶贫攻坚工作需要，决定成立西北农林科技大学扶贫工作领导小组加强扶贫工作。李兴旺书记、孙其信校长任组长，钱永华副校长任副组长，23 个相关单位负责人为扶贫工作领导小组成员，领导小组下设扶贫工作办公室。

将扶贫攻坚工作纳入西北农林科技大学《“十三五”社会服务发展规划》，

制订了《西北农林科技大学定点扶贫合阳县实施方案(2016—2020年)》《西北农林科技大学扶贫工作领导小组各成员单位职责》《西北农林科技大学扶贫工作领导小组成员单位任务分工方案》等文件和《西北农林科技大学年度扶贫工作计划》,每季度定期编印《扶贫工作简报》。

(二)干部挂职扶贫

2015年,机关党委办公室秘书韩锁昌同志挂职合阳县坊镇乾落村担任第一书记,2015年7月初正式到岗。2016年,扶贫工作办公室专职副主任崔永健同志担任合阳县副县长,2016年11月初正式到岗。挂职扶贫干部严格按照扶贫工作要求,克服工作和生活方面的种种困难,牢记使命,尽心尽力,充分发挥桥梁和纽带作用,推动精准扶贫、精准脱贫工作积极开展。

(三)扶贫会议

2016年5月23日,扶贫工作领导小组副组长钱永华副校长主持召开了扶贫工作领导小组会议,强调要高度重视扶贫攻坚工作,举全校之力做好定点扶贫、精准扶贫工作。

2017年4月11日,学校组织召开2017年脱贫攻坚推进会暨扶贫工作领导小组专题会议,安排部署2017年学校扶贫攻坚工作。

2017年5月2日上午,党委书记李兴旺召集党委校长办公室负责人、扶贫工作领导小组办公室负责人及定点扶贫挂职干部等召开脱贫攻坚专题会议,研究部署定点扶贫工作。

(四)扶贫调研

2016年1月28—29日,党委副书记吕卫东、副校长廖允成及党委组织部、机关党委、科技推广处、农学院、葡萄酒学院等单位的负责同志和专业技术人员13人赴合阳县开展扶贫调研与慰问。

2016年10月17—18日,在第三个全国"扶贫日"之际,副校长钱永华和陕西省扶贫办副巡视员张录德带领扶贫工作办公室、党委组织部、机关党委、相关专家及省扶贫办相关人员23人赴合阳县开展定点扶贫工作。

2017年1月23日,校党委书记李兴旺带队赴合阳县开展扶贫调研和春节慰问。

2017年1月23日,孙其信校长带领副校长钱永华、相关单位负责人和专家,赴商洛市商州区上河村调研2017年扶贫攻坚工作并慰问贫困户。

(五)智力扶贫

由农经、苹果、樱桃、葡萄、畜牧、红薯、社会学等20余名专家组成的教授服务团冒严寒酷暑，深入合阳县8镇10村，走访贫困户，调研当地产业发展，开展科技培训、现场技术指导，为贫困乡亲送去致富良方，切实做好精准扶贫、精准脱贫工作。

根据合阳县域产业发展需要和农民的技术需求，先后开展葡萄、樱桃、莲菜、奶畜、苹果、电商营销、水蜜桃、冬枣、现代农业产业发展与脱贫攻坚等专题技术培训。2014年8月至今共举办各类培训班22期次，培训人数5 000余人。

（六）产业扶贫

西北农林科技大学合阳葡萄试验示范站成立4年来，围绕合阳葡萄产业发展要求，开展葡萄品种引进和良种选育、丰产栽培技术研究与示范推广，引进13个优良酿酒葡萄品种，确定了4个品种的栽培技术规范，进行示范推广。金峪镇方寨村通过建立樱桃园，以点带面示范樱桃新品种新技术，带动了众多农户脱贫致富，其中贫困户王含林栽培大樱桃2.7亩，年收入9万元。在黑池镇建设“甘薯扶贫示范基地”，94户贫困户进驻，按照有机农产品生产要求，种植优质有机甘薯，并通过国家农产品地理标志登记保护。洽川镇莲藕产业精准扶贫项目每亩莲藕年产值达到5 000元。推广奶牛标准化养殖技术，做大做强合阳奶牛产业。在甘井镇休里村实施西甜瓜种质资源创新、西甜瓜新品种选育及标准化育苗技术，为合阳县西甜瓜生产做出样板。开展“留茬免耕秸秆全程覆盖技术”示范推广项目，推广旱地耕作技术2 000亩。提出三大措施解决甘井镇10万亩苹果园缺乏抗旱技术，果个小、产量低、效益差的问题。为8个村65户红提种植户全程服务，从品种、苗木、土肥水管理、整形修剪、花果管理、病虫害防治，特别是葡萄套袋至采收期管理技术要点手把手解答问题。

（七）教育扶贫

落实国家奖助学金、国家助学贷款、生源地贷款、学费减免等资助政策，做到4名合阳籍在校在册贫困户大学生建档立卡资助全覆盖。在合阳中学设立“西北农林科技大学奖学金”，奖励品学兼优的贫困中学生。组织合阳中学优秀中学生参加我校夏令营活动，拓展提高贫困地区学生素质。组织合阳中学校长参加学校举办的中学校长论坛，促进贫困地区中学教育教学改革和学生综合素质培养。暑假期间，2支大学生暑期社会实践服务队在乾落村为67名中小学生开展了2期支教活动，活动涉及课业辅导、素质拓展、科技体验、VR体验、辩论比赛、科普活动等方面。

（八）扶贫平台建设

2016年，“丝绸之路农业教育科技创新联盟”“秦巴山区科技特派员扶贫创业联盟”“陕西省职业农民培训学院”等机构相继成立。标志着西北农林科技大学服务国家扶贫攻坚战略，开展教育扶贫与培训，促进丝绸之路沿线国家与地区农业教育科技的进步与发展以及国际扶贫（减贫）事业的壮大发展。

三、主要工作成效

（一）定点扶贫

2014 年 8 月至今，我校投入资金 600 余万元，实施科技项目 25 项，产业帮扶带动建档立卡贫困人口 553 人，资助贫困学生 30 人，帮助引进资金 500 余万元，举办培训班 22 期，培训人员 5 000 余人次，400 余人次赴合阳县开展定点扶贫工作。

（二）社会扶贫

依托我校和杨凌示范区相关单位的科技力量，我校 25 名专家被选聘为陕西省 27 个国定贫困县 29 个基地首席专家，实现了省内 56 个贫困县区科技示范推广基地全覆盖。

我校第一书记挂职的合阳县坊镇乾落村，2016 年实现脱贫人口 20 户 84 人。我校包抓了商洛市商州区陈塬街道办事处上河村，2016 年实现脱贫人口 236 户 746 人。

我校与延川县签订《合作共建梁家河环线现代果业科技示范基地协议》，按照一、二、三产业融合发展的思路，以提升区域苹果产业科技含量和产业效益为出发点，引领带动区域产业健康快速可持续发展。

2016 年，庆城的苹果从 2012 年的 16 万亩增加到了 32 万亩，产量从 8 万吨增加到 16 万吨，产值从 2.2 亿元增加到了 4.8 亿元，从规模、产量、产值方面都实现了翻番，“西农模式”铸就了“庆城现象”。

面向国民经济主战场，依托覆盖全国 8 个省区的 25 个试验示范站、40 个示范基地、25 个新品种示范园组成的科技推广体系，与 173 个地方政府、204 个企业建立了科技合作关系，实施“三站链合”技术推广模式的探索，为贫困地区脱贫攻坚建立了多种服务模式，配合各主管部门和单位，先后在陕西、甘肃、宁夏、河南、青海、新疆、四川、安徽等地开展了多种模式的扶贫服务工作，为全省、全国打赢脱贫攻坚战贡献“西农力量”。

（三）相关报道

2014 年至今，我校扶贫事迹被《人民日报》《焦点访谈》《中国教育报》《科学时报》、新华网、国务院扶贫领导小组办公室网站、陕西省扶贫开发办公室网站、陕西省教育厅网站等重要媒体多次报道。

四、体会和探讨

(一)加强组织领导固根本

学校成立“西北农林科技大学扶贫工作领导小组”,书记、校长任双组长,成员由23个机关单位组成,下设扶贫工作办公室和专职扶贫干部,选派扶贫挂职干部,预算扶贫专项经费,发挥相关职能机构功能,为精准扶贫工作提供人力和政策保障。学校多次召开扶贫工作领导小组会议,强调要高度重视扶贫攻坚工作,举全校之力做好定点扶贫、精准扶贫工作。将精准扶贫、定点扶贫工作纳入学校《“十三五”社会服务发展规划》,理清思路、转变工作方式,发挥科教优势,把定点扶贫工作做出特色。

(二)形成共同认识强基础

扶贫工作领导小组领导和扶贫工作人员加强和地方政府协调沟通,认真调研了解,达成共识,先后签订扶贫帮扶项目协议书6份。发挥高校科技、人才优势,推动当地农业主导产业发展,促进农业产业提质增效,引导贫困户参与产业发展增收脱贫。突出精准扶贫、精准脱贫重点,强化科技支撑,推动创新应用,唱响农业品牌,推进产业融合,促进发展升级,培育多元主体,激发经营活力。按照“六个精准”“五个一批”要求,以点带面,使每一户贫困户的脱贫工作具体化、项目化、责任化。落实到户到人,从实际出发,为群众办好事、办实事,尊重群众意愿,全力以赴。

(三)发挥科教优势凝众力

全校上下充分认识脱贫攻坚的重要战略意义,全党全社会高度重视脱贫攻坚工作,进一步明确我校的精准扶贫任务。发挥我校科教优势和学科特色,充分调动校内资源,不断改革创新扶贫机制和扶贫方式。发挥各成员单位的主观能动性,狠抓落实。发挥人才优势,为精准扶贫建立桥梁和智库。发扬老一辈扶贫人的优良传统,站在新起点、开启新征程、找到新办法,众志成城,协调稳步地推进各项工作,凝聚全校力量“扶志、扶智、扶技”,达到长远扶贫脱贫目标,共同把精准扶贫脱贫工作推向新的高度,取得好成绩。

(四)产业精准发力得实效

近年来,我校探索“以大学为依托”的农业科技推广新模式,面向区域主导产业,在产业中心地带建立了一批永久性的产业试验示范站(基地)。目前,已经建成26个试验示范站和40个示范基地(示范园)。试验示范站建在产业核心区，新技术、新品种展示在农民的家门口，专家长期驻站指导，为地方政府发展主导产业、群众脱贫致富提供了强有力的科技支撑，有效解决了科技推广的“最后一公里”问题。试验示范田近在咫尺、专家教授手把手地教、农民随到随学，通过技术引领使当地优势产业成为群众脱贫的“香饽饽”“红果果”“摇钱树”“金蛋蛋”。

（执笔人：侯沛）

我校大学英语四、六级考试管理工作创新与实践

教　务　处

四、六级考试成绩成为许多企事业单位录用毕业生的标准之一，有些中心城市还将四、六级成绩与落户挂钩。不少高校将学生的英语四、六级成绩与学位授予、推免研究生、评定奖学金挂钩。教育部组织的本科教学工作水平评估中，大学英语四、六级考试通过率也是评估指标之一。大学英语四、六级考试成绩具有了较高的含金量和一定的社会导向性，同时大学英语四、六级考试和高考、研究生入学考试、公务员考试已经成为备受社会关注的四大热点考试之一。

一、背景和目标

20 世纪 80 年代初，我国实行对外开放政策，人们认识到英语是国际交流的重要工具，英语教学受到了学校的高度重视，学校英语教学大纲要求英语教学以阅读为主，反映了当时的时代需求。合校以后，大学英语教学大纲在强调继续重视“阅读”的同时，提出了“读写译并举，兼顾听说”的英语教学思路，首次把“听说”提到了较为重要的地位。2005 年本科教学水平评估至现在，大学英语分级教学改革持续推进，12 学分的四级英语培养体系日趋完善。

西北农林科技大学全国大学英语四、六级考试考点设在教务处，从 1987 年设立到现在已有 30 年历史。每年两次在组织大学英语四、六级考试工作中，教务处积极作为勇担当，直面考试规模宏大、组织任务繁重、涉及人员众多、执行难度艰巨等问题。对考试管理工作带来的压力和挑战，不断完善和优化考试管理工作流程，分别从组织报名、考前准备、考中监督、考后管理四个方面创新实践，有力地推动了英语教学改革和大学英语教学大纲的贯彻实施，促进了我校大学英语教学水平的提高，取得了良好效果。

二、思路与举措

（一）组织报名

熟悉业务保数据规范。四、六级考试工作人员把熟练使用考试管理系统作为做好考务考籍管理的前提，全面了解四、六级考试管理规章制度、操作程序及实施办法，积极将综合教务管理系统和四、六级考试管理系统对接，改进考生信息由学生班级干部统计填报、院系教务秘书录入、工作繁重且容易出错的手工报名方式，利用综合教务管理系统中的等级考试报名模块进行网上报名，考生报名信息和图像信息来源于在籍在校学生的学籍信息，做到方便、准确、规范。

改革报名费收费方式。先报名、再通知报名成功的学生通过学校统一支付平台缴纳报名费。这种收取大学英语四、六级考试报名费的方式既方便快捷又安全可靠，改变了以往学生报完名后，报名费按班级收取现金，各班级收齐后学院汇总，再以学院为单位交到财务处的过时做法；避免了在收取报名费过程中多人经手大量零钱，工作量大，还有可能出现误收假钞的现象。

（二）考前准备

协同参与管理、责任细化到人。考前教务处牵头组织召开考试管理工作协调会，主管教学工作的副校长任主考，各院系、各单位协同参与，明确工作职责，细化工作标准，形成实施方案和应急预案。使考务、巡考、监考工作有章可循，依规治考，实现考务管理制度化。每30～35个考场就近配备1个考场办公室，每个考场办公室安排负责人1名、工作人员4～6名、预备监考1名，全面负责、高效处理考试当日所辖考场考试过程中各类事务或突发事件，最大限度地规范考试管理工作，提高管理效能。

优化考试环境、规范考前培训。更新放音设备，改传统磁带放音为CD光盘放音，考生接收听力测试信号明显改善。为每个考场配备了手机信号屏蔽仪，为监考配备四、六级考试专用耳机，清理校园违法小广告，监控网上不良信息，尽一切努力优化考试环境，服务考生。每次考试前，例行召开四个大学英语四、六级考试考前专题会议。一是面向全校的考试管理工作协调会，二是面向全体考务人员的考务工作培训会，三是面向全体监考人员的监考培训会，第四个就是面向所有考生的考前诚信教育大会。

（三）考中监督

确保考试安全。四、六级考试试卷（含试卷、听力磁带和光盘）在启用前属国家机密级材料。试卷到达保密室后，清点、交接、入库过程及试卷保存期间，进行无间断、无死角24小时监控、录像，并实行6小时回放验看制度。试卷分发场地选择相对封闭、宽敞的教学楼大厅和教师休息室，进行实时监控，并做到无死角、无遗漏保留全程的监控、录像。在试卷分发场所完成试卷分发工作后，立即对分发全过程进行回放查看，并将查看情况进行记录、上报。

强化考试监督。学校成立四、六级考试工作领导小组，主考由学校分管教学的副校长担任；副主考两名，分别由校教务处和外语系（部、教研室）负责人担任。安排校领导、院系、机关单位负责人参加巡考，对试题运送、存放、发放回收、听力播放等环节进行全程监督检查，确保试题安全。对监考迟到、不认真履行职责，考生证件不全、违纪作弊，后勤保障不力、考务疏漏情况进行监督检查，抓早抓小，发现问题现场及时纠正，必要时给予当事人全校通报批评、认定教学事故处罚。

（四）考后管理

成绩分析应用。每次四、六级考试成绩公布后及时导入考务考籍管理系统和综合教务管理系统，并分院系、年级对报考人数、实考人数、通过人数、通过率进行统计，对各学期的四、六级统计结果进行分析比对，并将结果及时反馈到外语系和其他学院，为进一步完善和落实本科人才培养方案，科学有效地实施大学英语教学改革提供参考。

成绩自助打印。2015年5月，学校配置安装了四台学生成绩自助打印系统，分别安装在南北校区教学楼大厅。该系统集成绩自助查询、打印功能于一体，实现了学生通过终端打印带有教务处印章和成绩审核专用章的防伪四、六级成绩证明、中英文成绩单、在读证明等材料。成绩自助打印终端的使用，在方便学生的同时，大大提高了四、六级成绩日常管理的工作效率。

三、成效与体会

（一）推动了大学英语教学改革

我校以学生历次四、六级考试成绩结果分析和外语教学实践为依据，结合新生英语摸底考试成绩分析结果，积极开展因材施教、分级教学英语教学改革，形成了具有我校特色的外语教学4×3修读模式、9+3修读模式、民族生英语教学班、小语种教学班共四种类型，供学生根据自身实际自主选择。外语教学团队将视频公开课、微课、翻转课堂等新型教学方式融入课程建设，已建成十门英语拓展课，为英语基础好、学有余力，全国大学英语四级考试成绩达到425分以上（含425分），具有更高学业目标的学生更加充实地高效学习英语提供优质教学资源。

（二）获批了英语口语考试考点

为科学测量和评价大学生运用英语口头交际能力和全面提升英语“听说读写译”综合运用水平，自2017年起，在全国范围正式开考全国大学英语四、六级口语考试（CET－SET）。标志着CET－SET已成为全国大学英语四、六级考试的重要组成部分。2017年上半年，陕西省考试中心批准我校为陕西省全国大学英语四、六级口语考试考点。我校考点的获批，对进一步提升全校大学英语公共基础课教学质量和学生便利参加口语考试都具有重要意义。

（三）提高了英语教育教学质量

大学英语四、六级考试从学生报名、考务组织、成绩分析到结果运用已形成一套完整的制度，是一项严格按照标准化考试质量要求进行的大规模考试。效度研究的大量统计数据和实验材料证明大学英语四、六级考试不但信度高，而且效度高，符合大规模标准化考试的质量要求，能够按教学大纲的要求反映学生的英语水平，有力地推动了大学英语教学大纲的贯彻实施，促进了大学英语教学水平的提高，产生了一定的社会效益。

大学英语四、六级考试由于社会影响度高、参加人数和考试规模巨大、考试程序和注意事项繁复，考试的组织管理工作不仅涉及教务部门，还涉及各教学单位的通力配合、后勤保障、听力播放与设备支持、安全保卫、医疗服务等诸多方面。组织报名、考前准备、考中监督、考后管理流程透明，程序严格，是大学英语四、六级考试各项工作顺利进行的基础和前提。建设一支高效精干的考试管理队伍和一支训练有素的监考队伍，已成为科学、规范地组织好全国大学英语四、六级考试管理工作的重要命题。

（执笔人：肖小平　李论　师学文）

做好团队认定支持工作　探索科研组织模式改革

科学技术发展研究院

一、工作背景

“十三五”是我校实现创建世界一流农业大学进程中“汇聚人才、夯实基础”的关键阶段。为适应国家科技计划体制改革，提升我校科技队伍的创新能力、竞争实力和承担重大科研项目的能力，促进我校学科发展和资源合理配置的需要，学校提出进一步提升科技创新能力和加强科研创新团队建设的工作任务。

科研创新团队是高等学校开展科学研究的一个重要组织形式，如何充分发挥团队在聚集人才、培育人才、争取项目以及科技创新中的作用，是适应国家科技计划体制改革，推动“双一流”建设步伐，提升我校科技创新能力和竞争实力的一项重要举措。为此，科研院在广泛调研的基础上，经多次讨论研究，制定出台了《科研创新团队认定与支持暂行办法》，并开展了首次科研创新团队的认定支持工作。

二、工作举措

（一）扎实做好团队调研

自 2004 年实施“人才强校战略”以来，学校人才数量与结构发生了质的改变，形成了若干个不同层次和类型的科研团队，其中一些团队也获得相关部委和学校的支持。为了了解校内各类科研团队的管理与运行现状，自 2014 年下半年以来，我们通过“背靠背”的方式，分别走访了团队负责人和团队成员，研究分析我校科研团队建设中存在的问题。

调研对象：一是 12 个获得教育部、科技部、农业部和陕西省支持的科研团队；二是 2 个获得学校支持的创新团队；三是 2 个长期自发形成的科研团队；四是4个“千人计划”“长江学者”特聘教授的科研团队;五是部分获得省部级经费支持的科研团队的骨干成员。

通过调研发现,我校科研团队主要存在六个方面的问题:

1. 真正实质性的团队较少

一是申报团队的成员与实际团队成员差异较大,个别团队的申报团队成员与实际团队成员完全不相同。

二是申报团队的成员与实际团队成员一致性较高的团队中,也是以导师与学生为主,与其他人员的合作并不多。

三是部分团队负责人与其成员近4年没有1篇合作署名发表的学术论文。

2. 优秀的团队带头人比较缺乏

一是在国内有影响力、有话语权的领军人才较少。现有省部级科研团队的带头人中,仅有1位“长江学者”特聘教授,2位国家杰出青年基金项目获得者,1位国家重大科技计划首席专家,1位国家现代农业产业体系首席专家。

二是部分团队带头人组织协调能力和合作精神较差,不能使团队成员形成合力,有效发挥团队的凝聚效应和集聚效应。

3. 团队负责人与团队成员的研究方向不一致

虽然现有省部级科研团队负责人的研究方向相对稳定,但是团队成员中,部分成员的研究方向与团队负责人,甚至与团队的研究方向差距较大。可以看出,部分团队是“为了团队而组建团队”,临时拼凑的现象较为严重。

4. 共同的科研产出较少

一是科研成果奖励少。14个获得省部级及学校支持的团队中,2011年至2014年四年间,仅有1项陕西省科学技术一等奖。

二是共同署名发表的学术论文少。现有的省部级科研团队中,以团队负责人与其学生成员共同署名发表学术论文为主,个别团队成员近4年仅有1篇合作署名的学术论文。

三是共同完成的授权发明专利少。14个获得省部级及学校支持的团队中,在2011—2014年期间,仅有25项授权发明专利。同时,参与的团队成员也比较少。

5. 缺少共同的硬件与支撑平台

调研的团队中,实验室相对集中,有依托科研基地、研究机构的团队运行相对较好,资源能够充分共享。但是绝大多数团队的实验室相对分散,不能很好地实现资源共享。

6. 团队内部管理规定不健全

调研中还发现，不论是 14 个获得支持的科研团队还是自发形成的科研团队，有明确经费使用、经费管理、成果署名、绩效分配等方面的内部管理制度的团队较少。

(二)科学确定团队认定条件

通过调研，以及和专家交流、讨论，我们逐步理清思路，对团队有了初步的理解。科研团队应该是长期稳定的、自然形成的、实实在在在一起工作的集体。所以，是不是一个团队，最主要应该有三个条件：一是要有一位在学术上有地位、有影响，特别具有凝聚力的学术带头人，这是首要和根本的条件。二是要有一定的项目、基地和经费支持，这是基本条件。三是要有大家认同的、支持和拥护的内部管理制度，包括申请项目、经费分配、任务分配、奖励分配，以及成果、论文署名等，这是重要条件。三个条件是相辅相成、相互影响、相互促进、相互制约的。

在调研分析的基础上，经多次讨论研究，学校于 2015 年 10 月出台了《西北农林科技大学科研创新团队认定与支持暂行办法》。为了提高对团队支持的针对性和实效性，《办法》中明确，根据团队的实际需要，在实验用房、仪器设备、研究生招生指标、成员补充、国际合作与交流、建设经费等方面，实现个性化、差异化的支持政策，即“团队需求什么，学校就支持什么”。2016 年 12 月，为了做好我校首次科研创新团队的认定与支持工作，制定了《2016 年科研创新团队认定实施细则》，对团队“认定条件”和“认定程序”进行了细化，并确定了 6 项主要认定条件：

1. 合格的团队带头人

主要审查团队带头人的学术影响力，包括主持科研项目、标志性成果等情况。

2. 良好的合作基础

主要审查团队的合作基础，特别是有无共同的实验室、共同承担的科研项目。

3. 稳定的研究方向

主要审查团队的研究方向是否稳定。

4. 共同的科研产出

主要审查团队成员间是否有共同署名完成的学术论文、品种、科技奖励等科研产出。

5. 科学合理的内部管理制度

主要审查团队内部管理情况，在科研项目申报时是否统一组织、统一谋划，在经费使用、绩效奖励、成果署名等方面是否有管理办法等。

6. 学术创新能力

主要审查团队的学术水平、学术发展潜力以及投入产出效益等。

三、主要成效

此次科研团队的认定工作得到了各学院和广大科研人员的积极响应，2016年，各学院共推荐申报科研创新团队 54 个。科研院根据团队申报材料，结合《科研团队认定与支持暂行办法》和《实施细则》，对各团队成员间合作情况、共同产出情况进行了统计分析和形式审查。通过形式审查，遴选 18 支符合申报条件的团队交由专家组进行认定评审，经专家组评审和学科建设专门委员会审议，并经 2017 年 1 月 10 日校长办公会审定，确定了分别以康振生、张涌、杨改河、马锋旺及王朝晖 5 位教授领衔的 5 支合作紧密、实实在在的科研创新团队。

随后，科研院深入到 5 支认定的团队中进行走访，与团队负责人进行了交流商谈，详细了解团队需求，确定了对每支团队的个性化支持方案。2017 年 5 月 16 日，孙其信校长主持召开专题会议，研究确定了对 5 支团队的具体支持内容。

四、影响与意义

由于是第一次开展科研创新团队的认定，虽然认定数量较少，但是意义深远。

一是通过选出一批实实在在的真团队，能够给我校科研团队建设起到示范与引领作用。对于那些没有通过评审认定的团队，通过与团队带头人进行沟通，指出团队建设中存在的不足，并在随后的认定中予以改进。

二是开展科研创新团队的培育、认定与支持，将有助于打破“导师 + 研究生”的科研组织模式，引导科教人员协同创新、协同攻关。

三是通过科研创新团队的建设，将能够充分发挥“千人计划”“长江学者”、杰青等科技创新领军人才的核心带动作用。

四是有助于建立健全科教人员到校后进入科研创新团队的体制机制，使其及早、尽快融入相应的科研团队，在团队带头人的“传帮带”下尽快成长。

（执笔人：李东）

凝心聚力　多措并举　加强实验教学中心建设

教　务　处

一、背景及目标

省级实验教学示范中心是陕西省教育厅实施"高等学校本科教学质量与教学改革工程"的重要组成部分，旨在推进高等学校实验室建设和实验教学改革与创新，促进优质资源融合、教学科研结合，强化大学生实践能力、创新能力培养，提升高等学校办学水平和教育质量。省级实验教学示范中心采取限额申报的方式，竞争还是非常激烈的，而最终入围的也均是各大高校的强势专业领域。

2017 年 2 月，陕西省教育厅发布了《关于开展 2017 年省级实验教学示范中心和虚拟仿真实验教学中心建设工作的通知》，全省本科高校均可申报。2017 年计划遴选省级实验教学示范中心、虚拟仿真实验教学中心各 30 个左右。按照通知要求"省属高校每类中心每校限报 2 个，其他高校每类中心每校限报 1 个"，我校只能申报省级实验教学示范中心和虚拟仿真实验教学中心各 1 个。

两个省级实验中心申报名额，我校将齐心协力全力以赴，力争申报的两个实验教学中心全部获批。

二、思路及举措

为做好申报工作，教务处结合学校实验室建设发展规划，以"统筹布局、彰显特色、保持优势、梯次建设"为原则精心部署。

首先，积极协调水建学院、机电学院、信息学院等 5 个学院精心组织和安排省级实验教学示范中心的申报工作，协调动医学院、化药学院及园艺学院 3 个学院细致筹划省级虚拟仿真实验教学中心的申报工作，教学院长为第一责任人，亲自组织材料撰写。

其次，扎实开展材料评审，通过组织专家组提前查看申报材料、召开专题会议、集中开展问题反馈、“两上两下”针对性修改完善等环节确保申报质量。

最后统一调整申报格式，学校对申报材料格式等进行统一调整完善，确保申报材料结构严谨、格式统一、标准统一。

三、成效及经验

功夫不负有心人，我校水建学院申报的电工电子实验教学示范中心和动医学院申报的动物医学虚拟仿真实验教学中心，历经学院资源建设整合、学校评审推荐、省教育厅评审，一路过关斩将，在激烈的竞争中脱颖而出，成功获批，表现出了较强的竞争力。

近年来我校高度重视实验教学示范中心建设工作，实施了一系列措施加强实验教学示范中心建设。

一是加强领导。由主管教学副校长领导，教务处及各学院教学院长协调解决申报工作中出现的各种问题。

二是专家把关。学校组织各学科实验教学与实验室建设资深专家教授，在认真学习领会相关文件的基础上，对实验教学中心的申报进行指导。为切实反映我校的优势和特色，专家们认真把关，在队伍建设、教学体系改革、中心特色等方面提出了很好的意见和建议。

三是重点投入。学校对申报国家级实验教学示范中心的实验教学中心给予政策倾斜，在人、财、物方面重点投入，设备、房屋优先考虑。近五年来，学校对电工电子实验教学中心累计投入资金 860 万元，用于构建先进的 NI 电子综合实验平台、虚拟实验系统、PCB 快速制板系统等多个实验教学平台；对动物医学虚拟仿真实验教学中心累计投入资金 500 余万元，用于改善教学环境和实验设备的购置以及虚拟仿真实验项目建设。

四是管理现代化。为适应实验教学的需要，各实验教学中心加强了现代化、信息化管理。学生网上预约、登记签到、实验，教师网上答疑，教师和学生通过网络在线交互实验系统，在线授课和自主学习。

目前，我校已拥有国家级实验教学示范中心 3 个，国家级虚拟仿真实验教学中心 2 个，省级实验教学示范中心 14 个，省级虚拟仿真实验教学中心 2 个。学校将继续以实验教学示范中心建设为契机，引导树立先进实验教学理念和文化，构建先进实验教学体系和标准，开发和运用先进实验教学方式方法，完善实验教学队伍建设模式，优化仪器设备配置和实验环境，提升实验教学信息化水平，共享优质实验教学资源，充分发挥实验教学示范中心在学科建设、人才培养、科学研究、社会服务等方面的示范引领作用。

（执笔人：唐琦　刘德明　王俊儒）

做实陕西省农业协同创新与推广联盟合力驱动现代农业发展

陕西省农林科学院综合办

一、背景和目标

2002 年,陕西省人民政府在学校设立了“陕西省农林科学院”。为进一步加强陕西省农林科学院建设,学校于 2014 年 5 月成立了陕西省农林科学院综合办公室,负责陕西省农林科学院日常工作。充分运用好省农林科学院这个宝贵的资源,切实履行好省农林科学院职能,是陕西省农林科学院办公室的首要工作。为此,2014 年 10 月,在学校筹划推动下,由陕西省农林科学院(西北农林科技大学)与杨凌示范区牵头,联合陕西省 10 个地市农科所(院)和省杂交油菜研究中心,成立了陕西省农业协同创新与推广联盟,以统筹区域农业科技资源,加强协同创新与示范推广,合力驱动陕西省现代农业发展。联盟秘书处设在陕西省农林科学院综合办公室。

二、主要工作举措

(一)以项目为纽带加强协同创新,激发创新活力

学校和杨凌示范区共同筹资设立联盟基金,以项目形式支持各成员单位围绕区域重大农业科技问题和农业生产中的实际问题开展科技创新、示范推广和人员培训。省农林科学院综合办加强顶层设计,强调协同创新和联合攻关,支持学校专家与地市农科所共同组成团队,有效解决了各地市农科所农业科研活动的项目、技术和资金问题,激发了基层科研人员的创新活力。三年来,联盟共完成 44 个经费近 800 万元的项目立项,涉及小麦、玉米、猕猴桃、茶叶等十几个产业。特别是 2017 年以解决关键技术问题为目标,创新合作机制,设立了联盟重大科技项目,进一步加强了联盟协同机制建设。

（二）以培训为抓手，提升地市农业科技队伍科研能力

省农林科学院综合办面向各地市农科所，认真征集培训需求，充分利用学校人才科技优势，针对需求组织相关专家教授分类、分期、分批对地市农科所科技骨干进行培训。目前已为汉中市、宝鸡市、延安市农科所举办了 4 期科技骨干培训，内容涉及田间试验设计、科技论文写作、项目申报、实验技能提高等，取得了良好的培训效果，有效提升了地市农科所科技人员科技能力，为当地培养了一支留得住、能干事的科技队伍。

（三）以《联盟简讯》和学术交流会为平台，加强共享与交流

联盟成立后，省农林科学院综合办创办《联盟简讯》，以成员单位科研进展、工作动态为主要内容，为联盟成员互通信息、加强了解搭建了平台，也便于地方政府及时了解联盟成员科技动态和进展。同时，经省农林科学院综合办策划，联盟从 2016 起每年举办一届学术交流会，由联盟成员单位轮流承办。学术交流会通过邀请国内知名专家介绍最新研究动态和进展，联盟成员单位科技骨干围绕各自研究工作进行交流，不仅开拓了科技人员的视野，也使联盟成员单位了解各自研究进展和特色，为互相合作奠定了基础。目前，联盟已成功举办两届联盟学术交流会。

三、主要工作成效

三年来，通过创新机制，使全省农业科技资源得到有效统筹，联盟得到了实质性运转，实现了陕西省农林科学院对地市农科所的业务指导，履行了陕西省农林科学院职能，推进了区域农业产业发展，影响不断扩大。联盟工作得到了省上认可，赵正永、胡和平做出批示，孙其信校长批示“请秘书处再接再历，按学校规定，赵书记批示应给予联盟秘书处奖励”。《陕西日报》《农民日报》《中国科学报》等多家媒体对联盟工作进行了报道。陕西省发改委 2016 年设立专项资金1 500万元支持联盟建设与发展。

（执笔人：李万强）

广种“梧桐树” 引得“凤凰”来

高层次人才工作办公室

加强高层次人才队伍建设、构筑一流人才高地是加速创建世界一流大学的关键。为了深入实施“人才强校”战略，全面加快创建产学研紧密结合特色鲜明的世界一流农业大学，近年来，西北农林科技大学努力克服西部地域困难，营造引人用人环境，成立人才工作专门机构，创新人才工作机制体制，将人才工作作为“一把手工程”予以着力推动，为人才工作打开绿色通道。经过人才体制机制的不断创新，学校逐渐探索出了一条在西部地区建设高层次人才队伍的成功之路。

一、工作背景

西北农林科技大学是教育部属高校中唯一远离中心城市办学的大学，地域偏僻，行业弱势明显，长期以来引进人才困难，师资队伍主要依靠“近亲繁殖”，特别是20世纪八九十年代出现了人才大量流失，曾一度阻滞了学校的发展。1999年学校合并组建后，学校在党中央、国务院和上级部门的关心和支持下，顺利完成各项体制机制改革，进入国家“985工程”“211工程”建设高校序列。

在赢得更为广阔发展空间的同时，学校也面临着建设世界一流农业大学的宏伟目标与学科实力严重不足的矛盾，激烈的人才竞争使人才队伍建设面临严峻的外部形势，区域劣势成为人才队伍建设极大的环境障碍，薄弱的人才资源基础使人才队伍建设面临巨大挑战。学校的人才建设工作存在一定差距，表现在人才意识不强、观念陈旧落后，主体地位不清、部门协同不够，引进机制不全、工作效率不高，培养体系松散、系统支持不够，优化机制缺乏、队伍活力不强等方面。

二、主要工作举措

在这样的背景下，学校于2004年全面启动了“人才强校”战略，紧紧围绕创建世界一流农业大学的奋斗目标，按照“积极引进优秀人才，努力用好现有人才，大力培养后备人才”的指导思想，以“学科急需、追求卓越”为根本出发点，坚持以学科建设需要统筹人才队伍建设为导向和布局，以学科领军人才和战略后备人才队伍建设为核心任务，以机制创新为突破口，通过组织管理、人才引进、人才培养、人才使用、团队建设、文化建设等方面的机制创新，推动学校人才队伍建设动力、组织管理、资源配置实现根本转变，构建与学校建设目标相适应的人才队伍体系。

（一）强化人才工作组织管理体制，健全人才工作保障体系

1. 建立健全人才工作组织体系

一是成立以校党委书记、校长任组长，主管科研、学科、人事、人才、研究生的校领导为成员的人才工作领导小组，主要负责人才队伍建设的统筹规划、政策制定、宏观管理。人才工作领导小组定期召开会议，听取学院、部门人才工作汇报，提出指导意见。

二是成立由校长任组长，主管学科、科研、人才工作的校领导为成员的人才工作组，主要负责制定人才政策、编制人才计划、审定引进意见、确定计划人选等人才工作具体事项。

三是成立人才工作专家委员会，作为校学术委员会下设专业委员会，主要职责是对人才进行学术评价，为人才工作提供学术咨询和建议。

四是成立“高层次人才工作办公室”（以下简称人才办）人才工作专门机构，是从人事处独立出来的一个正处级部门，下设人才引进科、人才发展科、人才服务科，全面开展人才工作。

2. 推进人才管理体制改革，夯实学院人才工作主体地位

实施校院两级管理体制改革，进一步明晰人才工作校院两级责权，大力发挥学院主体作用。学院根据人才工程行动路线图和人才队伍建设目标任务，自主编制人才引进计划。将副教授级别青年英才、“预聘制”教师引进自主权及经费使用权下放至学院。将“青年骨干教师出国研修”项目人选决定权和教职工延期回国审批权下放至学院。学院自主组织引进人才中期评估，并确定评估结果。

3. 保证人才专项经费投入

学校2005年开始设立人才专项资金，经费逐年增长。目前，每年不低于1亿元。同时，加强人才经费的预算执行和绩效考核。

表1　2005—2016年人才专项经费预算一览表

年度	人才专项经费(万元)	年度	人才专项经费(万元)
2005	2 150	2011	7 600
2006	2 950	2012	7 800
2007	3 695	2013	7 600
2008	4 895	2014	8 100
2009	4 850	2015	8 100
2010	6 600	2016	8 400

4. 改进人才资源配置

学校在人员编制、经费投入、工作空间、研究生指标、项目申报指标、职称指标等资源配置中,按照学院高层次人才,特别是新增人才数量,建立以学院人才工作绩效为导向的资源配置机制。

5. 建立人才工作激励机制

设立人才工作贡献奖,对于引进和培养1名院士,奖励单位100万元;引进和培养1名长江学者、国家杰青或同类人才,奖励单位50万元。设立人才工作"伯乐奖",对于成功举荐并协助引进以上领军人才的个人授予"伯乐奖",奖励10万元或5万元。学院要对引进或培养其他类别优秀人才做出贡献的学科、研究基地、系等机构和个人进行物质奖励和精神鼓励。

6. 强化人才创新激励机制

一是印发实施《西北农林科技大学"科教卓越贡献人才津贴"实施办法》,充分激发科教人员创新创造活力,推动学校标志性科研、教学成果产出。二是调整部分人才津贴政策,提高人才待遇。调整后院士每年享受100万元人才津贴,"长江学者"特聘教授、国家杰青每年享受50万元人才津贴,青千、优青、青拔、长江学者青年项目入选者每年享受30万元人才津贴。

(二)强化人才队伍建设顶层设计,制定了人才工程行动路线图

紧密围绕创建世界一流农业大学的奋斗目标,参照国际通行的大学学术水平评估指标和我校学科发展预测评估报告,确定我校有望率先进入ESI排名前1%的农业科学、植物学与动物学、化学、工程学、环境科学与生态学、生物学与生物化学6个学科领域。围绕以上6个学科领域,根据学科建设规划"7+4"学科布局主攻方向以及二期“985 工程”重点建设项目，明确了高层次人才队伍建设的十大重点领域，研究出台了《2015—2018 年一级学科重点学科方向人才引进计划》和《2015—2018 年人才工程行动路线图》。

（三）建立人才引进与支持体系

紧密围绕创建世界一流农业大学的奋斗目标，以“学科急需、追求卓越”为根本出发点，以学科领军人才和青年后备人才为重点，坚持以学科需要统筹人才队伍建设，大力引进优秀人才，加大现有人才培养支持力度，实施“两大工程”“五大计划”，即“高端人才工程”“青年英才工程”“高端人才及团队引进计划”“高端人才及团队支持计划”“青年英才引进计划”“青年英才支持计划”及“优秀青年教师海外提升计划”。

1. 创新人才引进机制，大力引进海内外英才

一是实施“高端人才及团队引进计划”。不拘一格引进国外知名大学及科研机构教授、国内院士、“长江学者”特聘教授、“国家杰出青年基金”获得者或相当水平的高层次人才全职来校工作，特别鼓励和支持整团队引进，或引进后以其为核心组建团队。

设立“特聘教授”，引进 50 周岁以下国外助理教授以及国内知名大学教授职务的优秀人才，全职来校工作。

以短期聘任方式引进海内外杰出人才，承担具体的教学、研究生指导或科研任务，实质性为学校发展服务。

二是实施“青年英才引进计划”。按照“高标准、高待遇、高要求”的原则，每年引进 20 名左右 40 岁以下的优秀青年学术人才。重点引进海外具备实力申请“国家杰青”“青年千人计划”的优秀青年人才，以及 35 岁以下具备申请“国家优秀青年科学基金”实力的海内外优秀青年人才。通过该计划实施和引进后再培养，使学校近几年及未来几年，能持续、稳定获批“青年千人”“国家优青”和“国家杰青”。

2. 完善人才培育体系，着力已有人才培养

（1）实施三大人才支持计划

一是实施“高端人才及团队支持计划”。对“长江学者”特聘教授、“国家杰出青年基金”获得者及其他具有实力的高端人才，学校从个人津贴、研究生招生、研究平台等方面给予特殊支持，并单独设立研究助理和博士后岗位支持其团队建设，探索依托领军人才组建“人才特区”，打造“学术领军人物 + 团队 + 领域”的人才发展平台。

二是实施“青年英才支持计划”。遴选一批40周岁以下，在教学、科研、推广某个方面表现突出的青年教师，通过经费和相关政策支持，鼓励尽快成长，为申报国家杰青、长江学者、教学名师等重大、重点人才项目培养后备人才。

三是实施“优秀青年教师海外提升计划”。以培养杰青、优青为目标，进一步加大选派力度，每年选派15名左右优秀青年教师到国外高水平大学或研究机构，师从一流导师进行2～3年科学研究。

(2)实施订单式培养模式

改变以往经费支持为主的方式，对各类人才计划入选者，根据培养目标，自己提出目标任务、需要支持的具体条件和理由，学校根据其实际需求从实验室空间、条件建设、研究助理和博士后、研究生招生、团队建设等方面进行系统支持和个性化培养；同时给予人才津贴支持，也可选择实行年薪制，提供能够体现个人价值和荣誉感的待遇，激发活力，鼓励潜心治学、多出成果、出大成果。

(3)创新人才发现机制

一是依托学校出访团组，先后赴10多个国家，举办近20场海外人才现场招聘会，主动约见意向人员，延揽优秀。二是建立国家重点人才资源信息库，实现重点人才实时追踪。信息库涵盖107名“长江学者”“国家杰青”和44名“国家优青”人才信息。三是设立“海外人才工作站”，依托旅欧陕西专家学者联谊会，开展人才招聘，牵线国际科技项目合作等。

(4)建立跟踪培养机制

对所有人才计划入选者建立培养档案，贯穿人才整个成长链，进行跟踪服务，并针对不同成长阶段的制约因素进行针对性支持；同时在跟踪培养过程中进一步进行遴选培养，学校、学院分层次、有目标地确定一批重点培养对象，制定个性化培养方案，特别是学院班子成员与其建立一对一联系制度，集成措施进行培养。

(四)营造人才工作良好环境，完善人才服务体系

1.建立部门协同服务工作体系

明确各部门在人才工作中的职责，实现部门和学院在配偶安置、子女入学、平台搭建、团队建设、导师认定、研究生招生、科研发展等方面的联动合作，积极主动、优质高效地提供人才服务。部门“一把手”是部门人才工作第一责任人，部门人才服务情况纳入部门和领导班子考核体系。建立学校、学院、部门领导联系高层次人才制度,实行人才工作部门联席会议制度,确定专人作为部门人才联络员协调人才服务事宜。

2. 体现人文关怀,坚持事业留人

“让每一个人才都有发挥才能的广阔舞台”,营造积极向上、团结和谐的人际关系和工作环境。大力宣传人才政策和优秀人才事迹、贡献,营造尊重人才、追求卓越的良好氛围。学校从生活环境、工作环境、工作条件、工作待遇等方面大力支持人才干事业,真正做到引得来、留得住、干得好。学校为每位引进人才免费提供全产权住房一套,并解决配偶工作,安排子女入学,以减少其后顾之忧。在职称、科研启动费、研究生招生等方面也给予充分的倾斜和支持。对有管理才能的人才,聘为学院的院长或业务副院长,以发挥其先进的管理理念和管理才能。

3. 创新人才服务机制,全面提升服务水平

设立 24 小时 87082210 人才服务热线,专人专职做好人才咨询服务工作。

建立一站式人才服务平台。实行“一站式受理、一次性告知、一条龙服务”,最大限度简化高层次人才来校办理的各项手续。

建立“西农大引进人才服务号”微信公众平台。实现校园内外新闻通知及时推送,人才招聘相关信息发布,各类人才支持计划申报信息推送,图书馆、办公电话、后勤维修等服务查询功能。

建立校领导联系专家制度。校领导及相关部门深入学院,定期走访人才,了解引进人才的工作、生活情况,实地解决问题,通过定期走访与日常访问,建立起人才与管理部门服务沟通的桥梁。

三、工作成效

通过以上做法,学校人才队伍不仅从结构上得到了有效改善,人才队伍的整体水平也得到了很大提升。截至目前,学校有两院院士 2 人,双聘院士 11 人,国家“千人计划”入选者 8 人,国家杰出青年科学基金获得者 7 人,“长江学者”特聘教授 4 人、讲座教授 3 人,万人计划入选者 4 人,“青年千人计划”4 人,国家百千万人才工程入选者 12 人,新世纪优秀人才支持计划入选者 71 人,陕西省“百人计划”特聘专家 26 人,校“特聘教授”11 人。

（一）人才队伍结构不断优化

我校现有专任教师 2 140 人，占全校教职工总数的 49.6%。专任教师中具有博士学位的 1 430 人，占专任教师比例 66.8%。教师队伍中具有高级专业技术职务的 1 195 人，占专任教师比例 55.8%，具有长期出国经历的为 66%。师资队伍学历、职称、年龄结构不断优化和改善，奠定了学科发展的基础。特别是一大批高层次人才的引进和培养，促进了学科发展，提升了学科发展水平。

（二）大力促进学科的发展

引进的高层次人才分布在学校的 71 个二级学科，其中，21 人作为学科带头人引进，不仅加强了现有学科团队人才梯队建设，而且直接抬升了学科发展的起点和水平，增强了学科的影响力，农业科学、动物学与植物学、工程学、环境科学与生态学化学、生物学与生物化学 6 个学科进入 ESI 前 1%，农业科学跃居全球前 1‰。有效地加强了前沿基础研究，显著提升了科技创新能力，引领支撑了学科发展。特别是学校根据学科发展方向的需要，围绕部分引进的高层次人才组建团队，直接参与到学科的国际竞争当中。

（三）有效改善人才工作环境氛围

有效改善了人才工作环境氛围。通过大力做好人才引进工作，不仅加强了现有的人才队伍，更重要的是在一定程度上打破了现有人才工作的机制和体制，推动了其他各项人事制度改革，建立起有效的激励机制和考评机制，充分调动起所有人员的积极性和主动性。这几年通过人才引进工作，学校申请国家基金的人员逐年增多，获批数量从 2004 年的 23 项增加到 2016 年的 172 项。被 SCI 收录的论文从 2004 年的 83 篇增加到 2016 年的 2 035 篇，在《Cell》《Nature Communication》等国际顶尖刊物上也有学术文章发表。ESI 发表论文总数排名从 1 055 位（2012 年）提至 701 位（2016 年 11 月），总引用量排名从 2 054 位（2012 年）提至 1 232 位（2016 年 11 月），高被引论文篇数从 10 篇（2012 年）增至 72 篇（2016 年 11 月）。

四、启示

通过不断地探索与实践，学校在人才队伍建设过程中得到启示：一是要认识到位，坚持把高水平的人才队伍建设作为学校人才工作的核心；二是要勇于创新，打破人才发展的瓶颈制约，营造有利于人才辈出、人尽其才、才尽其用的制度环境;三是要制定具有竞争力的引人用人政策,保证高层次人才引得来、留得住、用得好;四是要营造有利于人才聚集和充分发挥作用的环境,加强人才文化建设,为学校事业发展构筑人才保障。

（执笔人:王金照）

认真开展综合研判
积极探索提升干部队伍建设科学化水平新路子

党委组织部

自2014年起，在校党委的统一部署下，党委组织部立足实际，从学校发展大局和干部队伍建设长远出发，在加强干部管理工作中开展“领导班子和领导干部综合研判”工作，分类、分步对全校66个处级单位领导班子和领导干部进行了综合研判，全面排查、深入剖析、科学研判班子和干部队伍建设中存在的重要、难点问题。实践表明，开展研判工作，为学校选好干部、配强班子、管好队伍提供了科学有效的依据，对提升我校干部队伍建设科学化水平、从严管理干部起到了积极的促进作用。

一、工作背景、意义

十八大以来，习近平总书记指出，“考察领导班子，要看日常运转和决策执行情况，看领导干部政治素质和行为表现如何，不能简单地进行结果评价”，要“经常分析班子和干部队伍作风状况，经常分析本地区本部门干群关系状况，及时掌握苗头性、倾向性问题，采取有针对性的措施”。刘云山、赵乐际同志也多次提出明确要求。中央新修订的《党政领导干部选拔任用工作条例》也要求组织部门要综合有关方面建议和平时了解掌握的情况，对领导班子进行分析研判。

近年来，我校围绕“建设世界一流农业大学”目标，认真贯彻执行《党政领导干部选拔任用工作条例》，不断优化干部队伍建设，统筹做好干部的选拔任用、培养教育、管理监督等各个环节。但在实际工作中，还不同程度地存在重干部选任，轻日常管理；重个别调配，轻班子整体谋划建设；重当前，轻长远等问题。2014年，学校开展“管理改革年”活动，发现处级班子和干部不同程度存在执行力和执行能力弱、谋事创业劲头和能力不足问题。2015年，学校启动了“学院工作年”活动，施行“院办校”的管理体制改革，处级领导班子和干部队伍建设水平将成为决定改革能否成功的关键因素之一。

在全面从严治党、从严管理干部的新常态下，根据学校深化改革的新形势，以学校干部队伍存在的实际问题和优化建设需要为导向，全面开展处级领导班子和领导干部综合研判工作，具有重要意义。

二、主要做法

开展综合研判坚持全面从严治党方针，贯彻好干部标准和“三严三实”要求，坚持问题导向、突出担当精神、注重事业发展，在实际操作中，突出强调把握研判的“基础性”“规范性”“科学性”和“实效性”。

（一）前期充分准备，把握“基础性”

1. 成立组织，加强领导

综合研判工作由校党委相关负责同志牵头，校纪委、党委组织部共同负责实施。研判工作组成员由相关部门中政治素质好、综合能力强、具有组织人事工作经验的同志以及纪检监察干部等组成，为综合研判提供了有效组织保障。

2. 划定范围，分类研判

处级班子和干部是学校事业发展的中坚力量，校党委立足全面加强处级领导班子和干部队伍建设，将综合研判的范围划定为全校所有处级单位领导班子和领导干部。在此基础上，根据单位性质，结合单位实际情况，有针对性地采取不同方式进行研判。各学院（系、部）、设基层党组织的单位、核心业务涉及的行政处室为重点研判单位，采取工作组进驻单位方式开展研判，侧重研判班子及干部团结协作、谋事创业、服务师生情况；其他部门采取单位自查，工作组以听取汇报、个别走访等的方式开展研判，主要研判班子及干部执行力、执行能力、服务中心工作和服务师生情况。

3. 明确重点，有的放矢

为了确保研判工作的针对性，工作组明确研判重点，主要是了解和掌握领导班子整体结构、功能、运行情况和领导干部履职情况、工作状态、能力绩效等。具体包括以下五个方面的内容：

一是遵守政治纪律、政治规矩情况。主要研判班子和干部遵守政治纪律、政治规矩情况，坚持党的教育方针，贯彻中央、上级部门和学校决策部署情况；坚持民主集中制，维护良好政治生态，营造优良干事创业环境情况等。二是领导班子和领导干部作风建设情况。主要研判班子和干部贯彻执行中央“八项规定”及学校作风建设有关要求情况，深化“四风”整治等情况。三是干部管理监督、选人用人问题。主要研判主要领导抓班子带队伍，从严管理、从严监督干部情况；班子选用单位内部中层干部情况；班子培养、使用、储备年轻干部情况。四是治理能力和治理水平情况。主要研判班子结构现状、功能发挥、运行状态、分工协作等情况，干部履职尽责、锐意改革、破解难题、担当进取等情况，推进本单位事业发展水平、绩效等情况。五是党的建设和干部廉政情况。主要研判基层党委（总支）谋划部署党建工作、管党治党、发挥作用、落实党风廉政建设主体责任情况，干部讲党性、重品行、做表率、廉洁自律等情况。

（二）抓好关键环节，把握“规范性”

1. 发布研判预告

工作组进驻单位前两天发布研判预告，明确研判的时间、内容、方法步骤，并公布研判工作组人员名单及联系方式。

2. 召开研判动员会

工作组进驻单位后，首先召开研判动员会，说明研判目的、工作内容、工作程序、时间安排等情况，并提出有关要求；听取各单位近三年来有关情况汇报；进行民主测评和问卷调查。对领导班子和领导干部进行民主测评、民主推荐，对班子推进事业发展、班子运行、班子优化建设等方面进行问卷调查。

3. 进行个别谈话

采取一对一约谈等方式进行个别谈话。在谈话人员范围的选择上力求做到多层次、全方位、立体式。在此基础上，工作组在谈话对象选择、问题设计、谈话技巧等方面根据单位不同性质差别确定，力求了解到单位最真实、最客观的情况。

4. 查阅相关资料

全面查阅研判单位各类会议召开情况的相关材料（会议记录、纪要等），了解“三重一大”事项研究决策情况、单位内部管理制度、目标任务完成情况、年度考核情况以及学院发展规划等。

5. 撰写研判报告

工作组通过对收集到的各类信息资料进行梳理甄别，对班子静态结构、运行情况、工作实绩、民主测评、民主推荐、谈话情况和单位及个人近三年的年度考核、工作总结等有关资料进行综合分析，最终形成研判报告。

（三）综合分析研判，把握“科学性”

一是多渠道掌握班子表现。通过个别谈话、民主测评、问卷调查、查阅资料等方式，全面了解各单位领导班子整体运行状况及干部表现情况。

二是多维度评价班子状况。对领导班子从“总体评价”“班子结构”“执行工作制度”“工作纪律情况”“分工协作配合情况”“工作实绩”等方面，进行综合分析研判；对班子成员从“总体评价”“德行表现”“管理工作投入”“协作配合”“能力绩效”“廉洁自律”等方面，同步进行综合分析研判。

工作组根据实地调研所掌握和收集到的第一手资料，通过“对班子结构进行静态分析”“对班子运行进行动态分析”“对班子和干部平时表现进行系统分析”，定性和定量相结合，真实、客观、全面、系统地还原班子及干部的“本来面目”，最大限度地确保综合分析过程的科学性和研判结果的实效性。

（四）强化结果运用，把握“实效性”

一是对研判发现的问题突出的班子和干部，校党委依据研判结果，及时采取措施，通过组织程序进行调整和处理，优化班子建设。

二是对研判发现的苗头性、倾向性问题，以及群众反映的班子和干部的有关意见建议，及时进行反馈，督促进行整改，突出“抓细”“抓小”“抓实”，让干部群众感受到综合研判工作的实际效果。

三是对干部职工提出的关于班子建设未来发展方面好的建议及时吸收到学校推进改革的有关政策中。对推荐出的有培养前途的优秀干部及时培养、锻炼、使用，为班子未来持续优化建设打好基础。

三、初步成效

开展综合研判主要取得了以下三方面的初步成效：

1. 研判结果为加强处级班子建设提供了重要依据

校党委和组织部门将研判结果作为领导班子调整优化、领导干部选拔任用、干部队伍监督管理的重要依据，充分发挥综合研判的基础性、先导性作用，确保研判工作与结果运用不脱节。研判工作自开展以来，根据研判结果，先后对全校10余个处级班子和30余名处级干部进行了优化调整。

2. 开展综合研判成为处级领导班子和干部自我体检的催化剂

研判工作开展过程中，各研判单位高度重视，班子和干部认真分析、梳理查摆单位和自身存在的问题，有效促进了班子和干部冷静思考、自我体检、自我认知、自我提高。同时，各处级班子和干部在对照研判内容自我体检、分析的过程中，也使研判工作发挥了导向作用，促进班子加强自身建设，改进单位工作。

3. 开展综合研判已成为全面了解干部的重要方式

开展综合研判的过程，实际上也是深入了解干部的过程。工作组把研判视角延伸到单位各个层面，通过多种方式全面深入了解干部思想表现、工作表现、能力水平、性格特点和问题不足等，为校党委提升识人察人精准度、选好用好干部提供了重要参考。

（执笔人：杨国光　郑伟）

构建中国文化推广体系
助力“西农制造”创新人才培养

国际学院

一、背景及目标

在经济全球化的推动下，高等教育的国际化是发展的必然趋势，留学生教育事业是高等教育国际化最重要的组成部分，也是衡量一所大学国际化水平的重要标志。

中国已经成为世界第二大经济体，吸引着不同文化、不同国度的留学生来中国学习。来华留学生通过对中国文化知识的学习，更全面地了解中国文化，成为知华友华人才，不断促进中外文化交流。“一带一路”倡议已经成为国际合作交流的重要平台，作为针对留学生的中国文化推广，在国际合作与交流日益密切深入的背景下，提高中国文化的国际影响力、传播中华民族优秀传统文化已成为国内专家学者的共识。

西北农林科技大学以世界一流农业大学为建设目标，正在积极推进国际化战略实施，通过传播中国文化，加速培养一批“知华、友华、爱华”的国际化农业教育科技创新人才，扩大学校的国际影响力和知名度。学校加快推进国际化战略，紧紧围绕“抢抓机遇、发挥潜势、优配资源、创建品牌、形成特色”的总体思路，扎实开展留学生教育管理工作，留学生招生规模不断扩大，教育管理水平和服务质量显著提高，树立“留学西农”品牌。

二、基础及依据

为贯彻落实《国家中长期教育改革和发展规划纲要（2010—2020 年）》，推动来华留学工作的进一步发展，2010 年教育部制订了《留学中国计划》。按照“扩大规模，优化结构，规范管理，保证质量”的总体发展思路，计划到 2020 年，使我国成为亚洲最大的留学目的地国家。全年来华留学人员达到 50 万人次。

2011 年学校召开国际合作与交流工作会议，制定了《西北农林科技大学关于实施国际化战略，加快创建世界一流农业大学的意见》，明确提出将“留学生教育发展工程”作为学校实施国际化战略的四大工程之一。学校又先后制订了“综合改革方案”“新时期教育对外开放规划”“‘十三五’发展规划”“国际化战略‘十三五’专项规划”“‘双一流’建设方案”等，作为留学生教育事业的工作思路和发展规划。

三、主要工作举措

2010 年成立国际学院以来，学院严格贯彻“知华、友华、亲华”教育目标，积极探索、开展了体系化的来华留学生中国文化实践体验系列推广工作。

（一）营造一个公寓主阵地，开展“生活化”教育

按照贴近实际、贴近生活、贴近群众的“三贴近”原则，积极打造中国文化教育的公寓主阵地，建设了走廊文化标识、中国文化角、通知公告专栏、海报展示台等，结合辅导员入住公寓，开展节约水电、安全用水用电、爱护环境卫生，相互关爱、互相尊重，维护集体生活秩序等集体生活文化教育。

（二）建设三个文化平台，开展“实践体验化”教育

坚持文化呈现、文化诠释、文化体验、文化交流相结合，探索建设了中国文化教育的校园文化生活平台、传统节庆文化体验平台、校外实践体验平台三个平台。结合元旦晚会、校运会、校园文化艺术节、国际文化艺术节等校园活动，利用校园文化基地等，打造校园文化生活平台；借助春节、端午节、中秋节等，开展传统食品制作、品尝活动，举办节日起源、习俗故事讲座等，建设传统节庆文化体验平台；每年组织省外 1 次以上、省内 4 次的中国文化实践体验，探索开展了社会主义新农村文化之旅、现代化建设成就体验、中国历史文化考察等多层次的校外实践体验活动。

（三）完善中国文化课程体系，开展“课程化”教育

分别开设了中国茶文化、中国农耕文明、生态文明、中国国情等全英文专题文化课程；建立了中国文化周课程教学，逐步形成了“分阶段、分层次”的中国文化教育体系，使留学生更好地了解和掌握中国历史、中国科技、中国节庆、中国名胜古迹、中国民风民俗等基础知识；体验和学习中国书法、中国绘画、中国剪纸、中国茶艺等传统艺术的基本技能；重视国际理解教育，培养跨文化交际能力，成功举办了五届国际文化艺术节。

四、实际效果

经过几年的努力，我们逐步形成了以“学业成就感、生活顺利感、学校家园感、文化亲近感”为教育导向，以“生活化、实践化、课程化、体系化”为抓手的外国留学生管理工作思路，不断提升了留学生管理服务工作的质量和水平。我们始终将“知华友华”教育贯穿在留学生日常管理的各个环节，通过系列中国文化实践体验活动，让留学生从感情上建立对中国文化的认同感，增加生活上的融入感和学业认同感，安心杨凌生活，扎根农业科学研究，助力“西农制造”农业教育科技创新人才培养，为学校留学生事业持续健康发展提供了保障。

五、经验及启示

（一）向留学生推广、宣传中国文化，是提升中国文化软实力的重要措施之一，也是纠正部分留学生对中国文化误解的有效途径

中国文化博大精深，涉及内容广泛，在中国文化推广的初级阶段，要通过可接触、能体验，可实践、能参与的实践教学方式，潜移默化地提高留学生对中国文化的认同感。同时要结合留学生的兴趣点，有针对性地逐步扩大中国文化教育的知识点。

（二）科学合理地选择中国文化实践体验基地是关键

中国文化实践体验是有目的、有组织、有计划的教育活动，要尽可能让留学生亲力亲为，满足他们迫切了解中国文化的心愿，让他们在中国文化实践体验基地学习到一门具体的文化技艺，让每个人在中国文化实践体验基地都能有所收获。

（三）中国文化实践体验的内容要适度，更要趣味

中国文化实践体验活动要根据其汉语水平进行分级教学，分级文化体验教学是各有侧重点的。初级班应设计有意义的语言环境，生活中的中国文化直观、真实，更能激发学生对中国文化的学习兴趣。中级班要加强系统化的学习，采用丰富多样的教学方法，组合和拓展课堂知识，培养留学生跨文化交际能力。高级班就要进行深层次中国文化学习，深入开展文化体验活动，或开设传统文化专题讲座等。

（四）中国文化实践体验是中国文化课程的延续

组织留学生参加文化体验活动前，指导教师要搜集整理体验基地的资料与信息,事先让学生“预习”。指导教师在学生们实践体验的过程中同步进行讲解说明,加深印象。实践体验归来,可以针对学生的不同汉语水平布置作业,把学生中国文化体验中接触到的和学习的文化知识做到有效的延伸和扩展。

（执笔人:祁选轩）

企业绩效目标考评体系的实践

资产经营公司

一、背景及目标

高校资产经营公司成立以来,各高校将学校的所有企业全部划转资产经营公司,企业之间行业跨度大,类别多,不同的行业企业社会平均利润差别大,如何对这些企业进行客观、公正的比较,促进企业取得更大的经济效益,激励员工更好地为学校及社会服务,成为摆在各高校资产经营公司面前的重大课题。西北农林科技大学资产经营公司将预算管理、目标考核等企业管理工具有机结合,探索建立了企业绩效目标考核评价体系,取得了良好的效果,对客观公正评价企业年度经营业绩,激励和约束企业经营者,提高企业经营管理水平起到了积极促进作用。

二、理论依据与考评指标体系

(一)预算管理

预算管理是管理控制系统的重要组成部分,20 世纪初开始在企业管理实践中应用,目前已经成为当今世界大多数有一定规模企业接受和坚持运用的重要管理工具。我国企业全面预算管理的运用开始于 20 世纪 90 年代中期。2002 年财政部印发《关于企业实行财务管理的指导意见》后,国有企业开始全面利用预算管理工具,以促进企业建立健全内部约束机制,提高财务管理水平。

预算管理体系主要包括经营预算、财务预算、专项预算三部分,其中经营预算主要包括销售预算、生产预算、直接材料预算、人工预算、产品成本预算、存货预算、经营费用预算和管理费用预算等。财务预算主要包括现金流量预算、财务费用预算、投资损益预算、利润预算等。

(二)目标管理

目标管理是美国管理学家彼得 · 德鲁克在《管理实践》一书中首次提出的,

其核心思想是一个组织的上级和下级管理人员共同制订的一系列目标，该目标应与每个人的工作成果相联系，通过确立目标，规定每个成员的主要职责范围，并用这些目标作为经营一个组织和评价每一个成员的标准。企业的目标有总目标和各个分目标，各级管理人员必须了解并知晓目标，分担企业任务。只有每个管理人员和职工都完成了自己的分目标，整个企业的总目标才能实现，最终根据目标完成情况和成果的大小进行评价和奖励。

（三）指标体系

根据预算管理和目标管理的要求，资产经营公司坚持定性与定量考核相结合、长远目标与短期目标相兼顾、结果考核与过程评价相统一、考核结果与奖惩兑现相挂钩的四原则制定了企业绩效目标考评指标体系。该体系由5个财务定量指标和6个管理定性指标构成，总体分值100分，其中定量指标占70%，定性指标占30%。企业年终综合总分=该企业定量指标得分×70%+定性指标得分×30%。综合得分在70分以上（含70分）的为合格，70分以下的为不合格。

1. 定量指标

定量指标主要包括净利润、经营收入、管理费用、预算误差、应收账款回收率等。定量指标为刚性指标，以财务数据为准，主要考查企业赢利能力、成本费用控制和持续经营状况。其中净利润是一个反映和分析企业多方面情况的综合指标，与总收入指标相比更能体现一个企业的最终经营成果，是定量指标中的重中之重，其权重占定量指标的40%，其他4个指标各占15%。年终考核时，企业年终利润、收入、费用指标与年初下达的预算目标相比，超过或达到要求的给予该指标相应的分值，达不到的按实际未完成的比例给予该指标相应的分值。为了防止企业预算时打埋伏，特设预算误差指标。允许预算有误差，但不得超过±10%的范畴，若超出范围，该指标不给分。应收账款回收率指标规定，三年以上（含三年）账龄回收率达不到90%的扣3分，一到两年账龄回收率达不到85%的扣3分，当年款项回收达不到80%的扣4分。

2. 定性指标

定性指标主要包括经营班子经营管理能力、开拓创新能力、决策机制、生产管理、制度建设、成本意识、风险管控、安全责任等，主要考查企业经营班子经营期间所采取的管理措施及管理成效，反映的是企业的管理能力和管理水平。定性指标为弹性指标，每项指标的权重一致，根据资产经营公司总体要求和各企业的行业特点来确定，具体指标在每年目标任务书中予以明确。

三、工作举措

（一）成立机构

资产经营公司成立企业绩效目标考核小组，全面负责资产经营公司所投资企业和受委托管理企业的目标任务确定与考核工作。小组成员由资产、财务、人事等部门的人员组成。

（二）企业预算编制

每年元月份，由各企业编制企业预算上报资产经营公司财务部，财务部在收到预算后，根据历史数据和行业水平对预算进行审核，提出意见反馈给各企业修改预算。一般经过“两上两下”的程序初步确定预算，按照各企业的法定程序予以确定，如是公司制的企业，预算最终由该公司的董事会研究确定。

（三）目标任务及奖惩方案确定

各企业预算确定后，由资产经营公司资产运营部依据预算和各企业的历史数据，并结合行业的特点与各企业负责人商谈目标任务及奖惩方案。经过“两下两上”的程序，提出初步的目标任务，最终按照各企业的法定程序确定目标任务指标数额及奖惩兑现要求。

在奖惩方面，因各企业性质和特点不同而异。基本思路有三条：一是完成目标利润100%的，经审核企业可按相关标准全额给全体员工发放业绩津贴；完成目标利润80%以上的（含80%），按实际完成目标利润的比例发放业绩津贴；完成目标利润80%以下的，按70%发放业绩津贴。二是完成年度任务，且超额完成年度目标利润的企业，除业绩津贴按标准全额发放外，净利润超出目标利润部分按4∶3∶3的比例分配，即40%作为对企业的超额奖励，30%作为管理费上交资产经营公司，30%作为企业的发展基金。40%的超额奖励由企业经营班子根据企业员工的贡献大小自主发放。三是考核结果为不合格或发生安全责任事故的企业，当年不得评为资产经营公司系统先进集体，企业负责人不得评为先进工作者。

（四）目标任务的下达

各企业目标任务经法定程序确定后，在每年3月份以前，由资产经营公司资产运营部以目标任务书的形式给各企业下达目标任务，目标任务书中明确了各企业的考核指标、考评方法及奖惩兑现政策。

（五）目标任务考评

每年年底企业财务决算结束后，由资产经营公司资产运营部和财务部组织对照年初的目标任务书对各企业目标任务进行考评，得出考评结果，并依据考评分数排出考评次序。

（六）奖惩兑现

每年年底，依据考评结果并对照目标任务书约定严格对各企业经营班子及员工进行奖惩兑现。

（七）目标任务的变更或调整

目标任务一经确定不再调整。若遇企业经营状况发生巨大改变，导致企业经营成果与目标任务相差甚远，则由企业向绩效目标考核小组提出申请，考核小组组织人员重新评估后予以调整。

四、工作成效

资产经营公司企业绩效目标考核体系经过 8 年的实践，实现了当初预期的目标，表现为评价指标简单明了，方法统一，使用方便，能客观公正地评价企业的经营业绩，帮助、引导企业实现资产经营公司的战略目标。主要成效表现在以下方面：

（一）保证了资产经营公司全年目标任务的实现

该体系以预算管理为基础，以目标管理为手段，以奖惩兑现为保障，形成了三位一体的统一体系。各企业目标任务均来源于“两上两下”认真的预算管理，制定的目标符合实际，同时任务分解责任到人，保证了资产经营公司下达的全年经营目标任务在各企业层面的分解和落实。自该体系实现以来，资产经营公司每年的目标任务均顺利实现。

（二）促进了下属企业的规范管理

该体系的实施，资产经营公司将经营管理压力全面向各企业各部门进行了传导，同时也促进了资产经营公司对下属企业经营管理方式的变更，将过去下属企业在经营管理事务中对上级管理单位的高度依赖变为各企业围绕目标任务自主管理行为，帮助和督促各企业各部门加强了规范管理，完善了内控制度，提高企业经营管理水平。

（三）实施了对员工的有效激励

该体系通过严格的考评，将企业效益与个人利益挂钩，形成企业和员工的利益共同体。完成目标任务的企业和个人年终会得到奖励，没有完成任务的相反会得到处罚。奖惩机制的运用，有效对企业员工进行了激励。

（四）增强了企业的凝聚力

该体系的实施，强调的是分级负责与责任到人的管理理念。要完成目标任务并获得奖励，必须发挥每个成员的作用，工作过程中还必须加强沟通，上下联动，相互补台，一荣俱荣、一损俱损。这样的管理，促进了企业团队精神的培养和“创新、包容、竞争、务实”的企业文化的形成。目前，资产经营公司及各企业已经形成了一种全员关心企业发展、处处留意经营事业的良好氛围，公司的经营管理规范有序，文化活动丰富多彩，凝聚力和战斗力不断增强。

五、经验与体会

要使此考评体系更好地运用到企业的考评工作中，还必须注意以下三个问题。

（一）编制预算要实际

该体系的目标任务确定是建立在预算的基础上，若预算偏差，则目标任务的确定就会脱离实际。因此要求预算一定要做到两点：一是预算的编制要实，财务数据要准，预算的编制方法要符合各企业的实际；二是要企业全员参与，预算不只是财务人员的事，业务人员、管理人员也必须全面参与，大家在预算的编制过程中就会全面对企业的经营管理及资源配置情况进行了解和沟通，防止预算编制过程中因不了解情况而出现内容缺失、项目遗漏和高报预算等引发的预算偏差。

（二）目标任务要合理

在确定企业年度经营目标任务时，一定要合理，不能太高也不能太低，让企业负责人要有跳起摘桃子的感觉。合理的目标可以激励员工完成任务并产生成就感，提高员工的士气。

（三）奖惩兑现要及时

该体系把奖惩机制与考评结果有机地结合在一起，成为激励企业完成目标任务的重要保证。需要强调的是，在兑现奖惩时一定要及时，否则就起不到激励和惩罚的作用，同时奖惩的幅度要随着企业效益的提高逐年加大力度，将总公司对下属企业的奖惩显示在整体的管理目标上，以激励企业员工提高工作的积极性，更好地为企业服务，实现企业利益的最大化。

（执笔人：薛三勋　杜军宝）

响应“一带一路”倡议　推进农业国际合作

国际合作与交流处(港澳台办公室)

一、背景及目标

2013 年 9 月和 10 月,习近平主席先后提出了建设“丝绸之路经济带”和“21 世纪海上丝绸之路”的重大倡议。“一带一路”作为中国首倡、高层推动的国家倡议,对我国现代化建设和屹立于世界的领导地位具有深远的战略意义。高校是高水平科技创新的主要源头和高层次人才培养的重要基地。作为国家重点大学,我校有责任、有义务发挥高校特色优势,加快推进与国际知名高水平科研机构的实质性合作,努力推动世界一流农业大学战略目标,积极主动融入国家战略。

我校坚持走国际化办学道路,先后与 40 个国家和地区的 153 所大学和科研机构建立战略合作关系,特别是与中亚多国、俄罗斯、埃及、马里、喀麦隆、以色列等丝绸之路沿线国家的大学开展了深入持久的教育科技合作。

2016 年,我校紧抓国家“一带一路”倡议机遇,服务国家总体外交大局,发挥我校地域和学科优势,对接沿线各国发展需求,联合当地政府和相关企业,倡议沿线各农业院校、科研院所共同合作,成立丝绸之路农业教育科技创新联盟,以联盟为平台,推动沿线国家间农业科技教育交流与合作,促进农业发展。

二、工作举措

(一)成立丝绸之路农业教育科技创新联盟,搭建“一带一路”合作新平台

2015 年我校开始策划成立联盟,系统地收集了国内十多个联盟的相关资料,多次到西安交通大学调研,学习借鉴国内其他联盟的成功经验。认真分析我校现状及成立联盟的预期目标,多次召开专题会议,研究联盟筹建过程中的重大问题。经过我们的认真策划,细致分工,各部门相互配合,通力合作,2016

年11月5日，来自丝绸之路沿线12个国家的59所涉农大学和科研机构代表齐聚我校，联盟正式成立。

经过短短八个月的发展，联盟已吸纳了72家成员单位，其中，国内共46家，基本囊括了中国重点农业院校和农业科研院，对我校与兄弟单位开展合作交流、共同发展提供了一个良好的平台。此外，来自中亚、西亚、南亚、非洲、欧洲等国的成员单位共26家，丝绸之路沿线许多国家与我国西北地区气候条件、生态环境、动植物适应性非常相似，农业发展有着相同的科技需要，26家单位的加入，对于我校加强与丝绸之路沿线国家的农业合作，深入“一带一路”倡议的发展，推动我国农业走出去具有重要的战略意义。

（二）围绕联盟，拓展“一带一路”合作渠道及方式

1. 在哈萨克斯坦建成我校农业科技园

为进一步加强中哈合作，我校多次赴哈萨克斯坦与塞福林农业技术大学、哈萨克斯坦国立农业大学洽谈合作事宜，经过不懈努力，我校与两校均签订了校级合作协议，并依托塞福林农业技术大学试验农场，在阿斯塔纳和阿拉木图建成西北农林科技大学农业科技园，面积分别为5公顷和20公顷，开展了农作物、园艺作物（苹果、葡萄、蔬菜等）新品种引进观察、绿色高效生产技术研究。

哈萨克斯坦农业科技园区的建成，对我校与哈萨克斯坦科研单位加深合作，共同开展科学研究有着重要意义，同时也是我校跨入世界舞台，实现国际化服务的必由之路。

2. 成立国别研究中心，开展智库建设

2016年，为了深入与丝绸之路沿线国家的合作，拓宽国际视野，我们申报并成功获批中国科协“一带一路”国际科技合作平台“中俄农业科技发展政策研究”项目。此外，哈萨克斯坦研究中心、非洲研究中心获教育部2017年度国别和区域研究中心备案，两个研究中心的备案为我校中哈、中非全面合作发展提供了一个新的平台，也是我们进一步开展国际合作的重要方向。

为做实做强做好联盟，服务中国和丝绸之路沿线国家农业发展，我校还定期发布《丝绸之路农业教育科技发展报告》，为政府决策、企业投资、产能合作提供政治、经济、文化等方面的咨询服务。

3. 建设对外合作及人才培养基地，进一步加强丝路沿线国家人才培训及留学生培养

为加强农业走出去、科技支撑服务和国际型人才培养，我们精心准备，积极向农业部申报建设农业对外合作科技支撑与人才培训基地并成功获批，并于今年5月成功承办了农业部主办的2017年农业“走出去”高端智库研修班，提高了各单位农业走出去的水平，可以更积极应对农业发展内外部挑战，加强人才队伍建设，打造农业合作竞争新优势。

4. 成立中俄农业教育科技创新联盟和“丝绸之路”生物健康农业产业联盟

为更好地发挥联盟作用，深入与丝绸之路沿线国家农业领域的合作，我校多次带团赴俄罗斯著名农业院校调研访问、研究合作方向，2017年我校发起成立了中俄农业教育科技创新联盟和丝绸之路生物健康农业产业联盟。作为丝绸之路农业教育科技创新联盟的子联盟，中俄联盟和生物健康产业联盟都以弘扬“和平合作、开放包容、互学互鉴、互利共赢”为宗旨，并将在“丝绸之路农业教育科技创新联盟”框架下运行。

中俄联盟和生物健康产业联盟的成立，都是我校加强国际合作，推动学术研讨深入发展的必经之路。

（三）建设联盟网站，拓宽联盟影响力

2016年联盟成立的同期，我校开始建设联盟网站，至此，联盟网站已经全线开通。联盟网站的建设对联盟工作的推动、联盟影响力的扩大、联盟的长远发展有着重要意义，主要有以下几个方面：

1. 宣传联盟，扩大联盟知名度；

2. 联盟业务公开，促进联盟秘书处的管理；

3. 资源共享，网上办公，提高联盟成员单位工作效率。

经过多次商讨，借鉴国内成功网站的经验，最终确定联盟网站主要由五大板块组成，分别是：联盟首页、联盟介绍、成员单位、合作项目和联系我们，随时发布联盟动态，加大联盟宣传力度，扩大联盟影响力。

联盟网站的建设和维护有利于树立联盟在科技信息时代的现代化形象，利用多媒体技术，充分展示联盟理念、联盟文化、联盟工作，在扩大联盟影响力的同时有利于倾听不同意见，完善联盟建设，改善组织结构和管理体系。

三、工作成效

联盟的成立和第二届阿斯塔纳会议的成功举办，赢得了国内外同行的尊重与认同，在一带一路国家形成了良好声誉，为联盟成员的长远发展和强力作为注入了极大信心。

此外，联盟的成立和一系列活动的开展都得到了国家部委的大力支持。我校就联盟工作特意向农业部韩长赋部长做了专门汇报，韩部长给予了高度肯定并明确表示大力支持。陕西省政府将联盟作为加快国家自贸试验区建设,特别是作为探索内陆与"一带一路"沿线国家经济合作与人文交流新模式的重要内容,全面支持联盟的工作。

四、经验体会

联盟的顺利成立、第二届合作论坛的成功召开及一系列活动的成功举办为我校赢得了社会各界和丝路沿线国家的口碑和信赖,同时也为我校跃上国际舞台实现更大作为搭建了平台。

联盟成立至今,短短 8 个月的时间,取得了显著的成绩,我们总结了如下经验:

(一)大学的发展必须服务于国家重大战略,履行好大学的使命

大学是高水平科技创新的主要源头和高层次人才培养的重要基地,也是中国走向世界、参与全球合作的重要力量,我们必须要充分发挥高校特色优势,积极主动融入国家战略,抢抓大学发展的机遇。

(二)集全校力量,多部门协同作战

联盟筹备过程中始终强调创新、集体智慧以及团队精神,集思广益推动了联盟的成立及一系列活动的成功举办。主要体现在三个方面:一是顶层设计到位,学校领导对联盟相关工作高度重视,专门成立工作领导小组,负责联盟顶层设计,及时解决过程中出现的各种问题;二是组织策划细致,分工执行有力,各部门相互配合,通力合作,认真执行,确保联盟成立相关工作的高效运转;三是敢于担当奉献,在不增加人员的情况下,国际处全体工作人员持续加班、夜以继日地工作,国际学院、宣传部、后勤处、保卫处等部门同心协力,认真完成各项工作任务,体现了我们的责任意识和担当能力。

(执笔人:康继乐　雷媛)

瞄准改革重点　创新招生宣传机制

学生工作处

一、工作背景

2014 年 9 月,《国务院关于深化考试招生制度改革的实施意见》明确提出“改进录取方式,推行高考成绩公布后填报志愿,创造条件逐步取消高考招生录取批次,改进投档录取模式,推进并完善平行志愿投档方式,增加高校和学生双向选择机会”,同时启动高考改革综合试点。2014 年上海市、浙江省分别出台高考综合改革试点方案。随后,各省均陆续出台了高考改革实施方案,这对我校本科生源的潜在影响是十分明显的,我们必须认清形势,紧跟国家改革步伐,积极采取措施,促进本科生源质量稳步提高。

二、工作举措

(一)学习文件,提高认识

国务院文件下发后,招生工作人员认真学习文件和上海市、浙江省高考综合改革试点方案,及时研判考试招生制度改革对我校本科招生的影响。学校于 2014 年底召开了较大范围的本科招生工作会议,学习国务院关于深化考试招生制度改革的有关文件,并结合上海、浙江出台的高考综合改革方案等对我校本科招生工作的影响进行分析研判。通过学习、分析本科招生工作面临的新形势、新问题,大家充分认识到考试招生制度改革对我们既是机遇,更是严峻的挑战。特别是高考录取不设批次,改革志愿填报和录取投档方式,这对于处于弱势的农林类高校,将面临严峻的生源形势。

生源与生源质量是学校提高教育教学水平及人才培养质量的基础,也是学校长远发展的关键因素,我们必须要有清醒的认识:只有加大招生宣传力度,使广大考生充分了解我校的学科专业及现代农业科学发展的前景,争取更多有志于从事农业科学,有兴趣、爱好、潜质的优秀考生报考我校,我校学科专业才能更好地发展,为国家农业现代化做出更大贡献。

(二)积极应对,提早谋划

根据国家考试招生制度改革精神,招生办结合学校办学情况,积极应对,创新招生宣传机制,加大招生宣传力度,紧跟国家考试招生制度改革主线,促进生源质量稳步提高。

1. 积极推进学院(系)、处(室、部)负责省份及地区的招生工作宣传机制

2015 年,在原来各院系参与招生宣传的基础上,重新修订了《西北农林科技大学本科招生宣传工作暂行办法》,制定《招生宣传工作考核奖励办法》,建立了学院(系)和有关处(室)负责联系省份(地区)的工作机制。近年来,各学院(系)、部(处)积极参与到招生宣传工作中来,学校制订年度本科招生宣传工作方案,召开专题会议安排布置,并对招生宣传人员进行政策培训和纪律要求,保证了招生宣传工作健康、有序地开展。

2. 全方位、立体化开展招生宣传

广泛利用各种媒体开展招生宣传,在央视网、新华网、人民网、中国教育在线和阳光高考平台,新浪网、腾讯网及《高校招生》《求学》和课堂内外《高考金刊》等大型知名网络和全国知名中学生刊物及部分省级招生机构主办或主管的高考志愿指导刊物进行招生宣传,扩大了学校影响力,使广大考生家长更深入地了解学校。

3. 强强联合,提高影响力

为了进一步扩大学校影响力,增强竞争优势,2014 年以来,学校与西安交通大学、西北工业大学、西安电子科技大学、长安大学、陕西师范大学和西北大学六所在陕"211"高校强强联合,组成"北斗七星"宣传联盟,到各省开展招生宣传工作,取得了良好的效果。

4. 极力推进按大类招生

为了积极应对考试招生制度改革,学校近年来积极推进招生专业按大类招生。目前学校已有 34 个专业按 12 个大类招生,充分吸引了考生报考,同时给考生创造了进校后在深入了解专业的前提下,在大类内选择自己喜欢的专业,充分体现了以人为本,尊重自愿,发挥学生潜质、兴趣、特长,为学生后续发展奠定了基础。

5. 设立西北农林科技大学奖学金,扩大学校影响

目前已在 160 多所中学设立了奖学金,获奖学生 4 000 余人。通过奖学金

的设立、评定、颁奖等各环节扩大学校在中学的影响，加强与中学的联系，推动与中学的进一步合作。

(三)突出重点，提高效能

面对国家考试招生制度改革及各省市陆续实施合并录取批次、不分文理科，考生填报志愿由“学校 + 专业”变为“专业 + 学校”的投档模式。我校在招生宣传工作中，提早谋划、突出重点，这几年除面上正常、广泛宣传外，把工作重点放在学科、专业的宣传上，充分发挥专家教授的作用，强化宣传效果。

1. 科普报告深入中学

几年来，各学院、各部门广泛组织专家教授深入中学，面向中学生做科普报告。以学科研究成果、发展前景展示农业科学、生命科学、生物科学在经济、社会发展中的作用，以现代科技手段改变传统农业，促进农业科技事业的发展。累计深入中学开展科普报告800余场次，提高了广大中学生对农业科学的认识，激发广大中学生的兴趣爱好，为争取生源及培养潜在生源奠定了基础。

2. 抓契机、时机，增强宣传效果

每年高考填报志愿期间，招生办搜集各省市、中学填报志愿咨询会，校园开放日的时间节点，统一整理、安排，充分利用考生填报志愿的有利时机，派出大批老师奔赴各省中学，咨询会面对面指导考生填报志愿。同时抓住教育部等11个部门推进中小学生研学旅行契机，制定中学生来校研学旅行套餐，开展“中学生春季大学校园行”“中学生夏令营”等活动，开放实验室、实习基地，体验大学生活等活动，进一步加深中学生对我校的了解和认同，仅2017年已有来自中国人民大学附中翠微学校、北京师大附属实验中学、山西省忻州一中、西安高新三中、户县一中等10多所中学1 000名师生来校研学旅行，使广大中学生对学校有了深入了解，起到了良好的宣传效果。

3. 回访母校，现身说法

多年来，招生办一直坚持开展优秀学子回访母校、给中学寄发在校获奖和保研学生喜报活动等，取得了很好的典型引导效果。利用寒假时间组织在校优秀学生组建招生宣传自愿服务队，回到中学母校开展招生宣传活动，这些优秀学生利用自己在学校的学习、发展、生活，对中学生现身说法，自然、亲近地感染中学生。2016年寒假，招生办以在校获奖和保研学生为主，组织了490多支招生宣传志愿服务队，赴全国28个省市的700多所中学开展回访母校活动，取得了很好的宣传效果。

4.联合办班,提早培育生源

2016年我校与包头市第一中学共建创新试验班,拓展高校与中学合作的渠道与模式,积极探索人才培养的新模式,通过开设微课程、专题讲座、中学生进实验室、开展研学活动等形式,发现在生物、化学方面有兴趣爱好及特长的中学生,为学校相关专业招收优秀生源奠定了良好基础。

(四)全员参与,扩大影响

通过学校年度招生工作会议的召开,各单位负责省份招生宣传工作机制有效落实,各单位领导重视,师生参与热情提高,全员招生宣传氛围逐步形成。几年来,学校各单位领导带队,根据招生宣传工作的时间节点,分批次赴所负责省份的中学,到咨询会现场开展招生宣传工作。三年来,年均近500人次,深入500多所省级重点中学及教育招生部门开展招生宣传工作。2016年由原来的16个院系负责联系省份招生宣传增加至44个院(系)机关处室,宣传地区由原来的28个扩大到38个,宣传范围覆盖除上海、海南、西藏外的所有省份。加强同中学的联系,建立优秀生源基地,使更多的中学生认识、了解西北农林科技大学,扩大了学校的社会影响力。在走出去的同时,学校每年都召开中学校长联谊座谈会、中学校长论坛等,把中学校长、年级主任邀请到学校来,实地参观、考察、认识、了解学校,进一步扩大学校的社会影响,促进更多优秀考生报考我校。

三、工作成效

在学校党政领导下,全校上下凝聚共识,招生宣传工作主动性增强。经过师生共同努力,学校生源质量稳步提高,录取考生的平均分(理工类)由2013年高出一本线42.7分提高到2014年的50.1分、2015年的56.3分,2016年达到71.3分,文史类录取分数同样连年增长。生源质量的稳步提高,为学校提高教育教学和人才培养质量,创建“双一流”农业大学奠定了坚实基础。

(执笔人:李景星 毛连泽)

打造“1443”就业指导新模式 为毕业生满意就业保驾护航

就业指导中心

一、背景及目标

就业指导是促进毕业生就业的主要方式，通过就业指导，可以有效帮助学生树立积极的就业心态，引导学生主动、自信地求职；帮助学生知己知彼，客观确定职业目标，树立科学的就业观；帮助学生掌握正确的求职方法；促进学生在校期间刻苦学习，积极参加实习实践活动。

随着毕业生就业制度改革的深化，就业指导在大学生就业工作中地位越发重要，乃至成为高校基础性、全局性工作。2007 年底，为进一步开展高校毕业生就业指导，教育部印发《大学生职业发展与就业指导课程教学要求》，文件要求高校把就业指导课程建设纳入人才培养工作中；开设职业发展与就业指导课程，贯穿整个学生培养过程；要求建立专业化、职业化师资队伍，改进教学内容与方法。教育部在每年全国普通高等学校毕业生就业创业工作通知中均明确就业指导工作的重要意义，要求各地各高校要不断提升就业指导水平。

学校从毕业生高质量就业和满意就业的高度出发，高度重视就业指导工作，通过课程、比赛、讲座、咨询等就业指导形式，帮助学生客观认识自己，主动了解职业环境，逐渐确立自身职业目标和发展方向。

二、工作措施

（一）强化就业指导师资队伍建设，提高就业指导的质量和水平

建立“内外互补、专兼结合”就业指导师资队伍，加强授课教师之间的相互学习和交流，提升授课经验。校外聘请北京大学职业发展教研室总督导、北京千军易得人力资源有限公司 CEO、京东商城西北区域人力资源经理等 10 位知

名专家担任我校就业指导教师，根据约定，这些专家承担校内师资培训、讲座和线上咨询等工作，并不定期来校为学生进行专题就业指导；校内组织长期从事就业工作的管理干部为学生讲授“大学生职业发展与就业指导”系列课程。另外，就业指导中心组织召开由分管校领导参加的就业指导教师座谈会、“大学生职业生涯规划”教师座谈会。与会教师集思广益，就系列课程的教学方法、课程设置、授课方式进行交流，并从不同角度征集授课教师的授课建议和意见。这支“内外互补、专兼结合”的教师队伍，先后开展了超过300人次的各类校内培训，有效推动我校就业指导工作队伍驾驭工作的能力和提高就业指导成效。

（二）构建“师资培训＋技能培训＋实战培训＋政策培训”师资培训体系，提升就业指导工作服务质量和水平

近三年来，就业指导中心组织开展学工干部就业指导实战工作培训，组织开展为期三天的“职业素养提升”专题培训；承办由教育部主办的“全国高校就业指导人员系统培训（中级）班”；组织校内所有授课教师及部分学工干部赴昆山开展为期一周的“大学生职业生涯规划咨询”封闭式特训班；开展为期三天的高校职业规划与发展TTT师资培训班（第八期）。另外，积极选派长期从事学校就业指导工作的授课教师参加全国高校就业指导骨干教师高级研修班和全国大学生就业创业指导服务国际学术研讨会等培训工作。每年不定期开展就业政策培训，不断提升学院（系、所）服务学生就业的能力和水平。截至目前，我校共有58名教师取得由教育部颁发的“全国高校就业指导人员专业水平证书（中级）”。

（三）构建“课程指导＋活动引导＋考试辅导＋咨询疏导”的指导体系，扩大就业指导的覆盖面和受益面

课程方面，就业指导中心组织开设“大学生职业生涯规划”“职业素养提升”“就业指导”三门课程，近三年来，平均每年正式开课达到30门次，每年将近2 500人次学生选修此类课程。

活动方面，在“就业大学堂”基础上，积极邀请世界500强、行业100强等业内有影响力的单位或优秀校友深入院系针对院系专业特色开展“企业高管谈就业”和“优秀校友谈就业”等活动，讲解企业用人理念和文化，提高学生对外部世界的认知，通过举办讲座和报告会的方式为学生在职业发展方面排忧解难。该活动截至目前已举办231期，影响大、涉及范围广。学生通过学习和交流，能够开阔思维、拓宽视野，提升求职竞争力。举办“职为西农人”校园模拟招聘大赛，平均每年有将近1 000人次学生参与其中。比赛按照真实的招聘环节和流程为学生“零距离”地展示了企业选聘毕业生的流程和特点。复赛、决赛邀请与我校学科、专业匹配度较高的高层次知名企业 HR 来校担任评委，为学生提供“一对一”的求职指导；开展“把我的求职故事讲给你”征文大赛活动，发挥朋辈就业指导的作用，组织院系开展形式多样的求职故事分享，每年有近 200 名毕业生将自己的求职历程保留下来，在低年级学生中分享和传承。开展“简精彩人生，历职场未来”简历指导系列活动，从不同角度，以多样化的形式，激发学生对简历制作的热情。针对低年级学生，引导学生建立职业生涯规划意识；针对高年级学生，帮助学生成功敲开面试大门，提升学生的求职竞争力，坚定学生们成功求职的信心。

考试方面，学校平均每年组织开展公务员考试辅导系列讲座 10 余场，并且每学期组织 1 次公务员模拟考试大赛，参与学生平均每年达到 1 500 人次。

咨询方面，学校开放职业咨询室，学生们在职业规划、求职过程中遇到的困难和问题，可以联系就业指导中心进行相关预约咨询。开展“简历问诊”活动，每年邀请校外 20 余名 HR、就业指导专家来校为学生进行“一对一”简历咨询辅导，学生们受益匪浅。

（四）创新构建“家校协同 + 校院协同 + 校企协同”就业指导模式，多方协同共促就业指导显成效

面对逐渐严峻的就业形势，就业指导中心撰写《致毕业生家长的一封信》，并寄给 7 000 余名毕业生家长，让毕业生家长在毕业生职业生涯开启之际，与学校协同共同助力毕业生满意就业，该活动收到 1 000 余名家长的电子邮件、电话或其他形式的反馈信息。

为帮助毕业生认清当前就业形势和就业环境，每年 9 月份，就业指导中心启动“就业形势和政策”宣讲活动，协调学生就业指导师资队伍送“指导”到院系，平均每年开展相关活动 20 余场，基本普及到每一位毕业生。

为了让在校生提前了解单位的选人用人理念和招聘流程，提升低年级学生的职业规划能力和求职竞争力，就业指导中心特别邀请全球 500 强企业——箭牌糖果中区人力资源经理，中国农药行业制剂前十强——陕西农心投资控股有限公司人力资源总监，国内农药制剂企业第一家上市公司——深圳诺普信农化股份有限公司综合管理部部长，湖南牛津草网络科技有限公司 CEO 等就业指导专家为我校学生分学科、分专业举办主题为“校企协同”促指导之“企业高管谈就业”系列专题辅导。

三、工作成效

近三年来，就业指导工作开展得卓有成效，师资培训、讲座竞赛、职业咨询等方面取得了丰富成果，其中，“职为西农人”校园模拟招聘大赛、“简精彩人生，历职场未来”简历指导系列活动、“把我的故事讲给你”征文大赛、“就业大学堂”等活动都已成为学校就业指导工作中的品牌性活动，在学生中间产生了较大的影响力，并取得一定的成效。

一是就业指导师资队伍数量逐渐扩大。通过培训不断有“新鲜血液”加入到就业指导师资队伍当中。二是就业指导工作受众面显著提升，平均每年有上万人次的学生参与到就业指导活动中来，普及率明显增高。三是学生积极求职意识逐步增强，学生通过参加就业指导类活动，熟悉了企业招聘特点和流程，求职信心不断增强，求职积极性有所提升。四是在机关作风评议工作中不断受到表扬。

四、经验体会

（一）推进实施分阶段、有重点的全程化就业指导课程体系

就业指导是一项长期性、全程化的系统工程，不是一朝一夕的事情。从学生新生入学开始，分年级、分阶段，全程参与、全程介入，全面为学生树立正确的择业、就业、创业观提供全方位的指导与服务。第一年侧重就业观念及生涯规划，了解就业形势；第二年注重初步确定毕业方向以及相应能力与素质培养；第三年掌握求职技能，为择业做好准备；第四年检验就职目标，调整就业心态。同时将毕业生跟踪调查反馈纳入全程化指导，改进人才培养模式，增强就业指导针对性与时效性。

（二）建设专兼结合、校内外结合的就业指导师资队伍体系

一支具有过硬的专业知识、丰富的实践经验，具高度责任心和使命感的就业指导师资队伍是就业指导工作取得显著成效的关键。按照教育部的要求，各高校应加快建设一支专兼结合、相对稳定的就业指导师资队伍，专职队伍包括校级职能部门指导专家、学院专职教师和就业指导专职教师，兼职队伍包括校内专家导师、社会导师、朋辈导师等。专职教师队伍建设应专业化、专家化、标准化，不仅要进行专业化培养培训，更要加快评价考核等制度建设。

（三）实现从群体指导向个性化指导的转变

在就业指导过程中，始终贯彻“以学生为本，为学生服务”的指导理念，进一步实现从群体指导向个性化指导的改变。群体指导越来越难以满足毕业生的就业需求,他们更需要结合自己情况的个性指导。毕业生择业时,因每个人的具体情况,如职业兴趣、个性特长、发展目标、能力特长各有差异,就业指导工作人员只有像医生问诊那样,分析每个毕业生的具体情况,才能有效帮助毕业生就业和找到适合自己的职位。

（执笔人:刘淼）

“精耕细作”　爱暖人心

学生工作处

一、背景及目标

我校是一所以农林水学科为特色的农业院校。现有在校学生2.8万人，其中本科生2.1万人。学生生源结构相对复杂，学生地域各异，中西部生源和农村学生相对较多。资助工作呈现贫困学生人数多、困难程度复杂多元的特点，工作体量大，育人工作面临挑战。

近年来，学校认真贯彻落实中央有关文件和相关配套文件精神，积极构建和谐的育人环境。全校每年约3.3万名学生受到无偿资助，人均受助约5 500元/年；另有约0.3万人申请贷款1 990万元，人均贷款金额6 500元/年。学校受助学生比例超过45%，实现了家庭经济困难学生“应助尽助”。

由于学校地处西部，又远离中心城市，面对贫困学生数量一直居高不下，如何帮助贫困生树立远大理想抱负，消除思想上的困惑、心理上的自卑、情感上的孤独等不良情绪；如何培养他们坚定理想信念、磨砺坚强意志、养成诚信品质和良好修养；如何引导他们努力学习、刻苦钻研、全面成长成才等，这些都是资助育人工作中反复思考的问题。

二、工作举措

长期以来，我校党委和行政部门一直高度重视学生资助工作，始终把对家庭经济困难学生的资助工作放在学校工作的重要位置，秉承“资助育人”理念，不断探索，采取各种措施全方位、立体式、多层面地完善资助育人体系，真正将资助款项落实到最有需要的困难学生身上，全力践行“不让一个学生因家庭经济困难而失学”的庄重承诺。

（一）完善资助体系，不让一个学生因家庭经济困难而失学

2003年，学校成立勤工助学贷款办公室，2007年更名学生资助管理中心。

中心成立以来，全面落实各项资助政策，不断完善“奖、贷、助、补、减、勤、代”七位一体学生资助体系，目前已经形成了以国家助学贷款和国家奖助学金为主体，以勤工助学、临时困难补助、专项补贴等一系列校内助学措施和校外资助为辅的资助模式，实现了学生资助全方位、全过程、全覆盖。

新生报到时，开通“绿色通道”、国家助学贷款办理等渠道为其入学提供便利。学生在读期间，积极组织贫困学生申报各类奖助学金和国家助学贷款等资助项目。十余年间，累计为学生发放国家助学贷款 21 400 余万元、各类奖助学金 57 400 余万元。校内补助方面，主要以勤工助学、临时困难补助、学费减免为主，辅之以各类专项补助，如为家庭经济困难学生发放冬寒棉被等越冬物资；每年为全校学生发放元旦免费餐券、新年补助等。毕业之际，积极组织学生申请基层就业代偿，每年近 200 名学生享受到国家暖心政策。

学生处充分考虑了学生日常学习生活的方方面面，实现了“不让一个学生因家庭经济困难而失学”的庄严承诺。

（二）细化育人举措，让资助暖阳普照每个困难学生

“授之以鱼更要授之以渔。”为促进经济困难学生的全面发展，学生资助管理中心深度发掘资助育人内涵，构建“扶贫、扶志、扶能”有机结合的资助育人工作体系，并深入开展“五项育人工程”主题推进式教育，进行助后育人的“精耕细作”，为家庭经济困难学生综合素质提升搭建广阔平台，使家庭经济困难学生得到有针对性的帮扶和历练。此项举措扎实有效，得到全国学生资助管理中心、陕西省教育厅宣传报道。

1. 学业提升

面向家庭经济困难学生开设学习能力提升班。根据学生需求，开设计算机应用、考研数学、英语三个班次的免费培训。计算机应用、数学提升班采取校内教学经验丰富的教师集中授课，英语提升班与专业培训机构合作，名师授课，涉及英语四级、六级和雅思考试的考点、难点，口语、听力和写作等科目综合培训。每年参加培训班的学生近 500 人。2015 年计算机培训班学生参加计算机二级考试一次性通过率达到 60%，2016 年英语四级通过率达到 50%。

2. 心理帮扶

以学校心理健康咨询中心为依托，挖掘校内校外两项资源，遴选理论功底扎实、业务能力突出的学术骨干，组建心理健康教育导师团队，为受助学生开展日常心理辅导、考前应试压力疏导等系列活动，帮助受助学生舒缓学习压力，培育健全人格，坚定学业信心。每年举办大型系列活动 20 余场，参加学生近

4 000人。

3. 励志引领

遴选聘任校内外知名专家、教授，组建励志导师团队，每年为近万名受助学生举办成长成才励志报告百余场，曾先后邀请时任宝钢党委书记刘国胜、联想集团原副总裁杜建华及中欧 MBA 部分学员等为学生做素质教育报告会、面对面座谈，与学生分享其学习成长、科学研究、管理工作经验历程，引导学生立远志、践其行，成就成才梦，把“大水漫灌”与“精准滴灌”结合起来。

4. 爱心塑魂

协同马克思主义学院、团委，遴选了一批热心公益事业、具备理论和实践指导能力的教师与管理干部，组建爱心实践指导团队，担任受助学生爱心社团指导老师，每年指导社团深入开展暑期“三下乡”等社会实践及爱心义务活动，培养和固化受助学生感恩意识、诚信意识和社会担当意识。

5. 就业帮扶

协同学校毕业生就业指导中心、团委，遴选实战经验丰富的专家及优秀创业成功人士，组建就业创业导师团队，为受助学生举办就业礼仪、求职技巧、人际交往、科技创新以及大学生创业等方面的专门讲座和实践训练，帮助受助学生提高综合素质，提升就业能力。目前已举办专门讲座 210 期，参加学生 2 万余人次。

（三）突出育人功能，让“大爱”代代相传

学校地处西部，贫困学生数量一直居高不下，除了对普通学生进行思想价值引领外，尤其注重对家庭经济困难学生坚强意志和积极人生态度的塑造，培养他们敢于面对困难和挫折、勇于担当、富于感恩和回报社会的价值观和人生理念。

学生资助管理中心将资助工作和育人工作紧密结合。围绕奖助学金评选发放、勤工助学工作开展，激励学生刻苦学习、全面发展，围绕励志教育和感恩诚信教育的渗透，培养学生奋斗精神、自立精神和感恩意识、责任意识。通过资助工作的有效开展，我校涌现出一大批大学生成长成才典型。尤其近几年，部分受资助学生反哺社会献爱心的优秀事迹不断涌现。

黄永震，曾是我校 2010 级动物遗传育种与繁殖专业博士研究生，来自河南省南阳市唐河县一个普通家庭，家庭并不富裕。在校期间，荣获研究生国家奖学金、教育部博士研究生学术新人奖、宝钢优秀学生奖等校级优秀研究生等荣誉共计 13 项。2013 年在校期间，他将自己获得的 3 万元国家奖学金全部捐赠给所在学院，资助有重大疾病、意外伤害、孤儿单亲等贫困学生，是学校首例学生捐赠大额资金资助贫困生。

石超，曾是我校食品科学与工程学院2007级本科生，2011年保送攻读研究生，2013年开始博士阶段学习。在校期间，荣获研究生国家奖学金、时胜帮扶奖学金、校长奖学金、优秀博士研究生学位论文资助项目。2014年，将所获“时胜帮扶奖学金”4 000元捐赠设立了“超越学术奖”，表彰和奖励研究团队中科研实验认真、负责，实验技能突出、善于携手合作的团队成员。目前该奖学金已颁发12次，惠及24名优秀学生。

尹志远，曾是我校创新学院2009级本硕博连读生，2013年提前攻读博士学位。先后获得2015、2016年度博士研究生国家奖学金，被授予校级“优秀研究生”称号。他将自己在校期间所获宝钢奖学金1万元全部赠予学院设立“启蒙奖学金”。

三、工作成效

通过多年的努力，到目前为止，已资助数万名贫困大学生顺利完成学业，其中涌现出一大批好学上进、自立自强、德才兼备的优秀贫困大学生。学生社团向日葵爱心社先后被评为全国优秀社团、陕西省优秀社团、校级优秀社团。2012年，关爱女孩志愿者行动调查报告《农村计划生育家庭生存与发展现状调查报告》荣获全国一等奖，这也是陕西省唯一获得一等奖的高校。学校也荣获优秀组织奖。唐仲英爱心社连续多年被评为校级优秀社团，2016年荣获杨凌示范区优秀志愿服务组织。唐仲英爱心社张保华、刘春雷，国家奖学金获得者林益史、曹德旺爱心社景福军四位学生分别荣获2009、2010、2015、2017年度“中国大学生自强之星”。

我校资助育人工作多次受到全国学生资助中心表彰。荣获2015年度“助学·筑梦·铸人”主题征文优秀视频奖和优秀组织奖、2016年“学生资助诚信教育主题活动优秀单位”，报送的《互联网+助推学生资助诚信教育深入发展》获评特色案例。《新闻联播》《中国青年报》《中国教育报》、陕西电视台等多家媒体及教育部、全国学生资助管理中心、陕西省教育厅等网站对我校的学生资助工作进行了专题报道，产生了良好的社会影响。

（执笔人：李福云）

立足岗位奉献　服务全校师生

团　委

一、背景及目标

南北校区的绣山活动中心已成为全校师生举办活动、举行会议的重要场所，每年近八百场的活动，却仅有四名工作人员在进行管理，他们无怨无悔地坚守在自己的岗位上，他们立足于本职岗位，用无私奉献的精神，用一切为了师生的服务理念，用不怕吃苦的信念，在“小岗位”做出了“大贡献”。

随着经济发展方式的转变，群众诉求日益多元化，而作为群体中思想最前卫、需求最多元的青年学生群体，怎样让团组织与学生密切联系起来，成为新时期学校共青团改革的重中之重。对此，团委场地服务工作人员始终坚持身为一名党员的理想信念，通过多年的学习、实践，真正做到了将群众路线“内化于心，外化于行”，全心全意为学生服务。

二、工作举措

自2012年北校区绣山活动中心投入使用以来，团委便在场地运行制度、服务质量提升等方面不断进行探索，重点把握以下几个环节：

（一）规范审批流程，方便全校师生

团委建立网上审批场地制度，申请使用场地的单位通过进入团委网站办公场地申请子网页进行申请。申请页面信息全面，简单易操作。申请好场地后，打印申请表，在本单位签字盖章后送至团委办公室登记，之后由团委相关负责人审批确认，最后送至团委灯光音响组备案。申请制度有效防止随意申请场地以及场地使用冲突等问题，而且申请信息详细备案，确保活动按时进行。

（二）强化服务意识，提高服务水平

团委定期组织全体工作人员学习群众路线教育实践活动相关成果、案例，进行“我是谁、依靠谁、为了谁”思想大讨论以及“解放思想、追求卓越”思想大讨论等。在党支部活动时不断强化“无私奉献”“以学生为本”的思想。严格按照学校机关党委下发的《机关工作人员服务准则》中的“迎送热情、把话听完、态度明确、首接负责”开展工作。

（三）热情周到服务，以师生满意为唯一标准

始终坚持把各单位来绣山活动中心举办活动的同事、学生当成自己的家人、朋友来对待。“热心”是场地服务工作人员所不可缺少的品质之一，没有热心就无从谈起“主动服务、积极服务”。而绣山活动中心的工作人员能够将“热心”最大限度发挥出来，把自己当作活动举办单位中的一员，急群众之所急，想群众之所想，积极主动地为广大师生服务。在出现紧急情况时，能够不顾个人安危冲到第一线；在遇到棘手问题时也能够积极地献计献策。在各自岗位的工作人员都能尽自己最大的能力确保活动的正常进行。

（四）不计报酬、免费服务

我校广大师生在南北校区绣山活动中心大厅以及报告厅举办活动均不收取任何费用。我们的工作人员无论晚上还是周末，只要有活动就会坚守在岗位上，仅凭着一股热情和责任心忘我地工作着。没有多余的收入，没有额外的费用，就这样为他们当初选择的事业奋斗着。

三、工作成效

自南、北绣山活动中心投入使用以来，团委支部的服务效果获得了师生的普遍认可，取得零投诉的成绩。“群众满意才是硬道理”的工作理念深入活动中心每一位工作人员的内心。

（一）全年无休假，任劳任怨为师生服务

从2014—2016年统计的场地使用数据来看，三年来共开展活动2 000余场。平均下来，每天至少有两场活动，全年几乎无休假。另外还要配合杨凌区完成农高会的部分任务以及一些额外的工作。活动数量越来越多，工作量越来越大，活动中心的工作人员几乎没有休息、没有周末。其他职工利用节假日带孩子出去玩耍，他们只能默默地在灯光音响控制室中度过，因为每到节假日又恰恰是活动最密集的时候。他们错过了很多关于孩子成长的瞬间，很多时候孩子已经熟睡，他们却还没下班。曾经，我们的一个工作人员在谈及孩子和家人时流下了泪水，但是活动在继续，工作也在继续，为了大家只能舍掉自己的小家。

（二）大型活动保质保量

每年绣山活动中心都会有几十场大型活动，例如“名人、名家”大型报告会、元旦晚会、庆国庆晚会、“高雅艺术进校园”系列活动，每次活动的成功举办都少不了这些可爱的工作人员在幕后付出的艰辛。

2014年4月，中共中央政治局原常委、国务院原副总理李岚清同志来我校视察，并与我校师生在北校区绣山活动中心共同观看满天星业余交响乐团音乐会。在音乐会进行中，活动中心的电子屏突然出现了故障，在屏幕的一个角落出现了黑屏状况，我活动中心的一名工作人员当机立断，不顾个人安危爬进电子屏中做了紧急处理，屏幕恢复了正常，短时的故障并没有引起观众的注意，结束后广大师生对音乐会赞不绝口。而我们那位幕后的英雄也为音乐会的效果做出了巨大的贡献。

（三）小型活动灵活机动

除了那些影响巨大、观众人数众多的大型活动，一些小型活动例如小规模的音乐节、小联欢、小型报告会等也离不开我们的工作人员。但是他们没有丝毫懈怠，尽力将每场活动都做到让师生满意。

另外我们的工作人员除了要在南、北绣山活动中心打好“阵地战”外，还要经常进行“游击战”，就是要到其他单位去服务。随着音响设备的升级，也让服务更迅速、更便捷、更灵活机动。我们的工作人员以他们熟练的技术、细心的服务赢得了全校师生的好评，同时也获得杨凌区相关部门的认可。

（四）工作肯钻研，主动解决实际问题

无论在活动中还是平时，几位工作人员都十分愿意钻研。在日常工作中能够及时发现问题，针对绣山场地主动“修修补补”，排除隐患。在活动中更是善于解决燃眉之急，连接线不够长就自制连接线，什么设备不能满足需求就自主进行改造。每当购置新的设备，都能集体进行研究学习；如果有外来的表演团体自带舞美团队，我们的工作人员们也能够积极主动配合，向更专业、更高水平的团队虚心求教。

良好的服务，需要以健全完善的制度为载体，在制度设计上力求让师生少走弯路，在每一个环节上都能让师生切实体会到“温暖”，减少冗杂不必要的步骤，能够让师生以最快的速度“享受”我们的服务。谈到服务，究其根本还是要在思想上转变，作为服务人员头脑中没有群众，没有无私奉献的思想，“服务”二字就是空谈。对于绣山活动中心的管理人员来说，最大的欢乐、最大的幸福是把自己高质量高标准的服务奉献给他人。

（执笔人：刘业兴）

创新督办工作方法　推进质量导向发展方式转变

党委校长办公室

一、背景及目标

习近平总书记反复强调“空谈误国，实干兴邦”，而督办工作作为抓好决策落实的有效手段，它有助于维护学校党委、行政决策部署的严肃性和权威性，确保政令畅通；有助于强化行政效能，提高工作效率；有助于各级领导干部掌握新情况、发现新问题，及时调整、完善工作部署，提高决策能力。

在学校“双一流”建设的关键时期，为更好推动质量导向发展方式转变，推进学校各项重要部署和重大决策落地落实，党委校长办公室紧密围绕学校重大决策部署、重点工作任务、师生关心的热点难点问题，通过创新督办工作方式方法，着力构建全校各部门共同参与的大督办格局，以踏石留印、抓铁有痕的劲头，不断增强督办工作的密度和力度，提高工作质量，为学校各项决策部署落地落实提供有力支撑。

二、具体举措

（一）完善立项机制

1. 采用“自上而下”方式分解工作任务

办公室及时对学校重要会议决策事项进行任务分解，从 2017 年 4 月启用《重要决策事项批转单》，经分管校领导审签后转交责任单位，完成任务督办立项。

2. 将重点工作任务纳入部门目标任务书

从 2015 年起，每年年初召开年度工作目标任务落实推进工作专题会，充分听取相关部门的意见和建议，协调落实学校重点、要点工作任务，将学校重点工作纳入相关责任部门年度工作目标任务书，完成任务督办立项。

（二）加强督办过程

1. 转变督办工作方式

变被动接收责任单位结果汇报为主动督促检查。对已立项督办事项，通过定期或不定期电话咨询、上门走访、实地查验等方式，主动了解工作任务进展，并完成对责任部门的督促。

2. 建立任务动态调整机制

对已立项工作任务，因机构调整、工作条件变化等客观原因造成目标任务需要调整的，及时通过单位申请、专题会议研究决定等形式调整任务目标，确保工作顺利进行。

（三）拓宽信息反馈渠道

建立系统的督办信息反馈机制，全方位收集、报送督办工作信息。

1. 信息通报（督办专刊）。每季度末汇总本季度重点工作任务进展情况，形成《信息通报（督办专刊）》，在校内公开，督促重点工作责任单位落实任务。

2. 督办月报。每月底汇总当月督办事项的办理情况，形成《督办工作报告》，在校领导和责任部门之间公开，督促责任部门推进工作落地落实。

3. 督办专报。不定期将重大工作和专项工作督办及进展情况以书面形式向学校主要领导报告。

（四）强化结果运用

1. 强化单位目标任务完成情况考核

重点工作任务年初已纳入责任单位年度工作目标任务书，年终单位综合考评考核目标任务书，也即是对重点工作任务完成情况的直接考核。

2. 强化学校中心工作完成情况考核

在年终处级单位综合考评中，考评工作领导小组对各单位完成学校中心工作情况进行评分，并计入考评总成绩，对各单位开展基础工作和学校中心工作成效进行综合评价。

三、工作成效

1. 信息交流不断加强

2015—2016 年，每季度定期对重点工作任务进行督办，根据任务进展情况，共形成 9 期《督查简报》和 1 期《信息通报（督办专刊）》；从 2017 年开始，每月梳理督办工作任务进展情况形成书面报告，目前已完成 3 期《重要决策事项督办报告》，完成 2 期《督办专报》，分别向学校主要领导汇报了重要批示的督办落实情况。

2. 重点工作任务稳步推进

通过不断完善督办工作方式,督办工作任务获得稳步推进。纵向对比近三年学校年度重点工作任务完成情况,部门工作积极性以及任务整体完成率逐年提升。

表1 2014—2016年学校重点工作任务完成情况统计表

年份	重点工作任务数(项)	按时完成任务数(项)	完成率
2014	69	62	89.9%
2015	87	82	94.3%
2016	67	64	95.5%

3. 任务完成质量不断提升

通过不断完善督办工作体系,建立日常督办与年度考评联动工作机制,重点工作任务完成质量不断提升。从近三年学校重点工作部分指标性任务完成情况统计表可以看出,任务完成绝对数量和相对比值均有增加,工作任务完成质量不断提升。

表2 2014—2016年学校年度重点工作部分指标任务完成情况统计表

年份	到位经费			科研发表CI/EI论文(篇)	研究生发表SCI/EI论文(篇)
	科研(亿元)	推广(亿元)	国际合作(万元)		
2014	3.59(4.5)	0.70(0.7)	1 128.60(1 000)	1 549(1 500)	735(550)
2015	4.32(4.5)	1.003(1.0)	1 611.66(1 500)	1 716(1 500)	913(700)
2016	4.69(5.0)	1.75(1.0)	2 106.80(2 000)	2 035(2 000)	945(1 000)

注:括号内数字为当年工作任务目标。

四、经验与体会

1. 加强信息交流是做好督办工作的基础

信息是现代社会一种重要的资源,也是管理活动必不可少的组成因素。建立完善的督办信息反馈机制,及时将督办工作任务进展情况反馈给学校领导层,有利于为学校下一步决策提供参考,同时将信息反馈给责任部门,有助于部门了解全局,把握工作整体进度,有利于进一步加快推动工作任务的落实。做好信息反馈，加强信息交流，是做好督办工作的基础。

2. 调动干事创业积极性是推动工作的关键

建立完善的工作机制，鼓励部门"跳起来摘桃子"，调动干事创业的积极性，是部门积极主动按时、高质量完成任务的关键因素。工作中，校领导关注、部门领导积极推进、定期的信息反馈，以及不定期的督促提醒，都是推动工作落实落地的外部动力因素，但真正能让部门主动完成工作任务、提升任务完成质量的，还得从调动部门内部动力着手，只有调动部门干事创业积极性，激发部门内部动力，完成的任务才会有更高的质量。

3. 将工作成效与考评挂钩是推动工作的重要保障

将工作成效与考评挂钩，实现精准考核奖惩，正向激发部门工作动力，是做好督办工作的重要保障。强化日常工作与年度考核相结合，减少考核的主观性和模糊性，增加考核的准确性和公正度，让干事者得实惠，加大正向激励力度，切实树立干事创业的鲜明导向，在年终综合考评中体现能做事、做成事部门的工作成效，从而保障部门积极推动工作。

（作者：卢小三　张鹏飞）

在制度创新基础上的博士后管理改革实践

人　事　处

近年来，学校高度重视博士后工作，将博士后工作作为师资队伍建设和人才强校战略的重要组成部分。为吸引更多优秀国内外博士来校从事博士后研究工作，发挥博士后群体在科研工作中的生力军作用，提升科研水平，我校在博士后制度建设和管理模式上做了一些有益的探索，并取得明显成效。

一、背景和目标

原国家人事部、全国博士后管理委员会于1991年批准我校首次设立农学博士后科研流动站，涵盖了作物栽培学与耕作学、果树学、蔬菜学、土壤学、植物病理学、农业经济及管理、昆虫学7个二级学科（人专发〔1991〕11号文件）。随着博士后事业的不断发展和全国学科专业目录调整，经过20多年的发展，我校现有作物学、农林经济管理、农业资源与环境、园艺学、植物保护、农业工程、生物学、畜牧学、林学、兽医学、食品科学与工程、水利工程、环境科学与工程13个博士后科研流动站。

2010年之前，我校博士后管理工作隶属于研究生院，由于管理体制不顺等原因，近20年累计只招收了博士后80余人，年均招收人数不足5人，极大制约了我校博士后队伍发展以及高层次人才培养工作。学校为加强博士后队伍建设，推动高层次人才引育工作，充分发挥博士后在科技创新中的生力军作用，自2010年将博士后管理工作划归人事处，2011年人事处经全面多方调研出台我校新博士后管理制度，完善博士后制度保障体系，建立综合服务平台，全面加强博士后管理工作。

二、工作举措

（一）建立完善的制度保障体系和良好的综合服务平台

学校在认真贯彻国家博士后工作政策的基础上结合学校实际，重新修订出台了《西北农林科技大学博士后暂行规定》(校人发〔2012〕1 号)和西北农林科技大学专题会纪要〔2016〕2 号,建立更加科学、完善、有效的博士后工作质量评估体系和激励机制;改革博士后研究人员的招收管理制度,规范流动站管理,明确导师责任,促进博士后队伍稳步健康发展;对博士后实施目标考核,协议管理。同时进一步加强博士后网站建设,创建博士后科研流动站及导师简介专栏、招聘专栏和学术通知专栏等,便于校内外博士后及时了解相关动态。

(二)提高待遇,吸引国内外优秀博士后来校从事博士后研究工作

相对一线、二线城市的高校及科研院所,我校因地处杨凌小镇,地理位置上处于劣势,不利于人才聚集,为吸引更多国内外优秀博士毕业生来校,让进站的博士后能安心工作,潜心科研,学校大幅度提高了博士后薪酬和生活条件。一是博士后薪酬从原来的 4 000 元/月提高至 8 500 元/月,其中学校承担部分由原来的 2 000 元/月提高至 6 500 元/月,大大减轻了合作导师经费承担压力;延期出站博士后在延期期间,学校还承担 5 000 元/月的薪酬,继续支持博士后开展研究工作。二是为博士后提供舒适的居住及生活条件,为博士后提供 60 平方米的临时住房,屋内设施达到入住条件。对博士后的随调配偶,推荐安排校内临时工作,对暂时无法安排的随调家属,为其提供 400 元/月的生活费补助,其子女上学、医疗等享受在职职工同等待遇。

(三)开通晋升职称、留校工作渠道,储备优秀师资

学校规定全脱产博士后人员进站一年后可申请参加学校专业技术职务任职资格评审,并对博士后实行单列评审指标。对在站期间表现优异的博士后,出站后可选择推荐到学校教学科研队伍中。

(四)实施科研绩效奖励,鼓励博士后开展自主创新性研究

鼓励博士后积极申报各类科研项目,开展创新性研究,对在站博士后获得的科研成果给予在职职工相同的奖励政策,以此提高博士后开展科学研究的自主性和积极性。

三、取得成效

(一)博士后综合评估取得优异成绩

由人力资源社会保障部、全国博士后管理委员会组织开展的 2015 年度博士后综合评估工作中,我校畜牧学博士后流动站在评估中获得优秀等级,获人力资源社会保障部、全国博士后管理委员会通报表扬。按照人力资源社会保障部、全国博士后管理委员会的统一部署,博士后科研流动站综合评估工作每 5

年开展一次，评估成绩分优秀、良好、合格、不合格4个等级。全国共有2 148个博士后科研流动站参加本次评估，我校参评的12个博士后科研流动站除畜牧学流动站获得优秀等级外，作物学、农林经济管理、农业资源与环境、园艺学、植物保护、农业工程、生物学、林学、兽医学、食品科学与工程、水利工程11个流动站在评估中获良好等级，无合格和不合格等级，总体成绩较佳。

（二）博士后规模不断壮大

实施新的博士后管理制度以来，博士后队伍不断壮大，培养成效显著。2013年至今，博士后年度进站人数呈逐年增长趋势，2013年招收53人，2014年招收61人，2015年招收74人，2016年招收104人，年度进站人数由最初的5人增加至104人，使博士后队伍成了师资队伍蓄水池和科研生力军，有力地推动了人才强校战略的实施。

（三）博士后科研成果丰硕

近几年，我校博士后培养质量得到显著提高，博士后科学研究取得丰硕成果，多位博士后作为主要参加人在“863”“973”、国家科技支撑计划等国家重大项目中发挥重要作用。2014年至今，我校在站博士后发表SCI、EI、SSCI、CSSCI收录高水平学术论文200余篇，专利近30项，获批国家自然科学基金80余项、中国博士后科学基金200多项，陕西省博士后各项目资助176项。受资助的项目均获得了一定的科研成果，其中一部分研究成果已应用于社会生活中，给我省社会发展带来了良好的经济效益和社会效益。

近期，公布的第10批中国博士后特别资助项目，我校推荐29人，获批10人，获批率为34.5%，明显高于国家资助率20.7%。近几年我校在站博士后申报科学基金的积极性很高，特别资助和面上资助获批率均高于全国平均水平，获批人数以及获批率在农林高校名列前茅。近四年博士后各项目具体获批情况详见表1、表2、表3。

表1　2014—2017年中国博士后特别资助获批情况

年　度	批　次	获批人数	获批经费（万元）
2014	第7批	3	45
2015	第8批	10	150
2016	第9批	10	150
2017	第10批	10	150
合　计		33	495

表 2　2014—2017 年中国博士后面上资助获批情况

年　度	批　次	获批人数	获批经费（万元）
2014	第 55 批	17	260
	第 56 批	26	
2015	第 57 批	16	280
	第 58 批	28	
2016	第 59 批	19	305
	第 60 批	33	
2017	第 61 批	29	163
合　计		168	1 008

表 3　2014—2017 年陕西省各项目资助获批情况

项目类型	年　度	获批人数	获批经费（万元）
科研项目资助	2014	15	44
	2015	16	56
	2016	21	62
科研项目配套资助	2014	13	121.3
	2015	14	102.25
生活资助	2014	17	17
	2015	19	19
	2016	25	29
	2017	36	117
合　计		176	567.55

（四）博士后研究成果转化有序推进

学校坚持人才培养与人才使用相结合，倡导博士后研究人员“学以致用、回报社会”，鼓励博士后开展科技服务活动，多批次组织博士后研究人员赴企业、地方开展科技指导与科技项目合作，有力地支持了地方经济建设。

1. 我校食品科学与工程流动站的龙芳羽博士后，作为“食品安全溯源控制及预警技术研究与推广示范”项目子课题的负责人，以猕猴桃生产、贮藏、加工全产业链中危害产品安全因子的识别、溯源及控制为核心，基于 RFID 技术并运用 GAP - SSOP - GMP - HACCP 控制体系，分析识别猕猴桃产业链中危害因子的污染水平、特征、来源及途径，研究开发危害猕猴桃产品安全因子快速识别与控制技术、猕猴桃食品安全溯源系统以及猕猴桃产地矿物元素和有机成分溯源技术。该项目在我国最大的猕猴桃产区开展集成示范，使 10 余家猕猴桃企业和合作社获得有机认证，8 000 余亩猕猴桃生产基地获得有机认证，并给周至、眉县猕猴桃产区农民带来了巨大的经济效益。以杨凌环球园艺有限公司为依托，使企业新增固定资产 6 780 万元，新增产值 4 650 万元，年生产鲜果 7.6 万吨，直接吸纳社会劳动力就业近 1 380 人，创造间接社会就业岗位 5.5 万多个。以陕西海升果业股份有限公司为依托，使企业新增固定资产 8 340 万元，新增产值 6 280 万元，直接吸纳社会劳动力就业近 230 人，间接创造社会就业岗位 1.2 万多个。

2. 我校生物学博士后流动站安小鹏博士后，参与主持的“高产奶山羊繁育技术的集成创新与示范推广”项目，主要推广曹斌云教授课题组集成创新的奶山羊双基因聚合育种、健康养殖技术和疾病防控技术。应用催乳素受体基因（PRLR）和促黄体素 beta 亚基（LHβ）这两个基因结合常规育种技术精准选育出优秀良种公母羊各 100 只，为大面积推广腹腔镜精准人工授精技术提供良种保证。将同期发情技术、鲜精大比例人工授精技术，以及腹腔镜人工授精技术、胚胎移植技术组装配套进行推广。在陕西绿能生态牧业有限公司、西安鑫龙门农林科技有限公司和千阳县西农萨能奶山羊种羊场推广良种奶山羊 2 000 只，杂交改良千阳县、蓝田县、陇县和富平县中低产奶山羊推广 60 万只。建立奶山羊健康养殖技术规范，形成规模化奶山羊健康养殖配套技术，促使奶山羊群体产奶量提高 15% 以上，种母羊产羔率达到 160% ~210%，羔羊成活率 95% 以上，乳房炎、口疮等疾病发病率减少 20%。

（五）博士后成才状况良好

经过多年的建设与发展，我校博士后流动站建设取得了长足进步，博士后培养取得显著成效，为国家培养了大批高层次专业技术人才。一大批博士后研究人员快速成长起来，成为相关领域、单位的科研骨干和学术带头人。我校畜牧学流动站杨小军博士后荣获“陕西省青年科技新星”和“新世纪优秀人才支持计划”等荣誉称号；农业资源与环境流动站吴发启博士后获得“享受国务院特殊津贴”“三五人才”和“省突贡专家”等荣誉称号；林学流动站张军华博士后荣获

“陕西省青年科技新星”和“新世纪优秀人才支持计划”等荣誉称号；生物学流动站孙超博士后、农业工程流动站骆亚生博士后荣获“新世纪优秀人才支持计划”等荣誉称号。

（执笔人：任武刚　卫丹）

建立跟踪反馈机制　做好新闻宣传服务

党委宣传部

一、工作背景

2013 年，习近平总书记在全国宣传思想工作会议上深刻阐述了大宣传的工作理念，指出宣传思想工作必须全党动手、全党参与，形成推进宣传思想工作的强大合力、强劲动力。2014 年以来，我校新闻宣传工作与时俱进，改革创新，通过抓理念、抓平台、抓队伍、抓方式、抓制度，在全校树立起大宣传观念，初步形成了以大宣传格局讲好大发展故事的生动局面。

2014 年以来，全校基层单位新闻宣传意识大大提升，新闻投稿数量直线上升，全年收稿数量达到惊人的 6 000 余篇，平均每天的稿件数量达到 20 篇，有时一天投稿数量甚至多达 60 篇。那么投来的稿件做了怎样的处理？处于什么样的状态？是被否定，还是被采用了？采用后又是放在哪个栏目？什么时候能够刊登？

面对一系列问题，为了尊重基层单位的劳动创作，让大家及时了解新闻稿件的走向和动态，共同做好我校新闻宣传工作，党委宣传部经过认真思考和规划，于 2016 年 3 月建立了新闻投稿反馈平台，逐渐探索出了新闻投稿反馈机制，架起了基层单位和新闻宣传主管单位畅通信息服务的桥梁，形成了新闻宣传合力，促进了我校新闻宣传工作的开展。

二、工作举措

（一）建立反馈平台

随着学校事业的不断发展，基层单位的新闻宣传诉求也日益增长，大家在干好本职工作的同时，也踊跃投稿积极参与推动我校新闻宣传工作。做好新闻稿件的信息发布和反馈服务，让大家第一时间了解稿件的动态是保证新闻宣传工作持续健康发展的重要举措。根据网络时代信息传播特点，结合我校新闻宣传大格局趋势，面对基层新闻宣传工作的实际需求，宣传部以QQ群作为反馈机制的服务平台，建立了群号为1811214472的网络新闻投稿反馈群，并以此为载体开展新闻宣传服务工作。

（二）聚集反馈群体

我校有70个基层单位，每个基层单位都有新闻宣传工作通讯员，有的单位甚至有包含副书记和科长及辅导员、教师和学生在内的通讯员队伍。这是我校新闻宣传事业的重要力量，也是新闻三贴近的重要保证。党委宣传部通过QQ平台，邀请各基层单位热衷新闻宣传工作的师生入群，将各单位通讯员队伍聚集在一起，组建形成我校新闻宣传事业的基层群体和力量。师生也可自动入群和退群，保证了群体的灵活性，也保存了新闻宣传事业的有生力量。

（三）及时发布信息

根据新闻稿件的质量及审核程序，我们将稿件的状态分为已编、正在审核、初审已否、终审已否、初审未返回、组稿待发6个动态，确保大家知晓撰写的稿件的走向，及时联系编辑老师和终审老师，一方面保证了新闻的准确性和时效性，另一方面尊重了大家的劳动成果，凝聚了基层新闻宣传力量。网络新闻投稿反馈QQ群自建立以来，不分节假日和双休日，每天及时在反馈平台QQ群发布稿件动态信息，及时告知通讯员稿件走向，畅通信息渠道，做好有效服务。

三、工作成效

目前，网络投稿反馈QQ群里共有497名师生。其间通过反馈平台发布稿件动态信息2 700余条，回答基层咨询1 500余条，围绕学校重大新闻活动征集新闻稿件500余篇。反馈群已成为联系新闻主管部门和基层单位沟通宣传工作的主渠道和大平台，探索建立的反馈机制，已成为服务学校宣传工作大局的有力保证。

（一）建立了新闻反馈机制，形成了双向密切互动

宣传部最初建立反馈群的目的是为了做好对基层单位的新闻服务工作，让投稿单位和作者及时准确地知道稿件的走向，尊重劳动创作的成果，保证新闻稿件的时效性。在工作过程中，逐渐形成了双向密切互动：一方面，基层单位通过反馈平台，反映基层单位宣传工作诉求，提供基层单位新闻线索，咨询学校新闻宣传举措和重点策划，纠正网络新闻错误，做到了下情上传；另一方面，新闻主管单位通过平台通报稿件状态，发布学校新闻宣传动向和学校重点工作，公布稿件修改意见,做到了上情下达。新闻反馈机制的建立,架起了新闻主管单位和基层单位互通信息、良好沟通、共建新闻宣传大格局的有效平台。

(二)凝聚了基层宣传力量,形成了新闻宣传合力

学校的新闻宣传力量包括:党委宣传部专职文字记者(7 人),学生记者队伍(骨干 20 人),基层通讯员队伍(400 余人)。从组成看,基层通讯员队伍是学校新闻宣传事业的庞大力量,提升他们的新闻宣传干劲和工作水平,能有效推动我校新闻宣传事业的有力发展。党委宣传部通过建立反馈机制,为形成新闻宣传合力奠定了制度基础;通过搭建反馈平台,为提升基层力量学习交流、有效增强对基层宣传力量的凝聚提供了载体。更为重要的是,基层力量的凝聚、新闻合力的形成,有利于团结带领基层力量围绕学校中心工作大局有效开展新闻宣传舆论工作,为建设世界一流农业大学凝聚人心、加油鼓劲。

四、经验体会

反馈机制的建立,既是管理工作的创新,也是机关作风的转变。通过这一工作的创新探索,我们认识到:世上无难事,只怕有心人。面对工作困局和工作需求,要勇于创新,敢于担当,追求卓越,争创一流。

(执笔人:张晴)

在“查访评”的基础上推行“五单制”深入推进机关作风建设

机关党委

一、工作背景和目标

党的十八大明确提出“全面提高党的建设科学化水平”，并就党的建设的目标、总体布局和具体工作思路做出了一系列新部署。2013—2014 年，聚焦“四风”，全党自上而下开展了党的群众路线教育实践活动。2015 年，为进一步推进作风建设，中央在县处级以上领导干部中开展了“三严三实”专题教育。2016 年，为深入学习贯彻习近平总书记系列重要讲话精神，推动全面从严治党向基层延伸，巩固拓展党的群众路线教育实践活动和“三严三实”专题教育成果，进一步解决党员队伍在思想、组织、作风、纪律等方面存在的问题，保持发展党的先进性和纯洁性，中央在全体党员中开展“学党章党规、学系列讲话，做合格党员”学习教育活动。中央对于加强作风建设的决心和工作部署，对我校开展机关作风建设提出了更高的要求、更严的标准。2016 年学校第三次党代会绘就了建设世界一流农业大学的发展路线图，围绕这一宏伟目标，面对全力推进校院两级管理体制改革和全面启动“双一流”建设的繁重任务，机关部门的工作效率、工作质量，机关干部职工良好的工作作风、工作状态就显得尤为重要。作风建设的新形势新要求、学校改革发展大局的现实需要，要求我们在作风建设上出新招、出实招，做出特色，抓出成效。

二、主要工作举措

2016 年机关作风建设以“态度、效率、卓越”为主题，在实施《机关工作人员守则》《机关工作人员服务准则》的基础上，出台了《机关服务制度》《机关工作人员行为规范》，建立了“首问负责制”“一次性告知制”“限时办结制”“服务承诺制”和“AB 岗工作制”五个方面的服务制度，对机关工作人员在来访接待、文明用语、接打电话、举止仪表、办公环境、工作处置、会议纪律、工作纪律和党风廉政九个方面的具体行为进行了规范。

机关党委采取“查”“访”“评”的方式，对机关各部门、各单位落实《机关工作人员行为规范》《机关部门服务制度》的情况进行全面检查。“查”指作风检查员对机关各部门工作环境、工作态度、工作状态、工作质量和工作水平进行全面检查和随机抽查。“访”指随访和暗访。随访是对来机关各部门、各单位办事的师生进行随机访谈，了解机关各部门的服务态度、办事效率、服务质量及水平等方面的情况。暗访指提前设计好问题及场景，真实模拟办事师生，通过致电各窗口单位，了解机关工作人员的服务态度和业务水平，力求反映真实的服务情况。“评”指在学校各基层党委聘任专职管理干部作为机关作风评议员，对机关各部门思想组织建设、科学民主管理、服务态度及质量、勤政廉政、建设成效等方面进行评议。

2016 年，机关党委聘请学生助管作为作风检查员明察暗访，分别于 4 月 29 日—5 月 18 日、10 月 20 日—11 月 20 日，对全校 31 个机关部门、直属(附属)单位的 71 个办公室的工作环境以及工作人员的工作态度、工作状态进行了四次全面检查。对 207 名来机关有关部门、单位办事的师生就机关服务态度、办事效率、工作质量及水平进行了随机访谈。并以暗访的形式前往或致电机关窗口服务部门 20 余个，了解机关部门工作人员的服务态度和业务水平。

同时，机关党委在各基层党委聘任 30 名作风评议员，每月对机关部门理论学习、组织管理、制度建设、劳动纪律、服务态度、服务质量、廉洁自律、研究创新等方面进行评议，并填写《机关部门作风评议表》及《机关部门作风具体意见建议表》。

通过“查、访、评”，共收集整理意见建议 352 条、问题 286 条、表扬 652 条。在此基础上梳理出表扬清单、问题清单、意见建议清单、反馈清单及整改落实清单，形成“五单制”。“五单制”的推行，使机关党委、机关各部门及各单位与师生之间形成了良好的信息互动与反馈。“五单制”的推行进一步完善了机关作风建设体系，使机关作风建设工作落细落小，做实做优，不断提升机关部门、各单位的服务质量和水平。目前，机关党委已形成了较为全面和系统的机关作风建设工作机制。

三、主要成效

比照两个阶段检查的情况，机关部门工作作风在三个方面明显好转：第一，工作态度主动热情，服务耐心细致。两个阶段 4 次作风检查涉及的 31 个机关部门、直属（附属）单位，71 个办公室，其中 6 个部门的个别工作人员服务态度有待改善，其余部门、单位的工作人员都能做到热情接待，工作负责。第二，工作状态上，严格遵守工作纪律，不迟到早退。同第一阶段检查情况相比，第二阶段检查仅发现极个别工作人员上班迟到、闲聊、上网的情况，未发现有办公室提前关门下班情况。第三，广大师生对机关部门工作质量和水平的认可度不断提高。作风检查中，对来机关部门办事的共计 207 名师生进行了随访，其中 187 人对服务表示满意或很满意，认为工作人员态度热情，效率高。

机关各部门也积极结合分管业务及工作职责，强化意识，创新方式，服务师生获点赞。党委校长办公室在校园网首页设置校长信箱专栏，公开回复师生员工来信，及时、真实、广泛地听取师生对学校工作的意见和建议；研究生院积极转变管理职能，在博士研究生招生、硕士研究生复试录取中给予学院更大的自主权，充分调动学院、学科点和研究生导师的积极性；学生处制定并实施了学生处工作人员联系院（系）制度等，主动转变学生教育管理服务方式，着力推动学生工作管理重心下移；计财处不断探索完善网上预约报账系统，并广泛开展业务培训，使财务报账更加规范、顺畅、有序。保卫处为校园安装 22 套应急报警系统，为师生安全保障做了一件大实事；就业指导中心以“送上门”的形式，主动为院系和毕业生提供各项培训及服务。

2016 年底的机关作风满意度测评结果也能够较好地反映机关作风建设成效：第一，2016 年机关作风满意度测评总分（平均分）为 85.21 分，较 2015 的 84.90 分提升了 0.37%；第二，2016 年机关作风满意度测评，大部分部门较去年得分均有所提高，各部门测评结果均达到良好以上，最高得分 87.61 分，最低得分 80.84 分，测评分趋同性明显，说明各部门作风差距逐渐缩小；第三，2016 年机关作风满意度测评的平均分突破 85 分，首次达到满意阈值，说明机关作风师生总体评价为满意。

作风建设是党的建设的重要内容，不断完善机关作风建设体系，使今后的机关作风建设有规可循、有制可依，有利于机关作风建设常态化。作风建设永远在路上，机关党委着力不断深化机关作风建设，在机关作风存在的问题上下功夫，努力为学校广大师生提供满意服务，为学校事业发展提供坚实保障。

（执笔人：王佳）

突出人文关怀　夯实政治引领

党委统战部

统战部作为学校党委主管统一战线工作的职能部门，承担了“了解情况、掌握政策、协调关系、安排人事、增进共识、加强团结”等职责。作为党外知识分子非常集中的高校，做好政治引领工作，与党外知识分子特别是党外代表人士“增进共识、加强团结”，共同画好学校改革发展事业和中国特色社会主义建设事业的“同心圆”，是一项非常重要而又十分艰巨的任务。近年来，统战部一直在思考如何深化做好党外知识分子的政治引领工作，逐步摸索将政治引领工作融入人文关怀，以联谊交友为突破，积极挖掘和打造多维引领课堂，在绵绵用力、潜移默化中彰显政治引领工作成效的工作思路。

一、工作背景

当前，我国社会思想观念更加多样，互联网日益成为党外知识分子发表言论的主渠道，对高校政治引领工作提出更加严峻的挑战。做好高校党外知识分子，特别是教师的政治引领工作，直接影响着大学生的世界观、人生观、价值观的形成，事关国家政治安全和党的执政安全。我校有党外知识分子 2 000 余人，其中副高以上职称 800 余人、民主党派成员近 700 人、留学回国人员 400 余人。做好我校党外知识分子的政治引领工作，意义重大，责任艰巨。

实践证明，做党外知识分子的政治引领工作，靠单纯的说教或就政治谈政治的工作方法，很难达到预期效果，甚至可能“适得其反”。要在创新工作方法上下功夫，做到“充分尊重、体谅包容”“政治上充分信任、工作上大力支持、生活上关心照顾”，在联谊交友中，循循善诱地“引”和“导”，在人文关怀中潜移默化地形成思想与行动的“共鸣”。

二、主要做法与创新亮点

在建立健全、贯彻落实《中共西北农林科技大学委员会关于实行党员领导干部与党外代表人士联系交友制度的若干意见》《关于巩固和壮大新世纪新阶段统一战线工作的意见》《中共西北农林科技大学委员会意识形态工作责任制实施细则》等相关文件制度的同时，着重在具体行动上用力。围绕联谊交友工作，总结形成了“干部示范课”“基地实践课”“网上流动课”“业余互动课”的“四课”工作模式。党外知识分子政治引领工作取得实实在在成效。

（一）上好“干部示范课”，以真情感染人

一是充分利用校领导的示范作用，校党委书记李兴旺，在党外人士座谈会、建党 95 周年纪念大会、学校第三次党代会等多个场合讲到“一把椅子的故事”，号召党员干部尊重教师、尊重党外知识分子，并身体力行带头示范。在一次专家报告会上，他亲自为报告人端茶杯送上讲台的举动，显得那么自然，感染了在场每一位干部和教师。原校党委副书记任应坤，将与党外人士联谊交友列入重要工作计划，一有机会就深入党外人士当中，谈工作、聊生活，在学校工作不到半年里，几乎认识了全校党外代表人士，并与多位党外人士结下了真诚的友谊。

二是统战部负责人把接待、看望党外人士作为每天工作的首要任务，平均每周与党外人士谈心交流不少于 4 小时，结交了一批能说心里话的挚友和诤友。

三是调动基层党委统战工作并积极挖掘基层鲜活事例，植保学院、生命学院、经管学院、人文学院等院系党委负责人亲自带头示范，引导党员干部积极开展联谊交友工作。植保学院党委书记杨耀荣亲自给党外人士过生日，年过六旬的民盟盟员赵惠燕教授回复短信：“这份温暖关怀，我当继续努力。”

（二）用好“基地实践课”，以见闻启发人

充分利用基层试验场站和附近教育基地丰富的资源优势，作为政治引领工作的“实践课堂”。适时组织党外人士实地考察调研，以所见所闻激发他们若有所思、若有所道的人生感悟。近年来，统战部累计组织党外人士 300 余人次，赴延安、三原、白水、眉县、西乡、安康、镇安等校内外基地，实地感受和学习爱国人士、革命前辈、一线科技工作者的先进事迹与可贵品格。安康水产试验站、西乡茶叶试验站、镇安板栗试验站、斗口农场、延安梁家河、三原于右任旧居等地的所见所闻，使大家深切感受到一线专家“扎根基层、心系社会”的高贵品格，由衷敬佩前辈们艰苦创业、奋斗不止的可贵精神。参观过斗口农场和于右任旧居的我校“千人计划”入选者赵辛教授、许金荣教授，对右任先生“三间老屋一株槐”的小院子所承载的“斯是陋室惟吾德馨”的高尚品质，深表敬佩。参加了安康试验站考察活动的回国人才王绍金教授，实地看到回国博士吉红教授及其团队在比杨凌条件更艰苦的一线试验站坚守十年、为安康渔业发展无私奉献的义举，深情表达了“让我很感动，也很受教育”的感慨。

（三）开好“网络信息课”，以正能量熏陶人

适应网络时代特征，充分发挥新媒体平台的政治引领功能。发挥学校网站“校长信箱”功能，及时回应网上留言，就相关政策耐心答疑解惑；开通“西农大党外人士之家”微信群、“统战部企信通”平台、“西农大侨联”QQ群，畅通网络发言渠道，积极与不同层面党外人士沟通信息、交流思想、凝聚共识。积极挖掘和推送学校网站“一周一名师”“一周两人才”中党外人士典型，激发党外人士的自豪感、荣誉感和主人翁精神；在统战部网站开设“人物风采”专栏，集中展示党外人士先进事迹，并向党外人士微信群、QQ群推送转发；通过记者专访报道，努力挖掘党外人士“新闻背后的新闻”……“昝林森：牛教授的牛精神”“周占琴：在羊舍间忙碌的大学教授”“李书琴：人生最美在杏坛”“科技之花别样红：记黄丽丽教授”等一批关于党外人士先进事迹的鲜活报道，有效发挥了党外代表人士正能量的熏陶作用。

（四）抓好“业余互动课”，以诚心鼓舞人

发挥校院两级党员领导、统战干部的作用，充分利用工作午餐间隙、课堂休息时分、佳节慰问之际、会议茶歇之机，与党外人士进行交流攀谈、嘘寒问暖，沟通思想、征求意见。职工餐厅、会场过道走廊、老师授课教室、专家实验室、试验田，经常可见党员干部与党外人士交流互动的身影，构成了校内外特殊的“业余互动课堂”。党员干部待之以诚、动之以情、晓之以理、助之以实地与党外人士交流，凝聚了人心，汇聚了力量。曾因一时不适应新环境深感困惑的德国回国人才赵善廷教授，经统战部同志多次深入交谈，放下了思想包袱，很快由被动变成了主动，由比较消极变为非常积极，并取得了教学科研事业的好成绩。去年春节统战干部慰问时，他不禁发出“统战部就是我的‘娘家’……统战干部就是我的‘亲人’”的感慨。

三、工作成效评价

在“四课”工作的引领与感染下，学校党外人士大局观念进一步增强，参政议政积极性显著提高，社会服务热情明显提升。

（一）大局观念进一步增强

“党的群众路线教育实践活动”中，在原校长孙其信、副校长罗军等党外校领导的带动下，全校党外处级干部站在“党外干部同样是党的干部”的政治立场上，积极参加学习，自觉接受教育，认真撰写分析材料，干部观念和大局意识进一步增强。余劲教授关于贫困地区移民搬迁的建议、霍学喜教授关于耕地保护的提案、李录堂教授关于农地产权比例化的顶层设计……充分体现了党外人士心怀国家、情系社会的胸襟。樊志民教授利用微信、微博、学术交流会议等平台，积极传播学校优秀文化，“老樊讲农史”系列栏目深受社会喜爱。孙其信教授、霍学喜教授、唐明教授、昝林森教授、郑粉莉教授、张宝军教授等党外人士，利用人大代表、政协委员等身份，在不同场合积极传播“西农文化”、弘扬“杨凌精神”。

（二）参政议政积极性显著提高

党外人士中，全国政协委员 2 人，省政协委员 7 人，咸阳市人大代表 1 人，杨陵区人大代表 13 人、政协委员 21 人，5 人被聘为省政府决策咨询委员，10 人被聘为 2016 年陕西省内贫困县认定基地首席专家，多位专家兼任各级地方政府咨询顾问。近五年来，学校多位党外专家 10 余项提案受到中央、省委领导高度重视和批示。余劲教授“关于警惕粮食主产区农地流转非粮化倾向”的提案、霍学喜教授“推进农村集体土地确权颁证及承包经营权确权登记试点”的提案、昝林森教授“西北地区农业可持续综合开发战略研究”的报告、李录堂教授“农地产权比例化市场流转的顶层设计”的建议等，受到中央、省委领导和有关部门的重视和批示。近三年，学校在全省各高校中建言献策成绩排名中一直名列前茅。今年，陕西省决策咨询委员会专门致函，对余劲教授、霍学喜教授、赵敏娟教授三位党外知识分子 2016 年参与的陕西省决策咨询工作表示肯定和感谢，对学校给予的配合和支持表达谢意。

（三）社会服务热情明显提升

致公党党员黄丽丽教授十年累计培训一线农技人员和果农 5 万余人次，帮果农增收 5 亿余元；民盟盟员赵惠燕教授十余年积极筹集善款 1 200 多万元，对陕西 7 个村“精准扶贫”，取得显著社会效益；九三学社社员汪有科教授利用山地枣研究成果服务榆林果农十余年，使当地红枣亩产飞跃到 1 320 千克；民盟盟员昝林森教授利用畜牧科技服务农村和地方企业，为社会带来经济效益 10 多个亿；李录堂教授将潜心研究的学术成果——“农地产权比例化市场流转改革设计方案”在蓝田县小寨镇董家岭村试验示范，将对推动农村宅基地、林地和草地产权改革起到重要借鉴和示范作用，将为农民带来更大增收。党外人士们热心服务“三农”、激情奉献社会的行动，累计为农民增收上百亿元。

统战部将以今年学校统战工作会议召开为契机，发挥统一战线工作领导小组作用，充分调动基层统一战线的积极性，进一步激发创新活力，改进工作方法，使学校统一战线政治引领工作再上台阶，更多更好地凝聚起党外知识分子的强大力量。

（执笔人：王家武）

创新纪检监察体制　强化监督执纪问责

——在重点领域实行派驻监督的探索与实践

监　察　处

党的十八大以来，教育部出台有关高校党风廉政建设和反腐败工作制度文件10余项。目前，教育部大力推进和支持直属高校纪检监察机构改革，全方位保障监督执纪问责。学校为进一步深化“三转”，推进党的纪检监察领导体制和工作机制改革，广泛开展调研，积极探索转变监督方式方法，强化主责主业。年初，纪委监察处增加干部职数，设立纪检监察员岗位，对资源和权力比较集中的后勤、基建、校办企业等单位进行派驻，明确了派驻管理体制、工作职责、工作机制，加大了对重点领域、关键环节权力运行监管，防范廉政风险。

一、工作背景

国家五部委联合出台意见，深化高等教育领域“放管服”改革，是国家深化高等教育综合改革的重要举措。教育部深入推进直属高校在二级党组织设立纪委，进一步加强对重点部门、重点领域的监督，强化监督执纪问责。学校正在大力推进校院两级管理改革，财务、人事、资源分配、内部管理等方面具有相对独立的自主权和决策权，廉政风险也随之加大。纪委监察处通过座谈、走访、新媒体等途径调研，在对教育部直属高校纪委第七片组成员高校、西安211高校和武汉部分教育部直属高校等共计50余所高校进行调研的情况下，探索通过派驻纪检监察员加强对学校重点部门、重点领域的监督。

二、工作目标

通过派驻纪检监察员切实加强了对派驻单位党风廉政建设和反腐败工作的领导，坚决落实党风廉政建设的工作要求，把党风廉政建设任务分解到派驻单位领导班子每一位成员，当好维护党的肌体健康的“守护者”。一是明晰廉洁从政的“警戒线”，通过参加派驻单位党政领导班子决策类会议和重点领域的决策来履行监督职责。二是权力配置的适时监督，对领导干部日常权力运行进行全方位的监督，密切联系群众，注重调研成效，听取实情为学校决策服务。三是内控制度的有效监督，加强内部控制环境建设，增强内控意识，提高各岗位职工的内部控制意识，全面改善内部控制环境，促进内部控制制度的有效执行。四是使纪检监察部门工作回归到监督执纪问责的主业，使履行监督责任思路更加明确、权责更加清晰、任务更加具体，使派驻纪检监察员与驻在单位之间在人事、组织、经费、管理等方面的各种政治、经济利益关系更明确，使监督与被监督的关系更“单纯”。

三、主要工作举措

（一）理顺派驻管理体制，发挥派驻监督职能

学校在纪委监察处增加 2 个编制，增设 2 个六级岗位，分别派驻 6 个重点领域，目前已经派驻了资产场站纪检监察员和后勤基建纪检监察员。一是明确派驻人事及经费管理。派驻纪检监察员人事关系在纪委监察处，受纪委监察处直接领导，向纪委监察处负责并汇报工作。工作经费在纪委监察处增列，不在派驻单位领取津贴补助，不分管派驻单位其他业务工作。二是明确组织关系。纪检监察员党组织关系不在纪委监察处，而是在驻在单位，参加驻在单位党组织活动。三是固定办公地点。驻资产场站纪检监察员日常办公地址在资产经营公司，综合监督资产经营公司、出版社、场站管理中心等单位。驻后勤基建纪检监察员日常办公地址在后勤处，综合监督后勤管理处（后勤服务中心）、基建规划处、西安研究院筹建处等单位。根据工作需要，纪委、监察处可及时调整、增加派驻纪检监察员监督单位和监督范围。

（二）明确派驻监督职责，做实派驻监督工作

学校对派驻纪检监察员该干什么、该怎么干，以拉清单的方式列举了 6 个方面的工作职责。围绕党风廉政建设和反腐败斗争这个中心任务，突出监督执纪问责主责主业：一是划清“两个责任”界限。明确提出驻在单位领导班子对本单位全面从严治党负主要责任，派驻纪检监察员代表校纪委履行监督职责。二是突出监督执纪问责重点。4 个方面的 10 条工作职责是关于监督执纪问责的，占了整个篇幅的 80%，突出了派驻的工作重点。指出对驻在单位各级领导班子履行主体责任不力、造成严重后果的，纪检监察员要提出问责建议等。三是推动派驻形成“监督、调查、问责”三位一体的大监督格局。指出纪检监察员要受理驻在单位涉及党纪政纪的信访举报，参与调查驻在单位领导班子违犯党纪政纪的问题线索等。

（三）建立派驻工作机制，更好履行监督职责

学校为使纪检监察员能更好地实施贴身监督、精准监督和实时监督，建立了科学的工作运行机制，以便更好履行监督职责。一是参与决策机制。派驻纪检监察员通过参加驻在单位党政班子决策类会议和监督干部任用、人员晋升、物资采购、资产处置、工程招投标、财务管理、收入分配等重点领域的决策来履行监督职责。二是保障履职机制。驻在单位为派驻纪检监察员提供办公条件，配备专兼职工作人员。建立相应的工作机制来保障派驻纪检监察员的知情权、参与权、决策权、监督权。三是请示报告机制。派驻纪检监察员出差、请假要向纪委、监察处履行有关手续，并告知驻在单位。收到的涉及驻在单位领导班子成员的问题线索要及时向校纪委、监察处汇报，每学期期末要向校纪委、监察处书面汇报履职情况以及驻在单位党风廉政和反腐败工作情况。

四、主要工作成效

派驻纪检监察员是创新学校教纪检监察体制改革，一是有效解决了纪委监察处对重点领域、关键环节的监督力量不足，监督不深入、监督范围过窄等问题，延伸了纪检监察工作网络，强化了监督职能，推进了党风廉政建设主体责任和监督责任落实向基层延伸。二是及时了解驻在单位领导班子执行政治纪律和政治规矩等情况。参加驻在单位党政领导班子各类会议等，对驻在单位领导班子及其成员遵守党章党规党纪，执行党的路线方针政策和决议，遵守政治纪律和政治规矩，以及贯彻执行民主集中制、加强作风建设、依规依据行使职权等方面进行监督检查，并对重大决策提出廉政意见和建议，推动了廉政教育、制度建设等各项工作的落实。三是加强了对廉政风险的防控。督促驻在单位厘清岗位职责，查找腐败问题易发环节，对廉政风险点进行分析研判，制定措施，有效预防腐败问题的发生。对于派驻工作中发现的问题，能及时同驻在单位领导班子沟通情况，交换意见，在一定程度上发挥了“派”的权威和“驻”的优势，推进了驻在单位的党风廉政建设。

总之，通过在6个重点领域派驻纪检监察员的实践，既是改进监督方式、强化监督职能的客观要求，也是纪检监察工作新常态下体制机制变革的本质所在。

（执笔人：李小梅）

精心组织　保质保量完成新生校园卡的制作与发放工作

计划财务处

一、背景及目标

学生校园卡是集学生证、图书证、医疗证、用餐卡、电子钱包等功能于一体的非接触式射频卡，具有校内身份识别、商务消费、校园综合管理等功能，是新生在校内学习和生活必不可少的工具。

我校每年有新生 8 000 多人报到，其中本科生 5 500 多人，硕士研究生 2 300 多人，博士研究生 400 多人，留学生接近 100 人。由于人数多，时间紧，以往都是新生报到先领用临时卡，随后再更换正式校园卡。但是，该方式存在以下弊端：

1. 临时校园卡卡面没有个人信息，学生没有身份认可感，丢失后不易挂失，存在一定的资金风险，不太受欢迎。

2. 制作正式卡时，要对学生逐个采集照片，发放正式卡时，要注销临时卡，将余额转到正式卡上，给学生增加了信息采集的负担，影响面较大。

3. 校园卡管理工作量加大，从新生进校到正式卡发放完毕，一个月时间内与五千多名新生中每个学生至少要见面三次，还不包括大量的后台工作。

为改变这种状况，计财处统筹协调，精心组织，主动作为，时间卡位，从 2016 年起力争新生报到时就能拿到正式校园卡，方便他们学习、生活。

二、工作举措

对新生信息进行分类处理：研究生由于录取时间和报到时间比较长，直接制作正式校园卡进行发放，国际学院留学生由于变动性大，新生信息不全，采用现场办理，在国际学院老师的陪同下，现场拍照，完善信息，制作校园卡。

本科新生由于从录取到报到只有短短二十几天的时间，涉及诸多部门的许多方面，时间紧工作量大，并严格要求零差错率。经过收集信息、修复照片、卡厂制卡、配卡分卡等流程，卡厂制卡最少需要十天时间，修复照片最少需要三天，收集信息最少需要三天时间，留出的制卡配卡时间很少，而且整个过程都是在暑假内完成。针对这种情况，校园卡管理科就本科新生录取到报到的每个环节进行逐一细化分析，充分沟通，压缩时间，并制订了专门的工作方案。内容如下：

1. 学生处招生办在确定本年录取新生名单后，第一时间拷回照片，送卡厂进行标准化修复，3 天内完成。

2. 学生处招生办将新生信息交教务处，编辑学号和进行班级分配，2 天内完成。

3. 学生处招生办将新生信息交中国银行杨凌示范区支行编制学生银行卡号，3 天内完成。

4. 校园卡管理科全程跟踪，蹲点守候，第一时间拷回以上信息，进行整理汇编，交卡厂排版，1 天内完成。

5. 卡厂修复完照片后，待收到新生信息后，10 个工作日内必须将正式卡送达学校。

6. 卡务中心完成加密、配卡、信息设置、预充值、按学院分类等步骤，赶在新生报到前完成校园卡的所有制作工作。

三、工作亮点

这项工作的关键是时间分配问题，工作要求不能出现任何失误，为此校园卡管理科制订了详细的工作倒计时计划。

（一）提前做好各种准备

结合以往做卡经验，在正式卡完成之前，把能做的工作提前完成。例如：提前申请卡片密钥权限，调试好各种仪器设备，上传新生信息、人员分组和任务分解，打印班级名册等等，以便为正式校园卡制作腾出时间。

（二）尽最大可能压缩各个环节时间

本科新生录取开始后，和学生处招生办、教务处学籍科、杨凌示范区支行等相关单位确定具体联系人和分管领导，敦促和协助新生信息的尽快生成，第一时间拷回，进行处理后发送卡厂。同卡厂充分沟通，尽可能压缩制卡时间，卡片一经制作，立即通过空运发回学校。

（三）精心组织，统筹协调，确保新生使用正式校园卡

卡片运回后，需要完成以下工作流程：卡片加密、信息设置、开户配卡、预充100元、按学院分类、上传信息等，每张卡片最少需要经手四次，本科新生5 500多人，就需要两万多次。而且不能出现写卡失误，一旦一张卡片配错，后面的卡片就像多米诺一样全错，要求工作细心认真。

以2016年为例，8月15日，从机场取回卡片，20日本科新生报到，制作新生校园卡只有4天时间，处领导从其他科室调来4名工作人员，连同校园卡管理科全体人员奋战4天4夜，圆满完成正式校园卡制作工作。

四、工作效果

1. 新生进校即可使用正式校园卡，提升了学校的管理水平，方便了学生的生活和学习。

2. 减少了新生入校后的负担。用临时卡过渡的方法，新生领完临时卡后，必须逐人采集照片，发放正式卡时，要注销临时卡，将余额转到正式卡上。

3. 节约了一定的财务支出。降低了临时卡采购数量和消耗，减少了设备投资和人员费用（采集照片时需要六套照片采集系统）。

4. 大大提高了校园卡管理科的工作效率，提高了服务水平。每年新生开学后，老生也会随之办理校园卡充值等业务，这样正好避开了校园卡管理科的工作高峰期，消除了排长龙现象。

（执笔人：李小满）

潜心学校民国档案编研

档　案　馆

一、背景及目标

档案资源的开发编研，是档案馆的一项重要任务，也是形成高校工作特色、产生高校档案工作成果、提升档案工作地位的重要途径。为了加强学校历史文化的发掘，为大学文化的培育多做贡献，档案馆提出了“校园记忆开发工程”，让学校档案不再远离现实，让学校历史走进师生生活。学校民国时期的档案编研被列为档案馆“校园记忆开发工程”的重要内容，本人有幸承担了这一光荣而神圣的任务。

以开发馆藏民国时期的学校档案资源为立足点，深入挖掘学校办学特色文化内涵、提炼历史文化精粹，完成高质量编研成果 1 ~ 2 部。

二、工作举措

（一）广泛学习，不断提升编研理论水平

要出色完成这一任务，不仅要有满腔热情，而且还必须有充足的知识储备。本人广泛参加了中国档案学会、中国高等教育学会校史研究分会、中国高等教育学会档案分会、陕西省高校档案学会、西北农林科技大学网络与教育技术中心等部门举办的不同领域、不同专业的档案编研工作学术交流会与技术培训会，自修《浙江大学校史简本》《武汉大学校史新编》《民国时期的研究生教育发展史》《上海交通大学史》《中国农业大学校史》等兄弟高校的最新编研成果。通过广泛交流与潜心自修，开阔视野、博采众长，不断提高自己的编研理论水平和工作能力。

（二）熟悉已有校史文献，掌握校史编研现状

承担该项编研任务后，本人详细选读了《西北农业大学校史（1934—1984）》

《西北农业大学校史（1994—1999）》《西北林学院院史（1979—1989）》《西北林学院院史（1979—1999）》《西北农林科技大学大事记（1934—2004）》等史料中民国时期的内容，掌握了民国时期学校的发展脉络，了解了我校民国时期校史的编研现状与缺憾，收获了开展学校民国时期的档案编研的基本素材，明晰了开展学校民国时期的档案编研的方向与切入点。

（三）详细研读馆内原始档案，积累素材

千里之行，始于足下。为了高质量地完成学校民国时期档案的编研工作，我每天潜伏在档案库房，穿梭于档案柜之间，沉浸在拥有80多年历史的纸黄墨香之中，一页一页查，一字一句看，生怕漏掉一条线索，唯恐忘掉一个亮点。对于遇到的难以辨识的文字和图表，就拍成照片，拿回办公室，在电脑上不断放大、反复琢磨；对遇到的诸如民国时期学校思想教育的“四维八德”以及民国时期的度量单位“方里”等知识盲点，自己就利用互联网逐一搜索，反复咀嚼，详细记录。先后共查阅西农民国时期原始档案587卷，共积累学习笔记8本。经过反复、系统地研读国立西北农林专科学校筹备委员会工作报告、国立西北农学院筹备委员会工作报告，各种会议记录、计划、工作总结、规章制度、函件、聘书、合同、规程、电文、课表等原始档案，并分条目进行详细记录，然后以时间、事件、人物为主线不断地进行归纳、总结，由点连成线、由线构成面，再由面构成体，形成我校民国校史的基本轮廓。

（四）远程查阅史料，丰富素材

为了使学校民国时期的档案编研成果更加丰满，我充分利用学校的网络资源，在学校图书馆网站全国报刊索引栏目，广泛远程查阅民国时期《中央周刊》《中国国民党指导下之政治成绩统计》《农业周报》《国立北平研究院院务汇报》《教育通讯（汉口）》《农报》《中国学生（上海1935）》《禹贡》《同济旬刊》《教育与职业》《陕西教育月刊（西安1927）》《学校新闻》《农村合作月报》《兽医畜牧学杂志》《图书季刊》《开发西北》《西北评论》等20余种报刊上有关西农的各种报道，详细了解了民国时期社会各界对学校的评价及认识，洞悉了民国时期学校的社会地位及影响力，为进一步完成民国校史的编研奠定了基础。

（五）主动请教，广纳贤言

他山之石，可以攻玉。由于自己从事校史编研时间不长，作为一名初学者，在研读民国档案过程中遇到的断句、草书、繁体字、相关事件的时代背景等疑难问题，以及书稿名称、编写体例、编写提纲以及初稿修改等事项，采取登门拜访、办公室请教、路遇交谈等形式反复向专家及离退休老教授、老领导请教，请他们把脉开方、指点迷津。专家、教授的不吝赐教，不仅打磨出高质量的编研成果，而且也丰富了自己的知识储备。他们睿智的思维、广博的知识、严谨的作风让我艳羡，为自己坚定地从事编研工作注入了强大的动力。

（六）捕捉国家热点，将校史编研与国家重大活动相结合

自2015年3月中共中央、国务院发出《关于举行中国人民抗日战争暨世界反法西斯战争胜利70周年纪念活动及其他有关活动的通知》后，我就在思考，作为一名档案工作者，要为我国首个法定“中国人民抗日战争胜利纪念日”做点事情！心动不如行动，于是我就提早动手，围绕抗战主题，系统查阅档案馆有关抗战的原始档案，拜访校史老专家，走访抗战老兵及家属。经过系统归纳和总结，2016年发表相关论文7篇，在宣传部闫祖书部长的主持下，副主编著作一部，并获得学校“纪念抗日战争胜利70周年”征文大赛一等奖1项、优秀奖1项。

三、工作成效

宝剑锋从磨砺出，梅花香自苦寒来。自2014年8月以来，以学校民国档案为研究对象，先后副主编完成了《寻踪西农》《民国西农纪事（1932—1949）》《西农抗战记忆》三部校史，《在兰台世界》《教育史研究》、中国科技论文在线、《西北农林科技大学学报》、西北农林科技大学新闻网发表相关论文11篇。

编写的《民国西农纪事（1932—1949）》，2016年8月26日荣获中国高等教育学会档案工作分会优秀成果二等奖，是陕西高教系统唯一的学术著作类获奖成果。陕西省教育厅网站、教育部直属高校档案工作协会网站、中国高等教育学会档案工作分会网站、中国高等教育学会校史研究分会工作简报、学校新闻网光荣榜（十）等都对《民国西农纪事（1932—1949）》进行了报道。

撰写的论文《老西农与抗战纪事》获得学校“纪念抗日战争胜利70周年”征文大赛一等奖，《抗战时期的西农开放办学》获得征文大赛优秀奖。

2016年10月19—22日，盛况空前的中国高等教育学会校史研究分会第14届学术年会在天津大学召开，共有来自北京大学、清华大学、上海交通大学等85所高校的183名校史研究人员参会。我以自己的编研成果为支撑，向大会做了题为“民国时期我国高等农业教育的开放办学实践——以国立西北农林专科学校及国立西北农学院为例”的报告，引起了与会专家同人的认可，并被写入陕西高教系统档案学会2016年大事记。

四、感悟及启示

档案既是历史文化资源，又是重要的信息资源。档案编研工作作为档案信息资源开发利用的一种重要形式，是档案部门系统广泛地向学校和社会提供服务的一项重要举措，体现了高校档案管理层次和工作水平。

档案编研工作者只有围绕学校教学、科研、管理各项中心工作，积极开发馆藏资源，编纂出版优质档案文化作品，才能体现档案的资政、存史、育人的社会服务功能，更好地为学校的各项中心工作服务。

（执笔人：杨恒）

健全基本建设管理机制　加强基本建设管理监督

基建规划处

一、背景及目标

高校基建管理具有政策性强、涉及部门多、周期长等特点，每一项工程的建设都是一个复杂的系统工程，事关教学科研工作的正常进行和学校的发展。进入“十三五”以来，我校的基本建设又处于一个新的高峰期，投资大、项目多、时间紧、技术难度高，加上建筑市场情况复杂，新情况、新问题多，工作任务十分繁重。

如何加强高校基建管理和监督，发挥高校基建管理机构的效能，规范管理行为，提升建设项目科学化、信息化管理水平，是一个十分重要的课题。

二、工作措施

（一）建立健全基本建设管理机制和体制

1. 机构组成

近几年来，随着学校办学规模的不断扩大，基建工程发包成为师生关注的焦点和议论的热点。学校坚持公开的原则，成立基建、修缮项目领导小组，切实加强基建工程的监督与管理，绝大多数的基建工程通过示范区工程交易中心进行公开招标，开标、评标、定标，严格按有关规定实施，做到招标过程规范，招标结果公开、公平、公正。

基建、修缮项目领导小组在学校党委和行政领导下，负责对已立项的基建、修缮项目建设过程中的重大事项进行控制管理和监督。领导小组由分管基建工作的副校长任组长，分管相关工作的副校级领导任副组长，成员由党委校长办公室、纪委、监察处、审计处、基建规划处、后勤管理处、国有资产管理处、计划财务处、工会、离退休工作处、保卫处等部门负责人组成。下设办公室、工作组，负责基建、修缮项目的勘察、设计、施工、监理、设备材料采购等的招标及施工过程监督等工作。

2. 机构职责

近年来，我校根据基本建设工作的新形势、新要求，建立了适应我校基本建设工作的新体制，将学校基建管理项目按照建设事项的内容、规模以及职责，实行分层次系统化管理。

最高层级为校党委常委会和校长办公会，审定校园规划和基本建设规划等重大事项，议定项目的立项和资金来源，300 万元以上的项目由党委常委会决定，300 万元以下的项目由校长办公会决定；

第二层级是校园规划建设委员会，主要负责校园规划和基本建设规划等重大事项；

第三层级是校基建、修缮项目领导小组，具体负责基本建设项目前期工作，已立项的所有项目的建设管理工作，包括项目招投标、变更、结算、审计等事务；

第四层级为基建规划处和后勤管理处，负责所有建设项目的日常管理工作和技术工作。另外基建规划处作为校园规划建设委员会办公室、基建规划处和后勤处作为校基建修缮项目领导小组办公室，负责承担这两个机构交办的各项事宜，包括会议的组织、项目的申报、纪要的记录、任务的落实等。

前两个层级主要负责基本建设“干什么”的问题，后两个层级主要负责基本建设“如何干”的问题。

（二）切实加强基建项目实施过程的管理与监控

为了强化监督机制，学校提出对基本建设全过程进行监督和检查，实行工程项目全过程跟踪审计，我们的做法是：

1. 全面实行工程招标

具体分析工程特点，制订科学的招标方案，利用工程招标投标这种按竞争方式择优选择承包商的有效机制，选择信誉好、实力强的设计、监理、施工和材料供应企业，承担学校的建设任务。我校基本建设的规划、设计、施工、监理、主要材料采购等全部纳入学校招标范围，为学校节约了资金，取得了良好效果。

2. 加强施工过程管理

充分发挥甲方代表、监理的监督、协调作用，严格控制工程变更，根据变更额度执行不同的报批程序，确保工程质量、工期、投资的有效控制。所有进场的建筑材料、设备均需履行验收程序，钢材需进行抽样检测。

3. 做好工程竣工验收和竣工结算

对于满足竣工验收条件的建设项目,及时组织勘察、设计、监理、施工、政府监督部门、校内各相关单位进行竣工验收,检查工程实体质量;同时,由各专业工程师依据设计文件、施工合同和现行技术规范对工程资料进行复核,检查竣工资料的完整性。工程竣工验收合格后,督促施工单位及时编制竣工结算,并由基建规划处组织人员对结算资料进行初步审核。

4. 加强结算审计

根据《西北农林科技大学基本建设工程管理办法》(校基发〔2016〕445 号),2017 年开始,学校的重点建设项目实现全过程审计,审计工作贯穿了从招标文件、工程量清单、变更审核谈判、工程收方收量及预算审核直至竣工结算的项目建设全过程,强化了项目审计监督职能,提高了项目结算审计速度。

5. 完善竣工资料

基建档案是高等学校基建管理和基建工程项目建设各项活动的直接记录,内容丰富,专业性强,承载了建设的大量信息。为实现工程档案资料及时、完整归档,基建规划处设立专职档案管理岗位,负责从项目立项至竣工结算期间项目全过程资料的收集整理工作,仅南校区农科楼项目就整理归档各类档案资料 171 册。

三、工作成效

近几年来,我校事业取得了突飞猛进的发展,作为学校事业发展基础支撑的基本建设工作,呈现点多、面广、线长、时间紧、任务重的特点。从项目的立项论证开始到项目的竣工验收,每项工程都会产生若干有效的管理文件,这些文件都分散在经办人手中,信息不对称,共享率低,严重影响基建管理的质量和效率;统计分析手段落后,常常为迎接一次检查或填写一份报表,各科室、各部门齐动员,忙乎几天,效率很低;甚至还有材料等的丢失现象,给资料归档和工程结算造成困难和损失。

为了彻底改变这种局面,基建规划处积极探索,提出了项目编码管理思路,将基本建设工作中形成的资料进行分类、编码,构成以项目为主线、以时间为顺序的编码体系,并制定了《基本建设工程项目编码管理细则》。通过不断的探索与完善,将项目编码管理与信息技术相结合,创建了"基建项目管理系统",对项目从论证、决策、报批、立项、设计、勘察、施工、监理、结算,直至项目竣工验收等各个环节所产生的有效文件和图表进行分类管理,突出以项目为主的台账式管理理念,实现建设项目信息资源共享,从宏观上建立流程化管理控制,从微观上满足精细化管理要求,满足基本建设管理的实际需要。

“基建项目管理系统”是一个数据库软件,数据库中心位于我校网络中心,第一级菜单包括基本信息、计划管理、会议管理、招标管理、委托管理、合同管理、认价管理、结算管理、收发管理、企业信息、系统维修等内容,下设基建项目信息录入、工程信息录入修改、项目信息打印等内容。各工作人员根据自己的职责由总负责人设置各人的录入及修改权限。

我校自推行“基建项目管理系统”以来,已录入自1999年以来的150多个项目中所发生的4 600余份合同、930余份会议纪要、3 200余份认价单、2 600余份结算资料等,使每个人的工作都做到了日结月清,使基建工程的管理规范严谨,使项目档案完整无缺,使数据资料查询更加方便快捷,使管理过程更加公开透明,也使工程项目资料检查和验收变得更为简单。

通过信息化平台建设,在各个层面实现资源共享,管理效率极大提高,使我校基本建设工作跃上了运用现代技术管理的新台阶。

(执笔人:史慧珍　张战锋)

积极完善科学可行评价体系
全面落实立德树人根本任务

学生工作处

一、背景及目标

2016 年 12 月，全国高校思想政治工作会议在北京召开，习近平总书记在会上发表了重要讲话，对高校应该培养什么样的人提出了新要求。按照党中央的新要求，我校 2008 版大学生综合素质测评还存在一些不足，一是“校院两级管理”及“学生个性化发展”理念体现不足；二是无法满足大类招生背景下人才培养的管理需求；三是对德育、体育内容的测评存在重评轻测的现象。特别是对大学生在德育方面的测评还存在评价不够科学、操作性不强、“定性内容细致、定量内容不足”等问题。为了解决这些问题，学生处立即结合最新文件精神和要求，展开修订工作。

二、工作举措

为解决 2008 版综合测评存在的不足，提高综合测评的科学性和可行性，学生处认真研读《关于加强和改进新形势下高校思想政治工作的意见》（中发〔2016〕31 号），结合《教育部关于全面提高高等教育质量的若干意见》（教高〔2012〕4 号）和学校《关于进一步深化教育教学改革提高本科人才培养质量的意见》精神，重点突出“因材施教、分类指导、多元发展”教育理念，通过 4 个方面的修订，以解决上述不足。

（一）优化测评结构与计分方式

2008 版文件中计分方式为“德育（含美育）10 分、智育 82 分、文体 8 分”，本次修订将三部分占比分年级进行调整，由统一的计分方式优化为模块组合式，即一年级综合素质测评成绩 = 德育成绩 × 10% + 智育成绩 ×（不低于 82%）+

文体×(不高于8%),其他年级采用综合素质测评成绩=德育成绩×10%+智育成绩×(75%~82%)+文体×(5%~8%)。各学院(系)可依据专业特点和培养方案,自由调整测评模块占比。较旧文件统一公式、统一要求相比,新文件更加科学,也更能达到“低年级抓学风、高年级促发展”和特色化培养的育人目标。

(二)智育考评内容中将纳入“创新创业”内容

本次修订结合《国务院办公厅关于深化高等学校创新创业教育改革的实施意见》(国办发〔2015〕36号)精神,突出综合测评对大学生创新创业的导向作用,将2008版文件中智育考评“课外科技创新能力考核内容包括科技发明、科技创新等内容”里的“科技创新”修订为“创新创业”。

(三)规范德育、体育测评内容及要求

本次修订将德育和体育测评进行了“测”与“评”的合理调节,一是进一步量化了德育测评细则,增强其可操作性,巩固“立德”在“树人”事业中的根基地位;二是结合国家体育总局《青少年体育“十三五”规划》中相关要求,细化了“体育”部分测评内容,并将平时体育锻炼情况和学生体能测试纳入考核范围,使体育测评更科学、更全面、更规范。

(四)增加规范测评程序相关内容

本次修订将2008版第十条进行了补充完善,并增加三条内容,主要对测评机构的成立、机构职责的明确及测评程序的规范进行了详细说明,并将测评基本单位由班级调整为专业年级,以期解决大类招生带来的问题。

三、实施过程

(一)研读中央文件,坚持问题导向

2016年12月,全国高校思想政治工作会议召开后,学生处多次组织教职工学习习近平总书记在思政会上的讲话精神及《关于加强和改进新形势下高校思想政治工作的意见》(中发〔2016〕31号)文件精神,并结合近10年的工作实际,深入思考旧测评方式存在的不足和短板。同时,坚持问题导向,以解决问题、弥补不足为方针,确定增强评价体系的科学性和可操作性为修订主题。

(二)深入师生调研,研判存在不足

2016年底,学生处分层次、分类别,围绕综测文件修订,召开多次座谈会。在与部分学院(系)党委副书记座谈中,园艺学院唐海波表示,2008版综测不能紧跟国家最新要求,特别是“创新创业”相关内容略有脱节;在与学工秘书的座谈中，动科学院刘铂表示，2008 版对综合测评工作如何“标准化”操作的相关内容涉及较少，导致各院系开展工作时仍以经验为主；在与辅导员代表座谈中，经管学院梁子龙表示，2008 版综测面对大类招生时，可操作性大大降低，增强了工作难度；在与学生代表座谈中，食品学院张鹤鑫表示，2008 版综测“千人一面”，所有人用统一的计分公式，无法让同学们个性化发展。各种调研座谈会中，广大师生提出的建议与学生处发现的问题不谋而合，更进一步加强了学生处修订综测的决心和信心。

（三）广泛征求意见，修订综测文件

文件初稿成形后，学生处分别面向党委副书记、学工秘书、辅导员和学生代表征求意见。每次意见征求完毕后，学生处本科生教育管理科工作人员都会将师生的建议和意见一一记录、逐一研判，并将有价值的意见汇总后汇报给相关领导。对综测文件文稿而言，每一次意见征求都是一次嬗变，经 4 次修改，综测相关文件最终成稿，并提交至校长办公会。2017 年 1 月，《西北农林科技大学学生素质综合测评实施意见》《西北农林科技大学学生专业奖学金评定办法》和《西北农林科技大学先进班集体、三好学生、优秀学生干部及单项奖评选条件及奖励办法》三份文件顺利通过校长办公会，并于当月印发实施。

四、工作启示

本次修订是一次凸显“校院两级管理”及“个性化发展”理念的修订，也是一次主动适应大类招生背景下人才培养的管理需求的修订。本次修订对学生处以后的工作开展，带来三点启示：

一是在今后的工作中，应积极配合深化校院两级管理体制改革相关要求，通过逐步下放权责，优化校院两级权责关系，进一步提高学院（系）在大学生思想政治教育与学风建设工作中的积极性和创造性。

二是要通过政策调节，逐步实现学院（系）人才特色培养和学生个体发展的多元化评价，充分满足学生发展的个性化需求。

三是要主动适应大类招生，将部分工作的开展单位以“班级”调整为“专业”，以此强化学生的专业意识，激励专业学习，固化专业归属感，鼓励专业技能的深度发展。

（执笔人：郭紫玥）

确立会计联系学院制度　建立新型工作机制

计划财务处

一、背景及目标

2005 年,计划财务处首次提出对不同学院指定联系会计和财务联络员,主动做好会计服务。随后的十多年里,不断地赋予会计联系学院新内容,从为学院编报财务报表,到提供会计信息咨询服务,到定期走访学院,主动沟通信息、听取意见,及时报告并协助解决学院财务工作中遇到的问题,服务触角不断地扩展和延伸。学院由最初的被动接受到完全认可,见证了会计联系学院制度的日益丰富和完善。

2016 年 4 月,《计划财务处会计联系学院制度》印发,正式作为一项工作制度被确立下来。会计联系学院制度是指计划财务处指定一名会计和学院指派一名联络员,通过会计与联络员建立的相对稳定的协作机制,密切学院与计划财务处的工作关系,及时有效帮助学院做好财务管理工作。

通过主动与学院对接财务工作,协助学院做好财务收支管理,提高会计服务质量、水平和工作满意度。

二、工作举措

(一)联系会计的主要任务

1. 正确核算、监督、办理联系学院的会计业务,每半年为联系学院提供一次财务收支情况,一般在半年末的次月 10 日前送达学院办公室。

2. 定期走访学院。联系会计定期走访学院做好调研工作,了解情况、沟通信息、听取意见,及时报告并协助解决学院财务工作中遇到的问题,提高工作效率。原则上每周四下学院办公半天。

3. 主动服务联系学院。联系会计定期与联络员交流,并认真登记工作日志，对学院反映的新情况、新问题，能答复或解决的应尽快予以答复或解决；如超过本人职责范围的，以口头或书面形式及时向处内报告。

4. 做好科技项目经费使用的会计日常核算和监督工作，协助课题组做好项目预决算的编制及明细账拷贝、凭证查询等工作。

5. 协助学院编制年度财务预算，定期分析学院经费预算执行情况，提高预算执行效率。

6. 做好网上财务服务平台的推广使用工作，指导学院和报账人员正确使用网上预约报账系统、收入申报系统和收费管理系统等，提高报账工作效率。

7. 为学院制定各项制度提供咨询服务，帮助学院管理经费收支。

（二）学院联络员的主要任务

1. 参加计划财务处组织的各种财务培训，及时转达学校财务工作安排，宣传财务制度和报销要求等。

2. 按照学校财务制度的有关要求，转达学院财务收支审批授权规定和学院内部管理制度和办法。

3. 联络员应主动与联系会计保持经常沟通，及时反映学院职工报账过程中的各种问题和建议，通报学院内部管理情况。

（三）保障措施

1. 计划财务处定期组织联系会计、学院联络员专题培训学习和研讨，年终对联系会计和学院联络员进行考核，考评优秀的予以表彰。

2. 联系会计实行定期交流机制，原则上三年调换一次联系学院，以便会计人员全面、准确地了解学校各学院的情况。学院根据工作需要也可更换联络员，新指派的联络员人选，应报计划财务处备案。

3. 建立学院财务收支情况报告制度。联系会计每半年编制预算经费收支情况表、事业收入收支情况表、支出权重分析表、职工借款余额表。收支情况报告，经复核会计审核后，加盖主管会计印章和财务专用章，分别送达联系学院。

4. 建立管理层定期交流总结制度。计划财务处与学院领导应每半年交流工作一次，对于联系会计和联络员在业务联系工作中的好经验、好典型，通过校园网、广播等媒体广泛宣传，巩固会计联系学院制度的成果，丰富会计联系学院制度的内容。

三、工作成效

1. 2016 年，会计联系学院制度正式确立后，计划财务处尝试建立了新型的工作机制。组成了处长、科长和会计人员三个层面的联系工作小组，主动对接学院和项目组。年度内，40 余名财务人员对所联系的 25 个学院（所）全部进行了走访，开展座谈 30 余场次，举办培训 14 场次，全面服务学校财务管理改革工作。

2. 2017 年 4 月份，按照学校校院两级管理体制改革推进工作要求，计划财务处会计联系学院工作组集中走访了涉及校院两级管理的 19 个学院（系），就校院两级管理改革中财务管理、会计服务、业务协调等方面存在的问题进行了深入宣传、探讨和交流。调研过程中遇到能够解决的问题，及时处理和解决；不能解决的梳理汇总后，按程序提请学校研究。以切实有效的行动，有力推进了校院两级财务管理改革工作。学院方面也普遍赞许和肯定了会计联系学院的工作方式和成效。

3. 贯彻落实中办发〔2016〕50 号文件精神，在“简政放权、放管结合、优化服务”的思想指导下，为了加强重大科研及专项资金的管理，提出项目组也可以指定（或委托）熟悉财务报销程序的报账员 1 名，负责原始票据的初审、整理，日常财务报销，参加各种财务知识培训，及时反馈项目经费中的问题和建议，在实践中不断丰富会计联系学院的工作内涵。

4. 以制度形式进一步明确服务内容，规范服务形式，有力保证了会计联系学院工作的有效开展，让计划财务处“以人为本，师生满意”的服务目标落到了实处。

（执笔人：程雯蔚）

认真准备　精心实施
夯实管理基础　扎实做好资产清查工作

国有资产管理处

一、工作背景

为了全面规范和加强行政事业单位国有资产管理，推进资产管理与预算管理、财务管理相结合，2016 年元月财政部组织开展了全国行政事业单位国有资产清查工作（以下简称资产清查）。通过资产清查，达到摸清行政事业单位“家底”目的，有利于夯实管理基础，进一步规范和加强行政事业单位国有资产管理；有利于促进资产合理配置，为预算编制和审核提供可靠依据；有利于完善行政事业单位国有资产基础数据库，实现资产动态管理；有利于盘活存量资产，提高资产使用效益。同时，开展资产清查能够从资产的数量、价值、结构、使用状况等多层面准确反映政府财务、资产情况，为编制政府综合财务报告奠定基础。

清查工作按照“统一政策、统一方法、统一步骤、统一要求和分级实施”的原则，实现以下工作目标。

（一）全面摸清家底

对行政事业单位基本情况、财务情况以及资产情况等进行全面清理和核查，真实、完整地反映单位的资产和财务状况，为加强行政事业单位国有资产监督管理，促进资产管理与预算管理有机结合奠定基础。

（二）完善监管系统

通过资产清查，建立全国行政事业单位资产管理基础数据库，充实全国行政事业单位国有资产管理信息系统，实施动态管理，为加强财政资产管理和预算管理提供数据支撑。

（三）实现两个结合

建立资产管理与预算管理、资产管理与财务管理相结合的工作机制，为编制年度预算、加强资产收益管理、规范收入分配秩序创造条件。

(四)完善管理制度

根据资产清查发现和暴露的问题,全面总结经验,认真分析原因,研究制定切实可行的措施和办法,建立健全行政事业单位国有资产管理制度。

二、实施过程

为了切实做好资产清查工作,学校领导高度重视,指定专人参加教育部的培训会议,认真学习领会文件精神,制定了《西北农林科技大学国有资产清查工作方案》,并通过以下措施确保资产清查工作到位、彻底。

(一)成立了专门的资产清查工作机构

成立了以赵忠为组长,吴普特、马建华为副组长,国资处、计财处、监察处、审计处等10个职能部门为成员的“国有资产清查工作领导小组”(以下简称“领导小组”)。领导小组下设“办公室”(设在国资处),牵头负责资产清查工作。同时下设实物资产和财务两个资产清查小组(以下分别简称“实物清查组”和“财务清查组”),分别负责固定资产、存货、无形资产、资产出租出借及收益,以及货币资金、有价证券、对外投资、债权债务、在建工程及资产收益的清查工作。另外,各学院、处(室)、直属机构等成立本单位资产清查工作小组,具体组织实施本单位资产清查工作,并对本单位清查结果进行核实确认。

(二)学校及时召开相关会议,安排部署各项工作

2016年3月28—29日,清查工作领导小组组长赵忠和副组长马建华分别主持召开了“领导小组”工作会议和全校资产清查动员大会,对资产清查工作进行了安排部署和全员动员。

(三)安排专门人员,负责工作落实

国有资产管理处和计财处分别在处长领导下,由主管副处长牵头负责本次资产清查工作,并确定了相关工作人员、安排了专门办公地点,全面实施学校资产清查工作方案,并督促、检查、审核各二级部门实物资产清查和财务清查工作。

(四)严格时间进度,确保清查工作按期完成

对于实物资产清查工作,规定4月1日—6月10日为各二级单位资产自查阶段,“实物清查组”到各二级单位就工作要求和报表填写进行现场检查和督导;6月11—30日为材料的审核、补充完善阶段,“实物清查组”对各二级单位上报材料进行全面审核,并对存在问题及时进行反馈,限期补充完善和整改,确保填写内容规范、结果准确可靠。

对于财务清查工作,规定4月1日—6月30日为初步确认资产损益阶段。在会计师事务所配合下,首先对账务进行了清理,确定了清查报表账面数及清查重点。其次,对决算合并单位的货币资金进行了实地盘点和核对,并编制了银行存款余额调节表。同时,通过发"询证函"、调研证人取得证言、组织有关人员座谈等方式对决算合并单位的债权债务、对外投资、在建工程等进行了全面清理。此外,收集、整理相关证据,经过会计师事务所审核,初步确认资产损益。

(五)认真梳理资料,及时总结、汇报

6月16—22日,实物资产清查工作组和财务清查工作组分别就各自负责的工作进行全面梳理、总结,并形成清查总结报告。

6月23日,实物资产清查工作组和财务清查工作组分别就各自负责的工作向"领导小组"进行了汇报,会后按照"领导小组"的意见和建议进行了修改完善。

7月12—13日,分别向校财经领导小组、校常委会进行了汇报。

三、工作成效

经过全校各相关部门和院系的共同努力,历时4个多月,我校资产清查工作按时保质完成,主要取得以下成效:

(一)通过清查中发现的问题,找到制度的薄弱环节,修订完善了管理制度

对资产清查中发现的问题,及时进行全面总结,认真分析原因,研究制定切实可行的措施和办法,进一步修订完善了管理制度。

(二)清除了管理隐患,夯实了管理基础

通过对资产损益、盘亏、负债等情况的全面清查,搜集相关佐证材料,按照国家相关法律法规政策,对历史遗留问题进行彻底清理销案,使管理工作轻装上阵无隐患。

(三)盘活了资产存量,促进了细化管理

通过对财务资产总量、固定资产总额、库存现金、对外投资、在建工程、仪器设备、家具用具、房屋、土地、图书档案等进行一一盘点,为学校资产投资效益估算、资产科学配比提供了参考依据,为实现资产从"入口"到"出口"全生命周期管理创造了条件。

(四)为资产管理与财务预算管理有机结合奠定了基础

通过对全校财务及资产情况进行全面清理和核查,真实、完整地反映了资产和财务运作状况，体现了账账相符、账实相符、账物相符的管理理念，为促进资产管理与预算管理有机结合奠定基础。

（五）全面强化了教职工的资产管理意识

通过开展全方位、大范围的资产清查工作，使广大教职员工充分认识到国有资产管理的重要性，熟悉了相关资产管理制度，规范了日常资产管理行为，强化了资产管理意识。

（执笔人：黄新虹）

创新管理　追求卓越　做好条件项目申报工作

基建规划处

一、背景及目标

中央高校改善基本办学条件专项资金项目（简称条件项目），该项目是在2001年开始实施的中央级普通高校修购专项资金项目基础上发展而来。项目的实施旨在改善我国中央高校办学条件，提高国际竞争力，为我国建设国际高水平大学提供硬件条件支撑。

近年来，条件项目已成为我校办学基础保障建设资金的重要来源，报好用好专项资金已成为校园建设规划委员会的重要工作。由于学校领导及相关部门的高度重视，特别是校园建设规划委员会和各成员部门卓有成效的工作，项目申报成效逐年提高，得到了上级主管部门及教育部评审专家组的肯定。我校条件项目的获批资金从最初的每年3 000余万元逐年上升，近三年来，每年获批资金都超过了1亿元，极大地改善了学校的基本办学条件。

条件项目申报工作实行校内遴选、学校申报、专家评审、上报批复的基本流程。为争取更多更大的中央财政资金支持，高效利用该专项资金，学校主管领导、实施单位各级干部高度重视，在制度建设、申报流程、遴选把控、预算审核等过程管理方面倾注了大量心血，以“精准，精确，追求卓越”的工作目标创新工作管理方式，提高工作效率。

二、工作举措

（一）调查研究

学习他人经验是获得成功的有效途径，可避免在探索道路上走弯路，也是提高工作效率的积极手段。带着目标和问题，规划委员会办公室组织相关人员到各兄弟院校进行了调研，为更好地规划项目做了充分的经验储备。

2015年,以编制《"十三五"基本建设规划》为契机,基建规划处、后勤管理处等相关部门组织工作组编制了《"十三五"基本建设规划研究报告》,对学校目前的基础保障能力现状进行了全方位分析,对照学校事业发展目标,提出了改善办学基础保障能力的解决方案,形成了"十三五"期间亟须执行的基础设施提升改造项目83项,投资估算约4亿元,为条件项目重点申报方向做出了前瞻性指导。

(二)建章立制

为加强和规范我校条件项目的管理,提高资金使用效益,保障项目顺利实施,根据教育部相关规定和通知精神,结合我校实际情况,校园建设规划委员会办公室于2016年10月起草制定了《西北农林科技大学改善基本办学条件项目管理办法(试行)》,该办法已于2016年12月经学校审核发布。

该管理办法包括总则、管理机构及职责、项目申报、项目实施与管理、项目验收与绩效评估、监督与问责、附则,共七章十九条,对项目管理机构、预算管理部门、归口部门、申报单位的职责进行了明确,理顺了项目征集、申报、下达、执行及评估的管理流程,规定了监督、问责与项目调整的处理办法等事项,为条件项目的管理工作提供了强有力的支撑作用。

(三)明确原则

条件项目申报工作开展的前提是明确申报原则,按照教育部相关规定,根据《西北农林科技大学改善基本办学条件项目管理办法(试行)》文件,从每一年度项目征集开始,校园建设规划委员会及时下达项目申报原则,以申报原则作为项目遴选、排序、提交评审以及二次上报的决策依据。

近年来,根据学校事业发展需要,项目申报要求达到"保重点、保急需、保执行"的条件。"保重点"即项目申报方向符合教育部立项基本条件,同时符合学校事业发展重点方向。"保急需"即项目申报内容涉及年度教学工作亟待解决的问题,确保项目资金能够为教学工作"雪中送炭"。"保执行"即项目必须达到可在规定时间内执行完毕的条件。

(四)耐心沟通

条件项目的申报源头是学院,只有学院和基层最清楚基本办学条件紧缺的内容是什么。为了落实项目,校园建设规划委员会要求相关归口管理部门征集人员对每个项目务必做到现场踏勘、了解一手资料、掌握一手信息、做出客观评判。

项目的了解过程就是与师生员工耐心沟通的过程,以房屋修缮类项目为例,据初步统计,归口部门基建规划处相关工作人员就2017年房屋修缮项目与学校相关使用单位的沟通达100余次。在沟通过程中，总会出现项目内容的反复，这不仅考验工作人员的职业操守，也需要相关使用单位的耐心配合。

（五）潜心预算

项目预算质量的高低是项目申报成功的关键，同时也是项目顺利执行的资金保障。预算过高，容易造成项目无法获批；预算过低，则容易造成在项目执行过程中资金不足的风险。因此，需要预算人员潜心预算，只有做到预算精准、精确，才能既保证项目申报成功，又能保证项目执行过程成中不出现资金不足的困难。

为此，归口部门组织相关预算人员潜心研究，真正做到了精准、精确的工作要求，层层把关，每个项目的各项预算价格不但要广泛网上调研，而且对价格较高的细目还要进行三家以上的电话调研，工程数量均都要经过现场测量，确保数量精准。

（六）精心统计

条件项目从征集到提交申报，统计整理工作极其繁重。由于申报时间紧张，审核层级较多，设计项目量大，内容调整频繁，校园建设规划委员会办公室每年在6、7月份常态加班，且一般工作加班至凌晨。

以申报2018年条件项目为例，征集完成项目共计51项，申报资金额度为2.88亿元。经过各层级会议前后17次讨论，形成最终上报项目共计32项，申报资金额度为1.79亿元。此外，根据教育部要求，条件项目的申报要求一次申报未来三年项目，据统计，2018—2020年三年共计条件项目132项，投资估算共计7.7亿元。

三、工作成效

经过校园建设规划委员会办公室及相关归口部门的不懈努力，学校条件项目申报工作取得了丰硕成果，申报成效逐年大幅度提高，每年的评审核减率均在省内最低，申报工作在全国教育部直属高校中也被列为标杆。

表1　2016—2018年条件项目申报情况统计表

申报年度	项目数量（项）	申报额度（万元）	评定额度（万元）	核减率（%）
2015	57	2.49	2.19	12.0
2016	43	1.75	1.64	6.3
2017	32	1.79	1.71	4.8

四、经验与体会

条件项目申报是一项任务紧、要求高、责任重的工作，要求相关工作人员不断探索创新工作模式，研究谋划工作思路，积极协调解决申报过程中出现的问题，同时要以负责任的心态处理管理和技术问题。

近年来，条件项目申报要求变化较大，校园建设规划委员会及相关部门主动适应、不断创新，组织相关工作人员以“追求卓越”为目标，“精准、精确”地完成一系列工作，收到了显著的工作成效，积累了宝贵的工作经验，得到了上级主管部门的肯定，也得到了基层学院及师生员工的一致好评。

（执笔者：潘亮　朱崇辉）

严把消防安全“三道关”　切实维护校园消防安全

保　卫　处

一、背景与目标

消防安全是高校稳定安全工作的重点，它直接关系到学校的公共财产安全，也关乎每名师生员工的生命财产安全。近年来，我校不断加强消防安全工作，学校消防安全总体形势比较平稳，但也出现过一些火灾事故，如2015年北校区学生宿舍“3·16”火警事故、北校区动科学院基因组学实验室“3·18”火警事故、2016年北校区食品楼东侧活动工房“6·29”火警事故等。这些事故虽未造成人员伤亡和大的财产损失，却给我们的消防安全工作敲响了警钟。如何最大限度地防止和避免重大火灾事故的发生，维护校园安全，保卫处结合国内各高校在消防安全管理方面的先进经验和多年的工作实践，主要抓好以下三个方面的工作：

一是通过消防安全知识的宣传教育和技能培训，提高学校各级管理人员和广大师生的消防安全意识以及应对处置一般火灾事故的能力；二是通过每年的各类消防安全检查，及时排除消防安全隐患；三是不断加大消防安全的物防、技防投入，完善学校的消防安全体系。

二、工作举措

（一）加强消防安全知识的宣传教育和技能培训，提高各级管理人员和广大师生的安全意识、自我防范和自护自救能力，夯实消防安全工作的基础

1. 通过多种途径进行消防安全知识的宣传普及教育

通过发放资料、展板宣传、校园网、校园广播、微信平台等多种媒介开展消防安全宣传和教育；利用“11·9”消防日、学校寒暑假前后、重大节日前后等时机，通过发布通知、召开安全专题会议、进行消防知识培训及灭火实战演练，对各单位分管消防工作的领导、各类从事安全管理人员、学生代表、全体保卫人员开展消防知识宣讲；通过对全国重大火灾事故情况的通报进行宣传教育，用发生在生活中的典型火灾案例及处理结果来警示教育师生员工，从而提高师生员工的安全防范意识。通过举办消防知识专题讲座和开展灭火演练等活动，提高各层次人员的消防安全意识和实际操作能力。我校每年还邀请地方消防专家举办全校性质的宣传教育活动。

2. 多层次开展消防知识宣传和技能培训

注重抓好消防法规的学习教育、防火安全知识宣传和技能培训。由保卫处从事消防工作的专职干部对学校各二级单位负责人进行培训，每年一到两次，以提高安全防范意识和对简单消防器材的实际操作能力；对学校从事消防安全管理相关工作人员进行比较专业的培训，重点对各级单位成立的义务消防队，进行消防知识和灭火技能培训；对消防监控人员、设施操作管理人员，除进行消防知识和灭火技能培训外，还要进行消防设备操作、维护等相关专业岗前培训。

3. 组织火灾应急疏散演练

自 2011 年开始，保卫处每年利用新生入学教育之际，联合当地消防支队、安监局、应急办组织开展“大学生突发事件应急疏散演练活动”，参与学生 5 000 余人，在学校广大师生中产生了较大影响，宣传效果比较明显。同时每年还指导学校各二级单位结合实际开展小规模的火灾应急疏散演练。

（二）认真扎实做好消防安全检查，排除安全隐患

消防安全检查是落实消防安全法律、法规和消防安全责任，预防火灾事故的有效手段，对及时发现火灾隐患起着至关重要的作用。

1. 保卫处检查

保卫处作为全校安全的监管单位，根据《西北农林科技大学消防安全管理办法》规定，要求每季度至少对各单位、部门开展一次消防安全检查或抽查。但在实际工作中，保卫处每年开展的消防安全检查有十多次，平均每月 1 次。另外，保卫处下属各校卫队也在日常巡逻中肩负部分消防安全检查职能。

2. 联合其他部门进行安全大检查

保卫处联合相关职能处室，在重大活动、重大节日、寒暑假前以及冬春特殊时机、夏季及试验用电高峰期等时间节点，依照上级部门安全工作专项行动要求和学校安排，开展联合大检查。如 2016 年秋季开学初期，针对天津“8·12”特大火灾爆炸事故，上级各部门要求开展安全大检查和专项整治活动，尤其加强实验室及危化品管理。学校成立由保卫处牵头，教务处、科研院、国有资产管理处、后勤管理处、基建规划处组成的联合检查组，对全校进行了一次专项检查。检查由孙其信校长亲自带队，相关校领导和有关职能处室负责人参加，保证了此次专项检查取得实效。

3. 督促各单位自查

按照《西北农林科技大学消防安全管理办法》规定，学校各二级单位每月至少进行一次消防例行检查，下属部门要做好周检查，其中重点实验室、办公、教学场所等消防重点单位（部位）要做好每日防火巡查，并确定巡查人员、部位、内容和频次，发现问题及时报告处置。

（三）加大物防、技防投入，不断完善学校的消防安全体系

1. 建立火灾自动报警总控系统

学校目前在各大型建筑安装火灾自动报警系统24套。为了解决消防控制室值班人员编配不足问题，同时达到总控室、分控室两级同步监控，保卫处多方学习探索，积极尝试，建成包括消防总控室、各主要建筑、防火重点部位消防分控室互相联网的消防总监控系统，最大限度地发挥火灾自动报警系统监控效率，有力保障人员密集场所及大型建筑设施的消防安全。自建立消防总控系统以来，每年处置各种大小火警十几起，在维护校园安全方面发挥了巨大作用。

2. 对各类消防设施定期进行维护保养

积极申请教育部修购专项，对全校的消防设施、设备及时更新、维修，保证各校区消防设施、器材配备完好有效。近几年来，完成了国际交流中心等13处火灾自动报警系统安装、检测与维护工程，完成了消防泵、排烟风机、防火卷帘门及防火隔离门维护检修及室内外消火栓检修更新及消火栓紧急启动按钮检修等工程，共检修消防泵46台、排烟风机38台、防火卷帘门398樘、防火隔离门343樘，检测维修室内外消火栓5 000余个，更新室内外消火栓30多个，确保了各校区、家属区灭火器合理配备及消防设施完好有效。

3. 每年新增、更换、维修灭火器

每年增配灭火器2 000余具，维修灭火器1 000余具，更新各类灭火器1 000余具，确保了各校区、家属区灭火器合理配备完好有效。

三、工作成效

近几年以来，我校的消防安全工作在校稳定安全工作领导小组的高度重视和地方政府部门的大力支持下，以及在保卫处全体人员和广大师生共同努力下，消防安全工作形势平稳，成效显著，未发生大的火灾事故和消防安全责任事故，广大师生的消防安全意识普遍增强，有力维护了校园的安全稳定，为学校各项事业顺利发展和杨凌地区的社会稳定做出了贡献。保卫处在2014—2016年连续3年被杨凌示范区考核为年度消防安全工作优秀单位。尤其在2016年省级"平安校园"复查验收中，我校的消防安全工作受到验收组专家的肯定，为"平安校园"顺利通过验收做出了贡献。

（执笔人：周进军）

构建学校站群管理平台　提升网站整体运维水平

网络与教育技术中心

网站已成为高校对外宣传的重要窗口，一般高校都基本建立由学校门户网站＋学院、处室网站构成的庞大网站群，对宣传展示学校形象、教学科研成果、名师校友风采以及校园文化等起到了不可替代的重要作用，是社会关注、了解学校最方便快捷的途径。但与此同时，高校网站也引发了境内外许多黑客的关注，根据360网站卫士数据，中国每个高校网站平均每天被黑客攻击113次，中国高校网站安全性排名全国倒数第二。

一、工作背景

截至2014年底，我校共建有各类网站117个，其中学校门户网站1个，特色专题网站5个，学院和处室二级网站90个，科研机构、学生社团、教学实验中心等三级网站21个。这些网站分布在48个虚拟计算机和7个托管服务器上。网站数量多、分布零乱，开发、运维水平参差不齐，缺乏足够的安全保障措施，使网站成了高校网络信息安全的重灾区。主要问题体现在：

（一）站点开发人员的技术水平参差不齐

有些网站制作相对简单，存在漏洞，数据库文件容易遭到窜改，以至于系统崩溃。同时，网站后台管理制度薄弱，密码过于简单，站点被攻击的情况时有发生。据不完全统计，我校二级网站2013年发生安全事故13起，2014年发生安全事故18起。

（二）网站运维缺乏持续性和安全保障

大多二级网站缺乏相关的专职人员、相应的管理机制和有效的技术防护措施。网站安全隐患排查困难，故障处理困难，网站改版及扩建困难，网站内容和版面风格陈旧，甚至停留在多年前的状况。

（三）标准不一，安全保障难度大

不少网站仍在使用网站建设早期的网络技术，并未随着网络技术的发展而升级,导致网站存在重大的安全漏洞和安全隐患。目前,网络中心为所有网站提供的是虚拟主机或服务器托管服务,当个别网站由于自身的脆弱性而遭受网络攻击时,位于同一服务器或同一网段内其他网站则均可能被波及,极易导致大面积信息安全事故。

(四)信息孤立,各站点之间数据不能共享

这些站点都是独立发布信息,建立自己的数据库,开发的语言以及数据库类型都存在差异,兼容性较差,相互间无法实现信息共享。

二、工作目标与内容

为了提高我校网站设计和运维整体水平,保证网站健康持续发展,有效降低安全风险,共享网站数据,网络中心成立网站技术整改工作组,于 2015 年 6 月—2016 年 12 月,对全校二级网站分批实施技术整改。具体整改内容为:

1. 引入 2 套站群系统和 1 套个人主页系统,构建学校站群管理平台,对校内一、二、三级网站和教工个人主页进行分类部署,统一技术开发标准、数据存储和后台管理,提高网站建设管理整体水平,降低网站开发运维成本,实现全校网站信息的集成共享。

2. 对进入站群的网站进行云适配技术改造,支持手机用户对网站的访问,适应显示屏宽度,自动调整显示行宽,提高网站实效性。

3. 将分散的网站分批迁入站群管理平台,集中配置 Web 防火墙和网页防窜改工具,采取网页静态化、内容管理和发布内外网分离等技术手段,多方位保障网站安全。

三、工作举措

本次实际迁移网站 95 个,其数量大、情形复杂是网站技术整改的重点和难点,工作组经过大量调研分析和细致扎实的工作,分三批,历时一年半时间,圆满完成了网站迁移任务。

(一)调研分析

一是对三个网站群产品和 12 个高校应用案例进行调研分析,选择了技术力量强、应用高校多的北京通元公司的站群管理系统作为本次网站整改的技术支撑平台;二是对全校 117 个二级网站进行摸底调查,分析每个网站的基本结构和组成,以便制定合理的迁移方案。

（二）编制迁移方案

经过对站群系统功能和网站结构的细致分析，最终筛选了 95 个可迁移的网站，计划分三批进行迁移。第一批 43 个，2015 年 12 月底前完成；第二批 33 个，2016 年 6 月底前完成；第三批 19 个，2016 年 12 月底前完成。

（三）迁移工作

根据网站主管部门的要求和网站结构，95 个拟迁移网站分 3 个类型进行迁移。具体方法如下表：

网站分类	数目	迁移方法
普通网站	58	照原网站原版制作一、二级页面模版；迁移数据；测试纠错
改版或新建网站	11	按用户需求重新设计一、二级网页模板；迁移数据；测试纠错
含数据库或互动类栏目网站	26	设计或制作模版；迁移数据；针对留言板、信箱、投稿、注册、论坛等具体情况，处理互动栏目；测试纠错

经开发公司、网教中心工作组和主管部门三轮测试、纠错、验收后，即可上线试运行。

（四）网站管理员培训

站群系统采用分级管理模式，网站总管理员、模版管理员、子网站管理员、栏目管理员、编辑等不同角色，需配置不同的权限，进行相应权限的操作。因此分类举办了 2 期总管理员和模板管理员培训、3 期子网站和栏目管理员操作培训，各部门已经逐渐适应和熟悉了新系统的管理和信息发布。

四、网站整改主要成效

我校 2012 年引进站群系统，部署了校内点击率最高的学校门户网和新闻网，运行效果良好，本次再增加两套站群系统，将二、三级网站全部迁入，实现了全校门户网站、院处二级网站、科研机构和社团协会三级网站的统一规划，统一部署，再统一技术构架，实行分级管理与维护，融合程度高，信息可以实现共享，极大地提高了全校网站的整体设计水平和安全性。

（一）安全性能极大提高

采用前台和后台相分离的、静态发布服务器和制作服务器的部署架构，网站安全得到保障。站群系统采用静态网页发布，全面防止 SQL 注入攻击、木马上传等恶意攻击手段。同时在网络层面使用相应的安全技术，对服务器与后台存储设备、后台管理服务器与前台展现服务器进行有效防护，并配以防篡改设施，保证网站前后台数据的一致性与及时恢复。自 2015 年整改以来，没有出现过网页被注入或篡改现象。

（二）站群系统运行高效安全稳定

网站集群管理可视化，大大降低网站管理与维护的技术门槛，可以轻松实现网站管理，解决了网站管理人员面临的一系列网站建设管理问题。网站站点管理人员通过流程、角色、权限的组合设置，能使普通网站管理员各司其职，管理好该部门的网站，也能从繁忙的管理工作中解脱出来。

（三）提高了网站管理，降低了维护成本

各部门网站不需再建设和维护网站的服务器、存储、数据库等软硬件系统，只需进行内容维护即可。网站群系统大幅降低学校二级部门网站建设的投入和维护成本。网站整改前全校网站占用资源为：48 个虚拟计算机和 7 个物理服务器，占用空间 30T；网站整改后全校网站占用资源为 11 个虚拟计算机，占用空间 20T。

（四）实现信息共享，消除了信息孤岛

内容是网站的核心，站群系统能够支持网站群中的信息在栏目间和站点间相互转发，从而实现同一信息在一个站点内不同栏目间的流转和同一信息在不同站点间的流转。因此，群内所有站点能够实现信息内容的上传与下达，跨越了站点间的层级分布，将整个网站群连成一个信息通达的整体。例如，学校门户网站的新闻焦点栏目由宣传部管理，当宣传部网站发布信息时，可以有选择地转发在学校门户网站的新闻焦点栏目中。

（执笔人：杨彦荣）

传承高校科教文化资源　共筑科普立德树人蓝图

博　览　园

一、背景及目标

习近平总书记在博物馆考察时曾指出:“一座博物馆就是一座大学,我们要让历史说话,让文物说话。”国家《教育规划纲要》中明确指出,高校博物馆是依托高校的历史、文化、学术、人力资源而集成的展示与研究机构,有着特殊的科普教育资源优势,承担科学普及和学生素质培养的社会教育功能。

博览园依托西北农林科技大学丰富的科教和人力资源优势,自建园之初就秉承建设高水平教学科研基地,弘扬和传承中华优秀农耕文化,宣传和推广我校优秀科技成果的宗旨,充分展示科学精神和人文情怀,拓展科学教育、社会教育和文化服务功能,集成我国农业文化和我校科技成果,以培养农林高素质人才为着力点,努力拓宽实践教学途径,突显实践教学科研平台优势,塑造高校科普阵营,实现科普教育和先进文化辐射的传播“窗口”。

二、工作举措

一流大学建设需要一流的高校博物馆。博览园面向国家战略需求,坚持“创新、协调、绿色、开放、共享”五大发展理念,围绕科普供给侧结构性改革,以打造科学普及全国知名品牌为核心,以创新体制机制为动力,加强市场导向,优化资源配置,构建公益性与经营性相结合的面向社会科普教育与支撑学校教学科研、人才培养相结合的服务机制,发挥特色优势,促进学校社会服务能力和水平进一步提升,为学校创建世界一流农业大学提供必要的支撑。

(一)深化西农大“科普专列”品牌形象

在公益科普大篷车进校园科普展团基础上,提升科普人员层次,储备以学校专家教授为核心、研究生为辅的“科普讲师”队伍,新增樊志民、张立新、李新平、卜书海、魏永平等学科领域带头人，并围绕昆虫、动物、土壤、植物、中国农业历史五大主题展馆内容，以植保、动科、资环、人文等学院为学术支撑，新增“昆虫生命”“蝴蝶文化”“秦岭·人与动物和谐家园”“健康土壤带来健康生活”“生物健康农业”“生命的翅膀”“农史漫谈”等科普主题课程，配套相应视频短片、科普设备仪器和图片展板，深化西农大“科普专列”品牌形象。

(二)致力志愿者平台建设，塑造高校科普阵营

博览园常设专职管理机构，组织协调各学院各学科的技术力量，对博物馆进行专业支撑。其中科普中心专职科普人员9名，骨干教授团队共10人，西北农林科技大学11名专家教授兼任各馆馆长。在此基础上，发展建设专家志愿者、大学生志愿者科普团队，储备以专家教授为核心、研究生为辅的“科普讲师”队伍，新增樊志民、张立新、李新平、卜书海、魏永平等20余位学科领域带头人；自主选拔、培训、考核，综合培养了300余名涉及植保、农、林、水等各个学科领域的高标准高素质的大学生科普志愿者团队，通过讲解、礼仪、外语等专业培训课程全方位培训指导，用以补充科普后备力量。同时加大科普志愿者激励机制，为高校科普阵营注入活性剂。

(三)馆校资源联合科普宣教活动

高校师资力量助推公益科普，为科普工作的深入发展提供了专业技术保障，而博览园同样也为广大师生提供实践拓展的展示机遇，个人能力也得到进一步的锻炼提升。一是参与公益科普大篷车进校园巡展巡讲系列活动，“科普讲师”、科普志愿者深入校园，与广大师生面对面交流互动，传播科普文化；二是作为兼职讲解员参与讲解接待工作，根据专业特长，选择五大类主题展馆内容为游客进行科普讲解，与游客互动；三是参与科普项目、展品的设计研发；四是参与园区其他科普主题活动，在“全国科技活动周”“世界地球日”“国际博物馆日”“全国科普日”等主题日或特殊纪念日，联合组织开展主题类活动、季节档特色专题活动“蝴蝶文化季”和“昆虫音乐季”以及日常“生物与健康农业”“你好，地球——码上知天下”树木挂牌等公益科普活动。

(四)深化研学旅行目的地建设

博览园自建园之初就秉承以发挥科普教育职能为首要任务的理念，在服务师生教学科研的同时依托学校优势科教资源力量积极推进青少年科普研学事业发展，平均每年度接待研学旅行及科普夏令营团队6万余人次，科普受益人群达30万人次。根据国家《教育规划纲要》和最新研学旅行专项课程要求，博览园创新改革研学旅行接待方案。首先，围绕五大主题展馆及室外种质资源，分类打造科普探秘之旅、文化传承之旅、自然生态之旅、奇趣生命之旅等多元化主题研学线路，单项线路内增设超微观察实验课堂和识花认树等辅助课程环节，并配套与主题相对应的研学体验产品；其次，联合区内创新园现代生态农业与天和生物食用菌进行资源整合，战略合作；最后，争取政府引导和研学政策扶持政策，印制专项科普研学宣传资料，通过教育行政部门、教育中介机构、旅行社等环节加大推介宣传力度，由内而外、自上而下发挥出高校博物馆真正的社会功效，致力于将博览园打造成为国内一流的高水平的研学旅行目的地。

（五）以主题大赛助推校园文化建设

博览园作为学校品牌文化建设的精品工程，紧密结合农林学科资源优势，依托学校科教资源的技术支撑，积淀了丰富的文化资源和精神财富，并以其特色独立的属性成为学校文化的重要形态。在服务师生教学科研的基础上，联合学校优势科教资源力量开展系列主题大赛，进一步深化科普教育基地职能，丰富学生校园文化生活，推进大学生创新实践发展。其中，相继联合资环学院开展“游你来说园你之梦”导游大赛，积极引导大学生热爱农业，知校爱校，热爱专业，服务专业，发掘具有导游讲解潜力的大学生，为博览园选拔形象大使和优秀讲解员。围绕陕西省第二十五届“科技之春”宣传月“科技引领，美好生活”活动主题，联合植保学院开展昆虫艺术品设计大赛，以昆虫文化产业链，文创商品设计带动、激发学生探索自然科学的兴趣，增强学生对昆虫文化的了解，作为第十八届“校园之春”文化艺术节重点项目之一。

三、工作成效

（一）西农大“科普专列”领航公益科普战略发展

“公益科普大篷车进校园”项目先后被陕西省联合国教科文组织协会、陕西省社会科学界联合会纳入重点科教活动项目，省市科协、教育系统给予大力推动，科技之春、世界地球日、全国科技活动周等主题活动期间都有西农大“科普专列”精彩身影，越来越多的院校参与到科普教育基地共建中来。截至 2016 年底，先后与省内外 400 余所大中小学校联合开展科普教育基地共建，平均每年度开展公益科普进校园巡展巡讲 40 余所，新增科普基地共建单位 80 余个，100 余所学校入园开展课外拓展和研学旅行活动，全年科普活动受益人群达到 30 万人次以上，辅助学校招生宣传，扩大学校品牌影响力。

（二）树立高校博物馆社会服务典范

博览园充分发挥科普教育基地文化传播职能，让科技成果和文化积淀走出

“象牙塔”，为社会和公众提供丰富多彩的文化营养和文化服务。长期坚持以“走出去”和“引进来”齐头并进的科普战略，集学校优势学科研究大成，建设农林特色鲜明科教基地，在科普教育方面做出了一系列显著成绩，先后获评“全国科普教育基地”“陕西省青少年科学工作室”“国土资源科普教育基地”“青少年科学教育与实践基地”“全国首批中小学科普教育社会实践基地”“陕西省青少年教育基地”“陕西省社会科学普及基地”“陕西省红领巾实践教育基地”等11项基地荣誉。经过10余年的建设发展，累计接待参观者近百万人次，成功地进入大学博物馆建设体系，成为系统、全面展现生命科学、环境科学、农业科学和历史文化科学发展的重要成果与辉煌成就，探索出了一条“溯农源、彰农本、兴农学、践农行”的优秀农业文化和民族精神的新路子，在国内大学博物馆中享有很高的声誉，成为兄弟院校和行业基地单位共同学习的典范。

（三）科普阵营助推高校树德育人发展

博览园通过提供锻炼展示平台、专业培训指导、激励机制等多项举措和形式多样的科普活动带动，极大丰富了科普志愿者的综合文化生活，增强了高校科普阵营的整体素质，博览园高校科普阵营已成为科普活动中的一张代表名片。以樊志民、魏永平等专家教授为核心的“科普讲师”团队在公益科普进校园系列活动中被省内众多中小学校特聘为“科学顾问”；大学生科普志愿者通过常态化科普活动的参与锻炼，个人风采魅力也得到显著的提升，逐渐走向更加宽广的平台。其中，兼职讲解员雷嘉兴，荣获2013年新生杯辩论赛校级最佳辩手、2013年校级演讲比赛二等奖、2014年校园之春讲课比赛二等奖，2015年考取导游证。科普志愿者刘俏，获全国大学生创业比赛第14名进入全国三十强，陕西省创青春创业大赛铜奖，西北农林科技大学创业论坛特等奖、挑战杯创业大赛银奖。兼职讲解员张琨，普通话等级证书（一级乙等），雅思考试6.0分，荣获西北农林科技大学2014年导游大赛冠军、“金话筒”主持人大赛二等奖。

（四）实践教学科研平台成绩突出

博览园同时也是学术研究的重要平台，在建设和运行过程中一直以相关学科的建设与发展为依托，大力开展学术研究和创新。比如利用树木园拓展活体植株保存的空间，开展树木品种的引种示范，使树木园成为北方地区树木种质资源保存及树木引种栽培的科研基地。依托丰富的馆藏标本和宝贵资料，建立动植物标本信息数据库，开发动植物标本信息管理系统，开展野生动物分布状况和植物种质资源的调查、采集、分类及其系统发育研究。近年来，先后有来自国内外的80余位著名专家参与博览园展馆陈列建设工作并入园开展学术研究。学校植保、资环等学院依托博览园馆藏资源创办《昆虫分类学报》《中国蝴蝶》等学术期刊4种，共发表学术论文1 000余篇，出版著作40余本。

（五）校园文化精品工程成果卓著

博览园长期依托西北农林科技大学丰富的科教和人力资源优势，创新高校博物馆社会教育功能，开展科普活动，服务于社会，在校园农林文化传承方面取得了一系列显著成绩。其中，2015年学校申报的《弘扬农耕文化传播生态文明——依托博览园弘扬优秀农耕文化传播生态文明理念的探索与实践》获教育部“第八届高校校园文化建设优秀成果一等奖”，依托博览园申报的《实践基地共建与科普进校园》获“全国高校博物馆育人联盟第三次会员大会一等奖”。此外，依托博览园学术与馆藏的优势资源，博览园先后申请到省旅游局专项建设资金550万元，获得省社科联、省国土厅、中国科技交流中心专项资金10.5万元，获得省科技厅科普图书资助项目3万元。

四、经验体会

博览园长期坚持“走出去”和“请进来”齐头并进的科普战略，充分发挥高校博物馆科普功能和教育资源优势，综合开展各类特色科普系列活动，取得了显著成绩，积累了一定的经验，同时也认识到高校科普工作的开展需要坚持科学发展的几个重要问题：

一是高校博物馆应该走出象牙塔，融入信息化和多元化社会，充分发挥博物馆对学校和社会的教育功能和影响力，扩大博物馆教育覆盖面，最大化实现博物馆的社会价值。

二是科普工作永远在路上，只有进行时，没有完成时。随着科学技术的发展和信息手段的不断推广应用，科普的天地会越来越广，社会需求度也会更高，这给科普工作提出更高的标准，迎来更大的挑战，切实加强科普队伍建设是科普工作的基础。

三是公益科普不仅仅是科学家的事情，我们每一个人都应该积极参与。全社会广泛联动，营造全民科普的社会风尚，让更多的公众通过科普活动的带动实现从科普受众者向科普倡导者的转变。

四是继续坚持“走出去”和“请进来”科普战略，围绕以旅游促科普、以科普强旅游的发展理念，更大程度将公益科普融入社会，与社会共同发展。

（执笔人：杨蓓蓓）

细致入微　用心服务
全力有序规范校友返校聚会活动

校　友　会

一、背景与目标

大学时代，是大学生形成系统的人生观、价值观和世界观的关键时期。一个人自踏进校园第一步起，就注定终生与这所学校有着千丝万缕的联系。这里有他们美好的青春记忆，丰富学识、增长本领，磨炼意志、提升品质，谆谆教诲、师生情深，青春激扬、同窗意浓。这里的一草一木、一砖一瓦，都令他们饱含深情、牵挂不已。校友与母校的不解情缘，终将如陈年佳酿，随着岁月的流逝，历久弥香。

建校83年，我校海内外校友逾16万名，遍布祖国各地各行各业，为我国农业现代化及经济社会发展做出了重大贡献，赢得了社会的高度认可和赞誉。校友是学校宝贵的资源和财富，是学校发展建设的重要见证人与支持者，他们的优秀表现及取得的重大成就极大地提升了母校在社会上的知名度与美誉度。随着学校综合实力及社会影响力的大幅提升，校友的自豪感与荣誉感与日俱增，对学校的认同感与归属感不断增强，集体返校感恩母校、感念师恩、再叙情缘就成为一种自然的情感驱使。

2004年建校70周年暨合校5周年校庆，校友们以饮水思源的感恩之心纷纷返校参加校庆及相关学院的活动，增进了校友与母校的感情，使长久以来积聚起来的爱校热情得以有效释放。借助此次校庆之机，伴随全国高校校友工作浪潮的不断高涨，同时根据工作需要和广大校友要求，我校校友会应运而生，以"加强联系、增进感情，服务校友、回报母校"为宗旨，通过规范校友返校联谊活动，让返校校友感受到母校对他们的重视与尊重，感受到"回家"的亲切与温馨，以达到密切校友感情、凝聚校友力量、全面有效开发校友资源的效果。

二、主要工作举措

校友工作是一项感情工程，贵在感情联络上下功夫。不能一朝一夕，只能日积月累，加强联络、热情服务，搭建平台、互助共享，才能引导激发校友以各种形式关心支持母校发展的强烈愿望及炽热情感。为了做好校友返校聚会工作，校友会充分协调、加强沟通，积极营造全员参与校友工作的良好氛围，全心全意为校友提供满意服务。

（一）统一思想促共识，广泛宣传聚人心

我校是由7所科教单位合并组建的高校，校友们特别是老校友对“新”的母校认识不足，在情感归属上存在茫然。为了统一认识，凝聚人心，增强认同感，学校适时下发了《关于加强校友工作的意见》以及《关于规范校友返校联谊活动的通知》，由校友会全面负责全校校友活动的部署和协调，使校友有“家”可归，并充分通过媒体网站及校友刊物等渠道广泛宣传文件精神，使全校师生和广大校友了解校友会工作职责范围，激发校友回母校寻根溯源的愿望。

（二）院系密切配合，健全工作格局

在各院系建立校友工作小组，指定专人负责校友工作，支持配合全校校友工作，形成校院两级校友工作格局。校友对母校的感情最直接地体现为对就读院系以及院系师生的感情，由于特殊的学缘关系，加之院系参与校友工作，使返校校友感到无比亲切与温暖。

（三）细化工作流程，提升活动效果

建议校友以年级或班级为单位的值年返校聚会，根据传统节日及校园实景，主要集中在五一劳动节和国庆节以及气候宜人、风景秀丽的时季。对聚会活动程序及座谈会参会人员做了具体细化，邀请现任院领导，当年任课教师、辅导员、班主任，学生代表等出席座谈会，使校友真切感受到学院的重视及恩师的殷殷教诲，重现当年在校时的青春时光，使返校聚会更具温情。在活动前规范程序、活动中参与指导、活动后有宣传记载，具有可操作性的流程细化，使聚会活动高效、高质、有意义。

（四）积极协调联动，提供贴心服务

校友返回母校，应该有回家一样的轻松与舒畅。为了让校友有“回家”的感觉，校友会积极协调相关部门，从校园住宿、学生灶就餐、校园景点参观、校内出行等为校友做好后勤保障服务。为了方便校友聚会，协调校内宾馆协议价便捷住宿；为了使校友体验当年学生时代，协调校园卡服务中心快速办理临时卡就餐；为了方便参观校内景点，协调博览园、新天地免费接待参观校友；为了方便校友私家车出入校园，协调保卫处保证返校期间校友凭卡顺利通行。

（五）领导重视树形象，热情服务暖人心

任何活动，如果只是用朴素的文字加以规范就得以执行推进，丝毫不见人为的气息，难免会让人感到刻板与生硬，只有注入了人的因素才会有血有肉，生动起来。校友会作为服务窗口部门，微笑服务、热情周到，是对工作人员的最基本要求。从办理聚会手续、赠送校友资料、耐心详细解说到帮助校友推送材料出楼，处处让远道而来的校友感受到用心与呵护，"回家"的感觉油然而生。校友会负责人时常牺牲双休日及节假日，尤其是聚会高峰期的五一劳动节和国庆节，多年来从未休过假，亲自参加返校校友座谈会，代表学校向校友送去亲切的问候与美好的祝福，对校友一直以来关心支持母校发展表示由衷感谢，传递了校友母校间难以割舍、休戚相关的大爱情结，使校友感到来自母校的温暖与关切，增进了校友与母校的感情。

三、工作成效

校园中总能看到这么一些人，三五成群、谈笑风生、驻足拍照，徜徉于校园的楼宇校舍、林荫小道，脖间佩戴"七彩丝带"，引人注目，令学生行人羡慕崇敬。他们都拥有一个共同的名字——返校校友，这种现象已然成为校园一道亮丽的风景线，为校园注入了无限和谐与生机。氛围浓郁，温情无限。他们返校座谈交流、参观校园、开展合作、演讲互动等等，给母校带来了不可估量的资源与财富。校友资源的多样性、丰富性，注定了效果多元化。

（一）大力凝聚校友力量，有效激活潜在校友资源

多年来，每年都有以年级或专业、班级为单位的 30 多批（次）约 2 000 名校友返校，截至目前总计已有近 2 万名校友返校聚会。母校将他们从四面八方召唤回来，他们带着浓浓的情、绵绵的意，聚集而来，在不断的思想碰撞、智慧交融中，洞悉校友与母校各自优势与需求，使有意愿回馈母校的校友有了感恩反哺的载体与渠道。

（二）传递尊师美德，增强师者荣誉感

返校校友探望恩师、聆听教诲、汇报成绩，向分别已久的恩师送去鲜花与祝福，使老师感到无比慰藉，增强了教师教书育人的荣誉感与责任感，激发教师将春风化雨、润物无声，燃烧自己、照亮别人的崇高职业极致演绎。

校友返校聚会工作程序

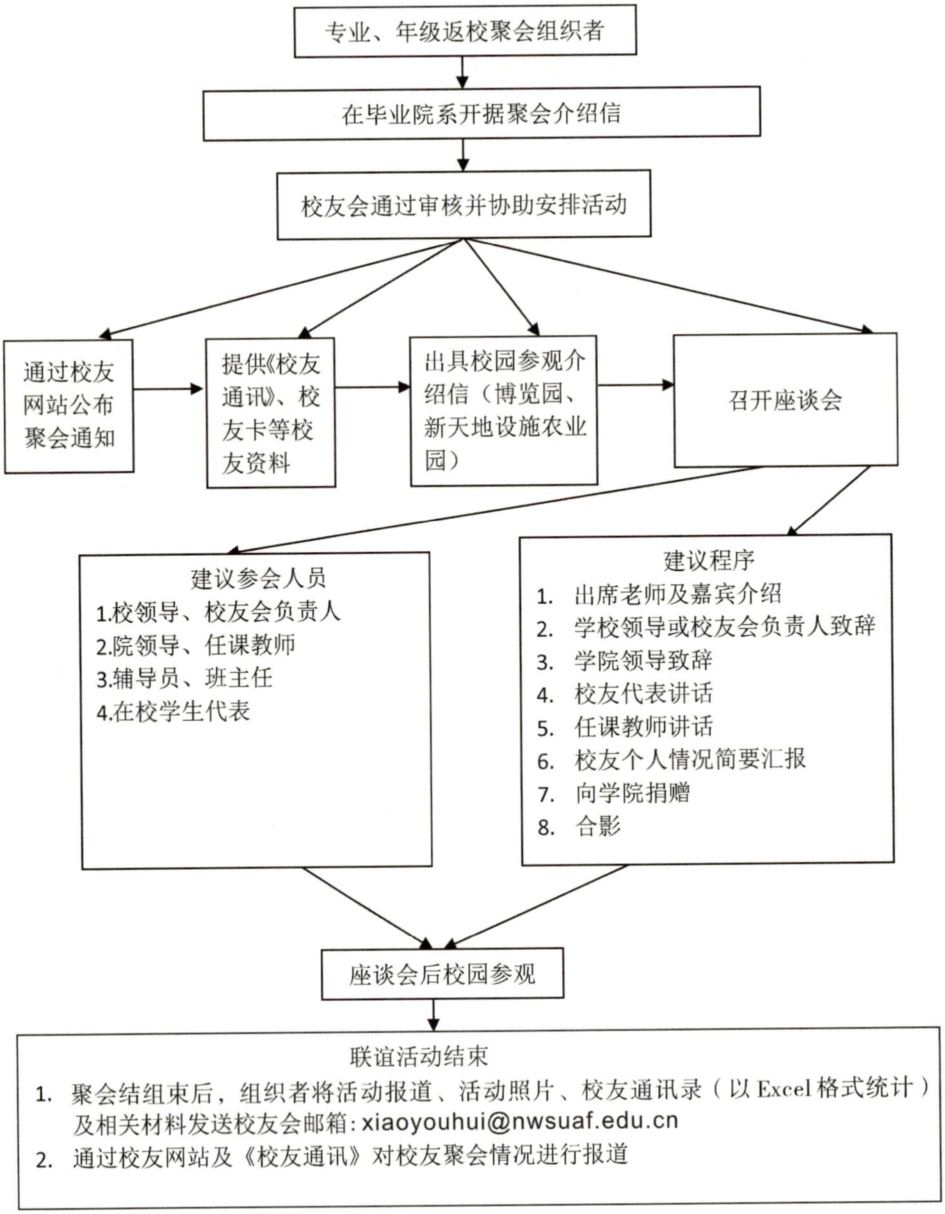

（三）培育校友意识，提升爱校情怀

一次难以忘怀的返校聚会，会使“西农人”的烙印更加深刻，荣誉感、自豪感倍增，对“校友”一词背后所蕴含的深意在脑间重新整合，无形中将自己的梦想追求与母校发展融为一体，责任感、主人翁意识顿时增强。返校校友以特有的身份，穿梭于校园每个角落，加之在校学生代表参加学长们的返校座谈，寓教于意，使校友意识早早植根于“准校友”心间。

（四）繁荣校园文化，丰富高校育人形式

校园文化虽然不可直接触摸，但确实可以实实在在感知。校友返校，本身就是一种文明、和谐、友善、进取的象征。校友返校活动中的师生座谈会、参观校园以及励志成才、专业思想教育、学术交流等报告会，既丰富活跃了校园文化，又在大学生中起到了润物细无声的教育作用，对培育和践行社会主义核心价值观起到了积极作用。利用优质校友资源饱含正能量的成长成才的典型事迹，不断丰富高校育人形式与内容，引导大学生励志勤学、刻苦磨炼、成长进步，固化高校立德树人立身之本。

（五）重视学校发展，提供宝贵建议

实践出真知，没有实践就没有发言权。校友多年的社会经验与实践，对母校的教育教学改革工作最具发言权。通过返校举行座谈会，听取他们对学校课程设置、教学内容、授课方法、人才培养、社会服务等各方面的意见与建议，为学校提升办学实力、提高教学质量提供有力参考与依据。

（执笔人：张粉婵）

转观念 树形象
“安全管理”与“安全服务”并举

保 卫 处

一、背景和目标

随着我校校园开放即将实施，校园的社会化特性逐渐凸显，治安情况也日益复杂。治安工作必须适应这一变化趋势，做出相应调整，由以前的重管理轻服务向“安全管理”与“安全服务”并举的新思维、新方法转变，全面加强配套设施建设，着力提升服务质量，树立良好形象。

二、主要做法

(一)创新安全服务理念，细微之处见作风

保卫处治安科作为直面问题的排头兵，积极沟通、努力协调、妥善解决问题，从小事做起，从细处着力。今年3月份，一名退休职工反映自己的校园卡因疏忽丢失，卡内不足百元的金额被盗刷，在丢失位置与时间俱不确定的情况下，我们积极协调配合监控中心和制卡中心，根据刷卡时间和地点比对监控录像，半天之内就确定了盗刷人员，挽回了持卡人的损失。近年来，共接访学校师生和校外群众百余次，坚持做到接待来访热情，处置问题主动，于细微之处展现工作作风。

(二)夯实技防工作基础，搭建安防共享平台

近年来校园的日进出车辆数量不断增加，为了加强校园交通管理，对车辆入校及违规情况及时进行监管和处理，防止因车辆违规行驶或停放等造成的校园交通安全事故。经过充分的考察和论证，在我校南、北校区安装了车辆出入智能门禁系统；治安科克服人员少、数据量大等困难，对5 000多条车辆信息进

行了采集、甄别和录入；积极联系厂家就门禁系统使用中出现的具体问题进行了十余次的针对性优化和升级改造；此外，为进一步完善校园交通管理的网络化管理平台，还安排了专人对临时申请录入系统的零散车辆进行审核，以便出现问题时会同监控中心进行信息共享，尽快掌握车辆及车主的详细信息。

（三）加强校园及周边安全管理工作，强化重点区域安全保卫力量建设

具体措施包括充实校园保卫力量，加强校门保卫、校内巡逻和安全检查，特别是加强重点时段校门口、停车场等人车密集时段和区域的值班巡逻；增配校园安保设施，新建视频可视报警柱，新购校园巡逻车、强光手电等必要的巡护装备；对校内及周边存在隐患的设施及时进行加固和改建，堵塞安全漏洞。

三、工作成效

（一）完成了校园治安防控网络体系的构建

通过数据信息的完善，治安信息反应更加灵敏，部门之间联防联控更加紧密，全校刑事案件和一般性治安案件得到了有效控制和逐步下降，案件的破获率得到明显提升，校园治安管理、防范控制和服务师生水平全面提升。

（二）师生满意度大幅提升，安全感进一步增强

近几年来，保卫处每年都接到师生感谢信和几十次致谢电话，一位退休职工还专门写了一首“七律感谢诗”送到了保卫处治安科。师生对学校治安满意度和安全感显著提升，为学校的和谐、稳定、发展提供了坚实的安全保障。

（执笔人：刘毅）

整合现有资源　提升服务质量

网络与教育技术中心

一、背景及目标

用户服务是网络与教育技术中心的基本职能，网络与教育技术中心的一切工作，归根到底就是为用户提供更满意的网络与信息服务。随着我校信息化建设的不断深入，校园网的规模正在逐渐扩大，业务应用系统的数量正在逐渐增加，目前校园网用户 3.9 万多人，网络交换机 1 200 多台，无线 AP 4 000 多个，各类信息系统、网站 150 多个，用户业务咨询、处理故障成为中心越来越重要的工作。而网络维护人员数量不足、技术薄弱的现状制约着用户服务工作，在此背景下，通过多种整合手段，优化现有资源，提升服务质量尤为重要。

二、工作举措

（一）整合管理手段　完善规章制度

严格执行学校和网教中心的规章制度，狠抓规范化管理工作，参照其他兄弟院校对网络用户服务工作的具体要求，结合我校的实际运行情况，协助领导制定了《校园网用户网络故障处理规范》，此规范明确要求了故障分级及处理时间。通过建立健全用户网络故障处理制度，完善了网络服务体系，使上门处理用户网络故障的工作人员能及时处理网络故障，提高了用户服务质量。

（二）整合技术手段　提升网络管理水平

在单位领导的高度重视下，2016 年部署了锐捷 RIIL - BMC 综合业务管理平台，本人负责此平台的管理与维护。本次运维管理平台主要解决网络、设备故障不能及时定位，故障无法快速处理，重点业务系统无有效监控管理的现状。平台支持对思科、锐捷、Juniper、华为、华三等主流网络设备的监控；支持对网络设备的可用状态、性能指标、配置指标和信息指标进行监控；支持对 CPU 利用率、内存利用率、ping 时延、发送广播包数、广播包速率、吞吐量、总流量、网卡数量、电源类型等进行监控；自动发现二、三层网络设备，自动计算并生成网络拓扑图，支持拓扑更新；可以通过短信报警、App 报警等方式，提醒运维人员及时去处理故障。通过部署此平台，极大地提高了网络智能化程度，提升了网络管理水平。

(三)整合业务手段　提升专业能力

面对新知识、新标准，单位采取多种形式，通过业务手段的整合，有计划、有重点地做好网络维护人员的培养和培训，以期不断提升网络维护人员综合素质和岗位履职能力。本人多次参加 CERNET 学术交流年会和思科、华为、锐捷、华三、中兴、Aruba 等公司组织的讲座和培训，更全面地了解当今网络技术的发展前沿、网络安全的现状和发展。这些专业知识和技能的学习对专业研究、网络管理水平、网络调试技术的提高起到了极大的促进作用，对进一步提升我校的信息化服务水平有很大帮助。

(四)整合人力资源　提高工作效率

面对网络维护人员数量不足的现状，引入了学生助管和计划外用工。目前，网络与教育技术中心的日常值班由 5 名学生助管承担，网络上门服务主要由我和 2 名计划外用工人员完成。整合现有、可争取的人力资源，弥补了网络维护人员不足的现状，保证了用户服务的质量。

三、工作成效

自工作以来，中心一直从事用户服务工作，以方便用户为宗旨，处处为用户的需求设想，重视服务，不断学习先进的网络技术与电子技术，为用户提供了优良的网络服务，具体成效如下：

(一)提高了网络服务效率

依托锐捷 RIIL－BMC 综合业务管理平台的短信报警、App 报警功能，实现了网络故障的实时监测。一旦网络设备出现异常，RIIL－BMC 在轮询时通过报警模块以短信报警或 App 报警的方式发送给我们，我们会在第一时间处理故障。这种主动发现并处理故障的模式与过去用户报修后被动处理故障的模式相比，提高了网络服务效率。

(二)缩短了响应和处理时间

制定的《校园网用户网络故障处理规范》优化了故障处理流程，减少中间环节，缩短了响应和处理时间，确认重大网络故障后，南校区 30 分钟、北校区 1 个小时内我们到现场处理。优化后的故障处理流程提高了上门服务工作效率，提升了上门服务质量。

（三）增强了处理复杂网络故障的能力，减少了局域网大规模故障的发生

通过参加培训，树立了正确的职业价值观，掌握了网络管理技能，增强了处理复杂网络故障的能力。通过学习，全面地了解了当今网络技术的发展前沿、网络安全的现状和发展。这些专业知识和技能的学习对专业研究、网络管理水平、网络调试技术的提高起到了极大的促进作用。配置动态绑定，解决了局域网 ARP 欺骗问题；配置防环路命令，防止交换机下出现环路，避免了由于环路引起的大规模网络故障。

（四）获得了用户的认同

为提高用户服务质量，促进与用户交流，对用户做到事事有落实、件件有结果，对报修、投诉的用户进行回访，以确保用户反映的问题能够及时处理。中心在 2016 年回访用户 132 个，提高了用户对网络与教育技术中心服务的满意度，获得了用户的认同。

四、经验规律

（一）整合现有资源，寻找突破口，为师生提供优质服务

整合可以利用的资源，寻找工作中的不足和需要改进的地方，通过整合手段的实施，发挥自己在学校的效用价值，为师生提供优质服务。

（二）建立以服务质量为导向的用户服务体系，提升服务水平

应建立以服务质量为导向的用户服务体系，注重用户服务质量，以提升用户服务质量为宗旨，开展自己的工作。

（三）坚持“首问”负责制

工作中坚持“首问”负责制，首先被问及的人，无论是哪个部门、哪个科室、哪个人都有责任有义务指引帮办，不得以任何理由推诿拒办。如果在职责范围内可以解决的，都要认真负责，落实到底，不拖不怠，事事有回音。如果不在职责范围内的，要及时报告或移交其他部门、科室或其他人去落实，不允许“挂空挡”，切实为师生服务。

（四）及时总结经验，加强学习，不断提高业务能力

在上门处理用户报修故障后，及时总结经验，思考本次服务的“所得”和“所失”，加强学习，不断提高自己处理网络故障的能力，提升故障处理效率。

（五）注重信息的收集、反馈，并及时运用到工作中，不断提升工作质量

网络服务工作应该主动出击，深入了解教学、科研、行政人员在网络服务方面的想法。只有走出去，才能了解教学、科研、行政人员对网络的所需和所求，进而更好地为教学、科研、行政人员服务。加强跟教学和科研人员的联系，将网络建设跟科学研究相结合，让网络更好地为教学和科研服务。

（执笔人：胡国强）

提高认识　科学管理　开创高教研究新格局

教学发展中心

一、背景和目标

高等教育研究主要任务是开展教育科学研究，积极为学校的发展改革服务。开展高等教育研究是创新高校人才培养，提升教学质量，实现人才培养与国家战略、社会需求对接的主要方法与途径。

我校高教研究所与教学发展中心合署办公，旨在打造以教育教学研究为导向、以教育教学评估为基础、以教师能力发展为重点的教学发展机制。通过培训、培养、服务等方式全面实现教师专业化、教学科研化、教育职业化，形成教学是最大科研的教育氛围，全面提升人才培养质量。

二、主要工作举措

（一）加强学习，提高认识，增强工作信心

高教研究对于以农科专业和学科见长的学校而言，往往难以获得足够的重视。然而任何一所高校都必不可少地会遇到高等教育问题。作为高教研究的新兵，不能发现高教研究问题，不熟悉高教研究立项，不熟悉高教研究方式，缺乏解决高教研究问题的能力是面临的几大问题。在陈遇春主任的带领下，通过参加高教学术会议和学习其他高校经验，明确了高等教育研究是教育科学研究范畴的重要研究分支，是一项学术性、专业性极强的研究活动。为提高教师对高教研究的认识，中心邀请教学名师、校外专家讲述教育理论和教学研究选题，精心组织了教学研究沙龙。并结合我校教学研究特色和方向制定教学研究课题指南。我校高教研究所人员缺编严重，为改变状况，中心形成了“依靠教师、支持教师、服务教师从事高教研究”的工作思路。明确的工作思路和人员保障，增加了做好高教研究的信心。

(二)走访座谈,明确高教研究工作方向

伯顿·克拉克认为,与半个世纪前相比,高等教育研究已经变成了一个广阔的跨学科工作,“现在它是非常分散,不同的国家探究不同的问题,研究也变得更加深刻”。从这段话可以看出,高等教育研究是一个跨学科研究,需要不同学科的人员广泛关注和重视。因此,我先后拜访了高教所老师、国家级教学名师、国家教学成果奖获得者、长期从事教学管理的老师。同他们交谈后发现,高等教育研究问题涉及社会、体制、教育等方方面面,研究范畴十分广博,如何结合我校实际、结合单位工作实际开展研究则更为关键。通过一段时间的探索,确定围绕教育教学改革、教师教学能力发展、教学评估体系建设等重大教育问题,开展战略性研究。以做好教研教改项目的立项、跟踪指导以及教学成果奖的培育作为工作方向。

(三)科学管理,调动各类人员参与热情

高教研究室只有 2 名教师,完全依靠这 2 名教师去承担学校教育改革、管理研究显然不太可能,甚至完成基本的交流文章都有一定难度。为调动其他人员参与高教研究的工作热情,我们制定了具体管理办法。一是明确规定中心各类人员的基本任务;二是结合研究问题派出人员学习和交流;三是设立科研项目指南,鼓励广大教师积极申报;四是制定项目支持和管理办法;五是制定高教研究论文奖励办法。通过以上管理方法,调动了各类人员参与高教研究的工作热情。

(四)做好服务,打造高教研究共享平台

教学发展中心是学校的直属部门,更多是为广大教师服务,服务教师成长需求,服务教授教研需求。中心微格教室、研讨室、培训室、观摩室面向全校教师开放,实行预约使用。除硬件设施面向教师开放外,中心广泛搜集高教研究学术会议信息,资助教师积极参加高教研究学术会议、教育教学研讨会、教学改革讨论会。通过不断学习,提高我校高等教育研究水平。同时通过举办于右任教育思想研讨会、教师教学素养培养与发展规划研讨会,营造高教研究氛围,共享高教研究成果。把教学发展中心打造成教师高教研究共享平台。

三、主要工作成效

经过一年多的努力,高教研究氛围日益浓厚。目前人文学院、马克思主义学院、高教所等几家单位的教师成为我校高教研究的主力,逐渐形成了常态化的研讨活动。2016 年我校教师在高教研究学术会议上做大会交流 5 次,提交研究论文6篇。申报陕西省“十三五”教育科学研究课题13项，获批9项，获批项目创历史新高。该项目历来均由教育科学研究领域专家申报，我校申报主力则是青年教师，这标志着我校青年教师教学从经验化向专业化、学术化迈进，青年教师教学科研化成效初步显现。

（执笔人：弋顺超）

建设实践育人共同体　推进育人模式创新

团　委

团委在推进实践育人过程中，坚持“立德树人”根本使命，紧贴学生成长成才需要，探索构建了以“目标共同、机制共建、资源共享、责任共担”为原则，以服务地方经济生产和社会发展为主要实践内容，政府、社会、学校协同推进的实践育人共同体新模式。“田园使者”“大学生村主任助理”“秦岭青年使者”“青春驿站”等各类实践育人共同体活动开展以来，充分发挥了第二课堂的育人作用，现已成为加强和改进大学生思想政治教育、提升学生创新实践能力培养的主渠道。

一、基本思路

2012年，教育部等七部门在《关于进一步加强高校实践育人工作的若干意见》中明确提出要把实践育人工作摆在人才培养的重要位置。学校实践育人共同体建设按照实现“一个目标”，协同“两个平台”，做到“三个结合”，创建“四轮驱动”和提升“五种能力”的思路，深化实践育人提升人才培养质量，创新发展大学生思想政治教育模式。

“一个目标”，培养卓越的农林复合型人才。“田园使者”“大学生村主任助理”通过在杨陵周边农村开展科技，深化对农业科技知识的理解和认识，在实践中提升学生综合运用知识的能力和水平。

“两个平台”，教学平台和服务平台。实践育人共同体建设结合实践教学培养计划，不断拓展教学内涵，实现“把课堂放在田野里，把作业写在大地上”，推动教学和社会实践平台的协同创新。

“三个结合”，学校在推进“实践育人共同体建设”中，不断优化组织模式，强化服务内容，在组织架构上实现校内和校外相结合，在服务内容上实现与学科专业相结合，在团队组织上实现不同学院、年级、专业学生相结合。

“四轮驱动”，活动由学校教务处、团委和地方政府、社区、企事业单位共同推动，按照任务分工优化服务方式，切实使实践活动达到农民喜欢、政府欢迎、学生受益的“多赢”。

“五种能力”，指通过实践活动提升学生实践能力、服务能力、协调能力、创新能力、适应能力，不断满足学生成长成才需要。

二、主要做法

学校充分发挥学科专业优势，着眼于搭建校内外“育人平台”，探索建设能充分调动学生参与主动性和积极性的各类实践育人共同体。其中，于2012年3月启动实施的“田园使者”实践育人共同体建设发挥着典型示范作用。

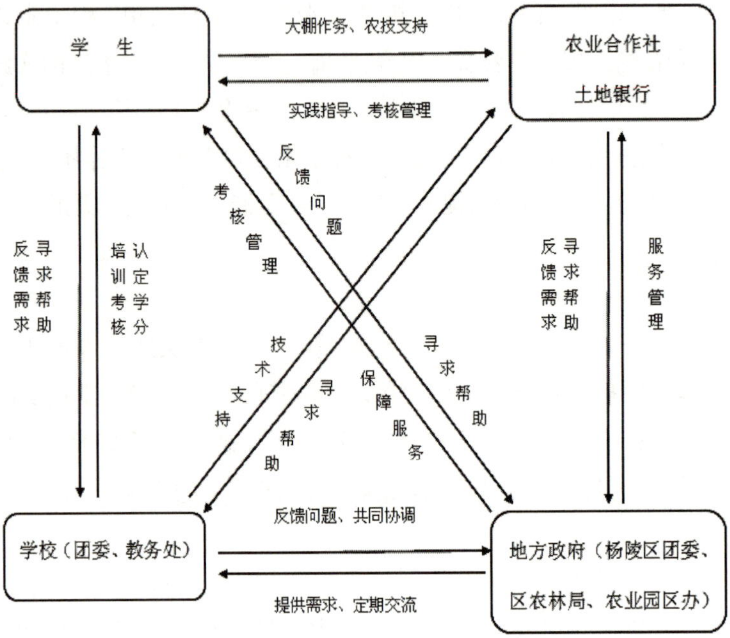

图1　“田园使者”实践育人共同体运行图

（一）加强组织，优化管理，切实推进实践育人活动落地生根

一是“校地”对接，服务产业需求和区域经济社会发展。“田园使者”围绕杨陵经济社会发展需求和属地农业合作社、土地银行生产需要，按照“按需设岗、以岗选人、教授指导、政策保证”的原则，选聘具有专业基础的高年级本科生、研究生担任田园使者，为农业大棚作物、管理营销和土地银行建设提供科技服务。二是紧密衔接。学校每年召开专题会，对前一届活动进行总结的同时对下一届工作进行安排部署。活动坚持实行“定点接力”服务，不断完善服务点人

员接力派遣机制。三是规范活动组织程序。活动在服务单位与服务队对接后开展服务，学校、杨陵区不定期抽查活动开展情况，针对工作中存在的问题，召开校地双方联席会加以解决。

（二）注重策划，整合资源，促进课堂教学与课外实践的深度融合

一是加强工作的科学规划。学校积极发挥主导推动作用，由教务处负责实践教学计划的制定，团委负责做好与地方政府对接、活动的宣传动员、志愿者的招募选拔、岗位对接、专业知识培训等工作。二是融入教学过程。学校教务处将“田园使者”活动纳入实践教学环节，规定“田园使者”聘期 1 年，服务期不少于 30 个工作日，参与活动满 60 学时，经考核合格后，队员分别计 1 个创新与技能学分和 1 个素质拓展学分；每支队伍 10 名队员，配备 1 名专家担任指导教师，实地指导一天计 6 个课时工作量。三是设立专项经费，用于指导教师课时费、学生交通补助以及田园使者的招募、培训、考核、表彰奖励等。

（三）教学相长，协同合作，深化产学研紧密结合办学特色

学校注重产学研紧密结合办学特色对社会实践的引领，不断提升科技服务活动的内涵。一是建立实践全过程导师评估体系。在现有的 53 名专业指导老师中，有 24 名具有高级职称。指导老师定期对活动成效进行评定考核，根据考核结果评定各队员的服务效果，作为其学分认定、表彰奖励的主要依据。二是注重活动思想引领。成立“田园使者”直属团支部，建立 QQ 群、微信群，每月召开 1 次工作例会，强化自我管理和服务水平。三是教学相长，注重协同合作精神培养。如园艺专业学生胡松申服务于五泉镇中来合作社，在专家指导下协助合作社成立淘宝销售网店，给农产品建立二维码“杨凌净菜”，2016 年，该合作社销售额达到了 760 万元，同比增长 35%。

三、工作成效

学校实践育人共同体建设的有序开展，实现了将专业知识与实践相结合，在服务“三农”的实践中巩固了专业知识，锻炼了综合素质，收获了服务“三农”的信心。

（一）开阔视野，锻炼本领，增强学生服务社会的自觉性和坚定性

“实践育人共同体”建设不断激发了学生爱校兴校的热情，增强学生立志服务“三农”的自觉性和坚定性。以田园使者活动来说，自启动以来，参与的学生数逐年增加，从 2012 年的 730 名志愿者增加到 2016 年的 1 680 名，占到涉农专业学生人数的 75%。一项覆盖 2013 级、2014 级 2 个年级 718 名学生的抽样调查显示:86.5%的学生认为田园使者活动能提高自身实践能力,收获很大;41.6%的学生认为通过活动“更加了解农村,更加了解基层”;34.3%的学生认为“在实践中对自己所学的专业知识有了更深的理解”。

(二)立足区位,发挥优势,科技兴农、科技富农已成为学生的思想自觉和行动追求

“田园使者”“秦岭青年使者”真诚奉献,热心服务,在科技服务中让农户掌握了先进的农业经营技能,促进了农户增产增收,有效缓解了“科技最后一公里”的问题。学校2012级农学专业王蓓同学带队服务的老秦人果蔬合作社,由于连续阴雨,大棚内湿度增加,番茄灰霉病加重,严重影响番茄的品质和产量。王蓓查阅了相关资料,邀请园艺学院刘建辉教授组成专家团队,深入老秦人、旺丰园、巨丰、凌鑫等合作社实地开展技术指导。活动结束后,服务队将专家的“诊断”方案整理成预防灰霉病指导手册,解决了农民专业知识不足等困难。

(三)创新形式、科学发展,实现校地协同合作办学的“双赢”模式

结合学生专业特点和成长成才需求,学校将各类“实践育人共同体”活动纳入学校实践教学体系,构建了校地协同实践育人新模式。在组织架构上实现校内和校外相结合,在评价方式上由政府和指导教师科学判定,在人员的组织上实行无缝对接。运行过程中全过程的跟踪督查,解决了当前高校社会实践组织管理存在的困惑,适应了高等教育大众化下学生成才的个性要求。2013年10月,团中央书记处书记徐晓考察学校实践育人活动开展情况时,高度评价我校开展的“实践育人共同体”建设,这是新形势下将第一课堂与第二课堂紧密结合、服务“三农”的新探索。

学校“实践育人共同体”建设受到了社会各界的广泛关注。新华网、人民网、《光明日报》《中国青年报》《中国教育报》《教育部思政简报》《团中央工作简报》等多家媒体给予了关注和报道。

经过多年探索,我校“实践育人共同体”建设已逐步形成“三个一”实践育人模式:开辟了一批次实践育人阵地;探索了一套“校地协同合作”社会实践模式;打造了一系列深受学生喜爱的实践育人品牌,促使大学生社会实践活动从团学工作的“一项活动”逐步转变、内化为教育教学系统的“一门课程”,提升了活动内涵,丰富了活动内容,建立了长效工作机制,大大增强了高校育人的针对性和实效性,为培养更多适应国家战略需要、具有时代精神的高素质卓越农林优秀人才发挥了积极作用。

(执笔人:刘业兴)

以提高质量为目标　切实做好研究生招生工作

研究生院

一、背景及目标

自国家研究生招生政策改革以及新的推免生政策实施以来，我校研究生招生压力和挑战凸显，研究生招生面临优质生源不足、质量不高、结构不匹配等突出问题。研究生院坚持以提高质量为目标，切实做好研究生招生工作，不断改进研究生生源质量。

研究生院紧密围绕学校研究生教育改革与发展任务，以提升研究生整体生源质量为目标，以选拔优秀拔尖人才为突破，深化研究生招生制度、考试制度改革，推进研究生招生工作的科学化、规范化和制度化。构建多途径吸引优质生源的新机制，健全质量导向的招生指标分配办法，完善博士生招生"申请—考核"制度，构建多元化硕士生招生制度。

二、工作措施

（一）加强招生机制改革，不断推进招生工作规范化建设

1. 制定学术型研究生招生指标配置管理办法，建立动态调整机制

制定印发《西北农林科技大学学术型研究生招生指标配置管理暂行办法》，建立以一级学科为单元、以质量为导向的招生指标分配办法，不断推进研究生招生工作规范化、制度化建设。

2. 制定招生工作考核办法，建立研究生招生工作激励机制

制定《西北农林科技大学研究生（学术型学位）招生工作考核暂行办法》，从招生宣传、考试录取、生源质量、工作特色等方面对各院系招生工作进行考核，建立激励机制，进一步发挥学院（系、所）的积极性，扎实有效地开展研究生招生工作。

3. 改革硕士生调剂管理工作，充分发挥学院工作的主动性

在硕士研究生招生中调剂考生的初选权下放，调剂考生复试名单的确定由招生单位决定。改变过去调剂考生的初步筛选由研究生院下载调剂考生库，筛选后将符合学校基本要求的调剂考生下达各招生单位，再由各招生单位在下达的名单中筛选符合本招生单位要求的考生的做法。2016 年调剂考生复试名单的确定由招生单位决定。复试录取的调剂考生的选定、调剂系统中复试通知、待录取通知等权限下放，简化了调剂学生复试录取的环节，提高了复试录取的效率。2017 年初次全面下放，复试录取未出现不符合教育部、陕西省教育厅及学校调剂要求的考生，调剂复试、录取平稳。

(二)实行博士研究生招生申请—审核制

根据教育部的相关要求，以服务国家需求为导向，以提高质量为核心，坚持立德树人，深入推进博士研究生招生改革，进一步提高人才选拔的科学性，促进拔尖创新人才脱颖而出。学校制定了《西北农林科技大学博士研究生招生申请—审核制管理暂行办法》《关于加强 2015 年博士研究生招生监督管理工作的通知》等文件，并从 2015 年起博士研究生普通招考全面实行“申请—审核”制招生。

(三)实施优秀大学生夏令营项目，加大招生宣传力度，招生质量有所提升

一是在中国研究生招生信息网、中国学位与研究生教育网等网站发布招生宣传信息；二是组织参加全国研究生招生咨询会；三是实施优秀大学生暑期夏令营项目，2016 年有农学院、植物保护学院、园艺学院、动物科技学院、动物医学院、林学院、资源环境学院、水利与建筑工程学院、机械与电子工程学院、食品科学与工程学院、葡萄酒学院、生命科学学院、理学院、经济管理学院、人文社会发展学院、水土保持研究所、马克思主义学院、风景园林艺术学院 18 个学院(所)举办了暑期优秀大学生夏令营活动，共有 1 087 名学生报名，来自全国 95 所高校 640 名学生参加了夏令营活动；四是组建东北片区、华中片区、华南片区、西南片区、山东片区 5 支研究生招生宣传队伍，采取专家和管理人员相结合的模式到 10 所高校开展招生宣讲、学术报告活动。

三、工作成效

2016 年录取的学术型硕士研究生中应届本科毕业生 1 305 人，占录取总人数的 90. 44% ,2016 年录取应届生比例较 2015 年提高近 3 个百分点。2016 年

录取我校毕业生 439 人,占录取总人数的 30.42%,录取我校考生人数有上升趋势。2017 年全国硕士研究生招生考试报考我校考生人数再创历史新高,达到 4 770人,比 2016 年增加 683 人,增幅 16.7%;比 2015 年增加 1 955 人,增幅69.44%。

（执笔人:申让平　杨春雷　布都会）

以试验示范站为载体
构建校地协同推广工作新机制

科技推广处

一、目标及背景

随着学校以大学为依托的农业科技推广新模式探索工作的深入开展，学校试验示范站（基地、园）规模不断扩大，对仅仅依靠学校人力、物力、财力支撑模式探索工作提出了新的挑战。

为了促使“西农模式”实践工作长久持续，科技推广处在工作过程中，以国家和地区经济社会发展的重大需求为导向，深入挖掘学校人才、科技资源，主动对接地方需求，初步形成了以农业试验示范站（基地）为载体，学校、地方政府资源共享的“共建、共管”协同推广工作新机制，促进了产学研的紧密结合，增强了学校的社会服务功能。

二、工作措施

（一）与地方政府签署多项农业科技合作协议

我校探索的“西农模式”取得的显著成效，得益于政府的大力支持。为了进一步深化合作，学校主要领导亲自带队，先后赴渭南、宝鸡、咸阳等市进行对接。在与试验示范站（基地）所在县区签署共建协议的基础上，积极洽谈沟通，与省内10个市一级政府签署农业科技合作协议，为试验示范站争取市级支持开辟了渠道。

同时，积极与杨凌示范区管委会、陕西省林业厅、科技厅、农业厅、果业局等签署共建协议，争取更大范围的支持，试验示范站（基地）同时加挂县区、市以及省上主管厅局的牌子。共建协议的签署，为试验示范站（基地）获得持久、稳定的支持提供了政策依据，促进了校地实质性融合。

(二)以科技项目形式落实地方共建经费

创新校地共建试验示范站(基地)经费争取方法,以科技项目形式落实地方共建经费。针对产业发展技术需要校地双方共同研讨立项,项目执行中学校驻站专家与地方农技力量共同组成工作团队,校地双方联合进行项目执行进度检查和考核评估。以科技项目形式落实地方共建经费的做法,是对学校试验示范站建设工作的创新性尝试。这种创新具有与产业需求结合紧密、责任目标明确、落地推进迅速、便于考核管理等优点,地方主管部门满意,有利于构建校地合作的长效机制。

(三)高校专家与基层干部有机结合

为有效整合科技资源,我们探索了大学专家与基层农技干部有效结合的共建机制。例如,甘肃省庆城苹果试验示范站所在地庆城县专门成立了正科级建制的事业单位庆城县苹果试验站,技术干部编制 10 人,全部为涉农高校本科生,工资待遇等由政府负责,工作由学校试验示范站安排。学校专家与地方农技干部组团包点,共同围绕庆城苹果产业开展工作。榆林马铃薯、玉米、小杂粮学校专家团队与地方农科所专家组建工作团队,共同申报项目、开展工作。白水苹果试验示范站摸索出“1 +4 +4”的结合模式,即学校 1 名专家带 4 名县级技术干部和 4 名乡级技术人员。组建了一支由学校 7 名苹果专家与白水县 56 名基层技术骨干组成的科技推广队伍。

(四)策划推动了“三站链合”创新驱动试点项目

试验示范站是校地合作的平台,项目是抓手。为了更好地以项目形式组建队伍、凝聚人心、开展工作,校地项目申报明确:地方政府项目基层农技干部牵头申报,学校专家支撑;省部级项目学校牵头,地方配套;成果按照贡献大小共享。同时,学校以推动新形势下“西农模式”转型升级为目标,策划提出了“‘三站链合’创新驱动现代农业全产业链服务试点项目”方案。以“试验示范站 + 区域示范基地 + 基层推广服务体系 + 农户”的链条式农技推广服务新模式,将学校试验示范站专家与基层农技骨干以国家项目的形式链接起来,获批经费5 000万元,其中拨付地方项目经费近 2 000 万元。项目实施过程中,300 名大学专家、1 000 名市县农技部门技术骨干参加,各区县技术员、职业农民、种养殖大户、龙头企业、农业经营合作组织技术骨干 5 000 多人参与,形成了“技术研发、试验示范、技术推广、农产品加工、市场销售”校地协同运行的农业科技成果转化应用机制。

三、工作成效

（一）实现了大学推广模式与现有基层推广体系的有机融合

在新型推广模式建设中，学校以试验示范站、基地为纽带，吸纳地方科技推广人员，建立紧密合作关系，共同开展技术服务工作。地方科技人员隶属关系不变，主要承担技术辐射区的示范、推广工作，合作经费由试验示范站开支。通过大学科技人员的传、帮、带，更新了地方科技人员的业务知识，提高了地方科技人员的业务素质，调动了基层农技推广人员的积极性，发挥了他们在科技示范与科技入户中的主力军作用，从而密切了大学和地方推广机构的关系，实现了新型推广模式与基层推广体系的有机融合，充实和完善了我国现行的农业推广体系，为农业科技推广注入了新的活力。

（二）促进了地方农业主导产业的快速发展

“西农模式”发挥了政府的组织与保障作用、大学的科技支撑与引领作用、基层农技力量的辐射与带动作用，政府、大学、基层农技力量之间有机结合、相辅相成、互促互动，促进了区域农业产业化发展。学校试验示范站的建设，培育了地方新兴产业，做强了地方特色产业，促进了区域主导产业的发展。农业试验示范站和相应的示范基地，示范推广了农牧新品种和农业先进实用技术，促进了农村产业结构的调整升级，使地方特色产业、主导产业成为提高农民收入的支柱产业，发挥了科技在地方农业经济发展中的支撑作用，产生了较大的经济效益。

苹果是陕西省农业主导产业，面积 1 000 多万亩，关系着几百万人的致富问题。学校与 4 个试验示范站所在地白水、洛川、千阳、庆城 4 个县，渭南、延安、宝鸡、庆阳 4 个市及杨凌示范区、陕西省果业局、科技厅签订了共建协议，争取资金、人才、项目等支持。试验示范站科学研究、示范推广、人才培养、对外交流成效显著，带动、提升了全省苹果产业发展水平。

（三）为“西农模式”探索提供了稳定长期的经费支持

校市共建、院县共建的模式，确保了试验示范站（基地）资金落实和长期运行。学校先后与陕西、甘肃、青海、宁夏、新疆、河南 6 个省份 17 个地市 28 个县区地方政府签署共建协议 32 份，争取地方政府无偿提供试验示范用地 2 420 亩，每年提供共建运行经费 1 200 多万元，累计投入基础设施建设经费 7 200 多万元，提供工作车辆 16 辆，选派 300 多名基层农技骨干参与工作。从 2015 年起，地方政府每年向试验示范站（基地）提供共建经费均超过 1 000 万元，为试验示范站开展工作提供了经费保障。

四、经验启示

(一)选择校地利益切入点,树立多赢理念,是校地合作的基础

各方的利益融合是共建的基础,只有充分实现这一原则,才能做好基地建设工作。工作中要本着平等合作、互利互惠的原则,以试验示范站为平台,以合作项目为纽带,在示范推广、人才培养、科学研究等各个方面,与政府、企业(行业)等拓展更深层次的合作,推进校地协作关系的建立,为学校建立长期稳定的试验示范站创造有利条件。

(二)以贡献求发展是校地长期合作之本

以学校为主导的"西农模式",核心是在产业中心地带建立试验示范站,来带动地方农业产业健康快速发展。试验示范站在服务学校科学研究、人才培养、社会服务、文化传承重要使命的同时,必须树立"以服务求支持、以贡献求发展"的理念,始终坚持把为地方经济建设和社会发展服务放在突出位置,发挥学校专业、学科、技术和人才优势,并主动对接地方经济社会发展,以服务地方农业产业和社会发展来推动学校自身的科学发展。通过服务地方,实现学校的办学定位和自身价值,赢得办学资源,开拓办学空间,增强办学活力。

(执笔人:杨宏博)

重策划　抓实效　积极开展师德师风建设系列活动

党委宣传部

一、背景及目标

立德树人是高校的根本使命。2014 年 9 月，习近平总书记同北京师范大学师生代表座谈时明确指出，要做“有理想信念、有道德情操、有扎实学识、有仁爱之心”的“四有好老师”。近年来，学校把建设“师德高尚、业务精湛、结构合理、充满活力的高素质专业化高校教师队伍”与贯彻落实习近平总书记在全国高校思想政治工作会议上的讲话精神相结合，与贯彻落实教育部《关于建立健全高校师德建设长效机制的意见》相结合，通过宣传教育、制度规范、示范引领、实践养成等方式，引导广大教师以德立身、以德立学、以德施教，在全校范围内营造了学习先进、埋头苦干、潜心教学、敢于担当、追求卓越的良好氛围，为培养卓越农林人才和建设世界一流农业大学提供了坚强的思想保障。

二、主要工作举措

（一）加强师德理论的学习

加强《教育法》《高等教育法》《教师法》和《国家中长期教育改革和发展规划纲要（2010—2020 年）》等法规、文件的学习，宣传普及《高校教师职业道德规范》，深刻认识师德的基本内涵，提升教师的师德修养水平。

（二）完善师德体制机制

完善师德师风建设规范，制定《西北农林科技大学师德建设长效机制实施细则》，将师德师风建设纳入《关于进一步加强和改进新形势下我校宣传思想工作的实施意见》，提高政治标准，严格落实政治考核、师德表现的一票否决制。

（三）策划《一周一名师》《一周一师》专栏

发挥名师的价值引领作用，策划《一周一名师》栏目，通过讲述国家和陕西省教学名师爱岗敬业、教书育人的感人故事,激励广大教师做师德的传承者和弘扬者。“一周一师”专栏分享平凡教师扎根教学一线默默无闻、无私奉献的风采,激发教师热爱讲台、珍惜讲台、敬畏讲台。

(四)开展“三秦楷模”王辉教授先进事迹学习宣传

下发《关于在全校师生中开展向王辉同志学习的决定》,举办“三秦楷模”王辉教授先进事迹报告会,组建“三秦楷模”王辉教授先进事迹报告团。报告团在省内部分地市和高校巡回报告 13 场次,生动再现了王辉作为农业科学家扎根黄土、默默耕耘的高尚情怀,作为知识分子不断超越、追求卓越的科学精神,作为党员理想大于天、事业高于一切的价值追求和人格风范,引导广大教师敢于担当、奋发有为、不忘初心、继续前进,做“经国本、解民生、尚科学”的卓越践行者。

(五)举办学校首届师德师风演讲比赛

策划开展由 16 个学院(系)和机关一线教师、辅导员参与的以“学榜样、铸师魂、争一流”为主题的师德师风演讲活动,引导广大教师在学习宣传王辉教授先进事迹过程中,积极培育和践行社会主义核心价值观,形成以身垂范、以德施教的良好师德风尚。

(六)举办李保国同志和陈士橹院士先进事迹报告会

邀请河北农业大学李保国同志先进事迹报告团和西北工业大学陈士橹院士先进事迹报告团走进我校,学习他们勇于自主创新、勇于追求卓越、勇攀科技高峰、踏实敬业奉献的宝贵品质,激励师生立足自身岗位做贡献。

(七)开展师德师风系列展示活动

通过树立于右任、辛树帜及院士塑像群,制作名人浮雕等,拍摄微视频《李振岐——窑洞院士》《赵洪璋——一脉相承》《周尧——雕虫人生》《麦田守望者》,创作话剧《雕虫沧桑》《心在路上》等,宣传科学家的光辉事迹和崇高精神,诠释他们的无私奉献精神和执着科研追求,引导教师兴国兴农,追求真理。

(八)集中宣传离退休“师德”楷模

邀请中省媒体 3 次走进学校,集中宣传报道“向下扎根向上结果”的蔬菜育种学家王鸣,“为大地抚伤痕”的水保专家李玉山、唐克丽夫妇,“白菜女王”柯桂兰,“辣椒大王”庄灿然等,塑造“退而不休再奉献、汇聚余热生新辉”的“科研英雄”群体形象。树立潜心著书立说,笃志奉献才学,两次获得国家出版基金资助的王立祥教授;81 岁高龄仍活跃在科研一线的王性炎教授;满头白发仍躬耕在渭北高原的李立科研究员等“离岗不离心、退休不退志”的典型,弘扬他们报效祖国、服务社会的无私奉献精神。

三、主要工作成效

(一)强化了师德内涵

通过集中学习中央、教育部、陕西省委和校党委关于师德师风建设的相关文件,大大提升了广大教师用敬畏之心热爱教育事业、以敬畏之心恪守职业道德、以敬畏之心坚守师德底线的思想自觉,为建设优良的师德师风奠定了坚实的思想基础。

(二)提升了师德修养

通过对"时代楷模""三秦楷模""教学名师"的学习宣传及举办"师德师风演讲比赛及巡回演讲",广大教师加深了对师德内涵的理解,与时俱进拓展了师德的外延,强化了秉承"诚朴勇毅"校训、"经国本、解民生、尚科学"的办学理念和"树德务滋、树基务坚"的情感认同,为培育优良的教学、学风、校风,征集凝练大学精神统一了思想认识。

(三)推动了实践养成

通过学习宣传、制度规范等,广大师生自觉以师德标兵为楷模,在推动学校改革发展中建功立业,形成了自觉践行良好师德师风的良好风尚。1 人荣获"陕西省教育系统 2016 年度好老师",1 人入选"三秦楷模",1 人入选"中国好人",2 人入选"陕西好人",5 人入选"杨凌道德模范",2 人被评为"陕西省教学名师",1 人荣获"陕西省师德标兵",1 人荣获"陕西省师德先进个人",马克思主义学院荣获"陕西省师德建设先进集体",1 人被命名为"岗位学雷锋标兵",1 人被评选为"陕西好司机"。

四、经验总结

(一)师德师风建设要统筹协调

师德师风建设是一项系统建设工程,是教师队伍建设的一项长期而艰巨的任务。在推进师德师风建设过程中,要强化顶层设计,注重部门间联动协调,努力把师德师风建设融入教育教学的各个环节,在培养卓越农林人才的实践中不断强化师德建设的自觉性。

(二)师德师风建设要与时俱进

师德师风建设要与教师思想政治工作相结合,需要"因事而化、因时而进、因势而新"。在培育优良师德师风的过程中,通过策划专栏、巡回演讲、制作视频、创作话剧等形式，不断赋予师德师风新的时代内涵，切实增强师德师风培育的针对性和时代感。

（三）师德师风建设要广泛动员

师德师风建设需要教师的参与，在参与中增强践行的自觉性。要坚持从教师中来、到教师中去的原则，充分调动广大教师参与师德师风建设的主动性和积极性，让教师在参与中提高，在提高中增强，在增强中践行，努力形成人人参与的师德师风建设“大格局”。

（执笔人：王学锋　刘玉峰）

多措并举　力促成果转化

科技推广处

一、背景与目标

学校技术转移中心成立于2006年5月，挂靠当时的科研处，主要职责是负责学校知识产权的技术转移和管理工作。2007年出台了《西北农林科技大学科技成果转化管理办法》。2012年12月学校研究决定将技术转移中心挂靠到科技推广处。

2015年8月《中华人民共和国促进科技成果转化法》（修订稿）正式发布实施，从法律高度对促进科技成果转化活动提出了新的要求。随后出台了一系列配套规定、制度，其中教育部、科技部出台的《关于加强高等学校科技成果转移转化工作的若干意见》和教育部出台的《促进高等学校科技成果转移转化行动计划》，对高等院校促进高校科技成果转化给出了指导性意见和要求。

在新的政策形势下，我中心总结多年来学校科技成果转化的经验教训，根据学校《关于深化校院两级管理体制改革的若干意见》文件精神和“十三五”规划提出的实施社会服务卓越工程的目标任务，按照新时期的办校方针和改革方向，解放思想，实事求是，尝试从创新科技成果转化体制机制、完善配套规章制度、打造成果转移转化平台等方面，积极探索符合农业院校科技成果转移转化的有效举措，从而调动广大师生开展科技成果转移转化的积极性，加快学校科技成果的转移转化。

二、具体举措

近年来，技术转移中心根据国家科技成果转化相关法律、制度精神，创新工作思路，规范转化程序，完善管理制度，在平台搭建、成果推介、收益提成、学生创业等方面积极开展工作。

1. 规范转化程序

制定了《科技成果转化工作流程图》、制作了《科技成果转化申请表》《科技成果转化审批表》《科技成果转化评议会议记录表》等，成立了由纪检、科研、推广、财务、国资等管理部门及所在学院和相关领域专家组成的科技成果转化评估小组，充分调动专家和学院在成果转化中的作用，确保了科技成果转化工作规范有序进行。

2. 探索创新技术转移转化工作体制机制

2015 年以来，通过对兄弟院校进行调研、经验借鉴，结合学校自身存在的问题，提出从体制创新、组建专业化的技术转移团队、完善科技成果转化制度、打造转化平台等方面着手改革，制定了《西北农林科技大学关于促进科技成果转移转化的工作方案》。

3. 实行分类管理，提高学院自主转化意识

为激发学院自主转化意识，根据校院两级管理精神，科技成果的转让和许可实行校院两级管理。转化收入在 20 万元以下（含 20 万元）的，由所在学院研究决定，报学校技术转移中心审核并签订转化合同；转化收入在 20 万元以上的，由所在学院提出成果转化意见，报学校技术转移中心研究决定。

4. 与第三方技术转移中介机构建立稳定合作关系

（1）积极与科技部和农业部在杨凌批准建立的国家（杨凌）旱区植物品种权交易中心合作，促进新品种转化。学校除了自行进行宣传推介外，借助该中心推介发布，积极寻求受让方，2016 年转让新品种 10 个，其中 2015 年审定小麦、玉米新品种 10 个，转让了 8 个，转让率达 80%。

（2）与西安科技大市场建立合作关系，加入由其牵头组织的西安技术经理人协会高校分会。协会围绕高校技术转移人才培养、各类研讨和经验交流、项目推介、需求对接、知识产权宣讲培训等方面开展活动。并在由西安大市场运营管理的国家知识产权运营军民融合特色试点平台建立了西北农林科技大学子站，构建线上信息服务与线下实体服务相结合的成果转移转化服务网络和体系。2016 年起我处在该平台发布科技成果 22 项。2017 年重点推荐了 5 项科技成果，其中 1 项成果经西安大市场组织专家评估，被认定为具有大的市场潜力，被作为重点项目对外着重推介。

5. 筛选市场潜力大的科技成果，积极参加各类推介活动，多渠道发布科技成果信息

（1）筛选成果，建立可转化成果库。为提高科技成果转化率，中心以面向全

校公开征集或对科研成果库深入挖掘等方式，对学校科技成果资源进行了梳理，把具有市场应用前景的项目成果，建立了可转化科技成果库。并根据科技成果特点，针对不同地区或不同企业需求进行有效推介发布。

（2）参加科技成果展示发布会。近3年来，参加省部、地市大中型科技成果发布、展示会40余次。其中2017年向江苏·大院大所合作对接会暨第六届产学研合作成果展示洽谈会线上推介科技成果10项，现场重点展示发布5项；向教育部科技发展中心与广东省共同举办的首届“中国高校科技成果交易会”推介科技成果13项。

（3）向各类技术转移机构推介项目成果。2015年将涉及农业种植、养殖、农机、装备、设施、加工等领域的技术、品种等成果24项，推介到“全国农业科技成果转移服务中心”；针对阿拉伯国家的技术需求，将4项节水农业、防沙治沙等方面的先进技术推介到中阿技术转移中心。

（4）与第三方平台线上合作，进行线上成果发布。目前已与科易网、链科技等平台合作，进行线上发布推介我校专利、技术，并推荐我校专家在科易网“老师傅”板块提供咨询服务，对接企业需求。

（5）尝试以委托代理形式委托北京中农智汇投资咨询有限公司为我校一项技术成果提供推介服务。

6. 针对农业科技成果特点，探索新的定价方式

动植物新品种在转化时难以准确衡量它的市场价值，为了更好地体现品种的市场价值，探索试行了“入门费+销售提成”的定价方式。这种方式既减少了企业购买成果的风险，也较好地体现了新品种的市场价值。学校先后有“农科大8号”“陕单008”“陕单618”“陕单622”4个玉米新品种按照这种方式定价转让。

7. 支持学生创业

为了鼓励在校学生创新创业，与校团委合作，免费授权21项专利供三个大学生创业团队进行创业，并在合同中明确规定待企业做大做强后再进行技术转让。

8. 提高个人转化收益比例

根据《中华人民共和国促进科技成果转化法》和学校《关于加强种业科技发展工作的意见》精神，2015年起在动植物品种转让方面，将转让纯收益分配比例由原先的学校占30%、学院占20%、成果完成人占50%，变为学校占20%、学院占20%、成果完成人占60%，提高了成果完成人的转化收益，从而激励教职工

转化热情。

三、主要成效

1. 转化收益提升显著

2015 年以来，签订技术转让合同 27 个，总合同金额 440.8 万元，到账金额 480.8 万元，包含销售提成收入 40 万元。其中新品种生产经营权转让合同 18 个，合同金额 380.8 万元；专利转让（许可）合同 9 个，合同金额 60 万元。

2. 专家转化收入提高

2015—2016 年两年时间，提高奖励给成果完成人的收益分配比例后，个人获得的转化收入累计增加了 42 万元。

3. 支持学生创业，效果显著

鲍恩财率领的创业团队在 2015 年 12 月份注册了杨凌普兆农业科技有限公司，利用学校免费授权的 5 项专利技术。经过一年时间的发展，该公司的业务已经拓展到陕西、郑州、新疆、安徽、云南等地。2016 年公司年营业额达 130 万元。今年年底计划完成 2 000 万元的营业额。

杨龙创业团队成立了杨凌华翼纳米医药科技有限公司，依托学校免费授权的 4 项专利技术，进行各种纳米级卫生消毒用品、日化品、保健品的开发研究，已崭露头角，成为学校的创业明星之一。

（执笔人：申秀霞　韩虎群）

汇八方涓流　助力教育事业发展

教育发展基金会

一、背景及目标

2011年，学校成立了西北农林科技大学教育发展基金会，目标是加强学校与国内外各界的联系和合作，募集办学资金，推动学校教育事业的发展。基金会在学校建设世界一流农业大学关键时期应运而生，必须付出巨大努力精心工作，争取社会捐赠，用于资助人才培养设立奖学金及困难学生助学金、支持科教人员开展科学研究与科技推广、资助培养青年教师、支持科研教学设施建设及校园设施建设和社会公益活动，为创建世界一流农业大学添砖加瓦。

二、工作举措

1. 加强制度建设规范运行管理：先后制定20项管理制度，从捐赠项目签署与实施、捐赠资金使用、信息公开披露和建立归档等方面进行规范管理。

2. 注重项目实施成效争取持续捐赠：强化项目实施管理，使捐赠项目不断取得显著成效，得到捐赠者满意，争取持续捐赠。

3. 创新思路开拓筹资渠道：协助依托校友设立海外筹资平台，利用软件公司条件合作设立校友小额筹资平台。

4. 发挥学院和部门筹资积极性：提出并由学校制定捐赠配套政策和奖励办法，激励部门和学院配合积极争取社会捐赠。

三、工作成效

（一）三年社会筹资突破1亿元

2014—2016年，先后到全国各地20省市50多个单位与60多名慈善家、校友建立联系，争取社会筹资项目。签订10万元以上的捐赠协议101项，协议捐赠金额8 250万元,争取到社会捐赠资金5 738万元,争取到捐赠财政配比资金4 292万元,累计社会筹资达到1.003亿元。

(二)争取持续捐赠的项目达到90%

2014—2016年实施捐赠项目106项,争取到持续捐赠96项,90.5%项目得到了持续捐赠。如:2016年对即将结束的曹德旺助学金项目和唐仲英育种研究所建设项目的实施效果及时向捐赠方进行了全面总结汇报,受到捐赠方高度评价,获得了唐仲英基金会持续捐赠,设立了5年720万元的"仲英青年学者"项目;获得了河仁慈善基金会持续捐赠,设立了5年750万元的"曹德旺励志助学金"项目。

(三)社会奖助学金金额比2010年提高了2.5倍

学校贫困学生的比例高达40%,2014—2016年基金会组织相关部门和学院先后争取社会捐赠奖助学金2 536.06万元,实施社会奖助学金项目89项,累计发放奖助学金2 103.77万元,奖助学生6 381人次。

2016年发放社会奖助学金835.86万元,奖助学生2 453人次,奖助人数占全校当年本科生人数的11%;资助金额占全校当年奖助学金的23.5%;奖助金额比基金会成立前的2010年,全校社会奖助金额提高了2.5倍。

(四)围绕学科建设需要建立了先进的科研平台

2014—2016年,实施科研与科研平台建设项目15项,建立了部分科研平台。尤其是唐仲英育种研究所和育种基金项目,建成了西北地区最大最现代化的唐仲英作物种质资源库,为学校科技人员进行种质资源研究与利用提供了现代化平台,为进一步提升作物育种水平和效率奠定了基础。建成了先进的小麦育种实验室,为提升学校小麦育种基础理论创新和育种技术水平提供了一个高效的研究平台。培育了小麦、玉米、苹果等23个新品种,已开始推广应用。

(五)探索出社会公益组织科技扶贫模式

结合学校科技扶贫推广工作开展,实施了唐仲英"薪火"农业科技扶贫示范推广项目。在周至县北双庙村实施的唐仲英"薪火"农业科技扶贫示范项目,2016年樱桃亩均收入1万元,使村民人均年收入较项目实施前提高了8倍。北双庙村被国务院侨办授予全国"侨爱新村",被科技部列为"新农村建设重点村",被西安市授予"文明村"和"新农村建设示范村"。以上工作探索为民政部提供了社会公益组织科技扶贫的成功模式。

(六)开拓创新,建立了国际筹资平台

通过两年来的艰辛工作,依托美国校友在美国设立了"西北农林科技大学教育基金会(美国)”,获得美国州政府和联邦政府批文。为学校创建了国际筹资平台和国际交流窗口,使学校成为国内农业院校中首个成立海外基金会高校。

(七)基金会信誉度逐步提升

2014、2015年获“中国慈善组织信息披露卓越组织”,2016年获中基透明指数FTI以100分并列全国排名第一。2015年民政部授予“中国社会组织评估3A等级”,2017年民政部批准为慈善组织。为基金会发展奠定了基础。

四、经验启示

(一)领导重视是前提

基金会的各项工作只有在学校和基金会领导的高度重视下,才能有条不紊地进行。

(二)各部门院系配合是关键

筹资和捐赠项目的实施需要各部门紧密配合协作,才能使捐赠项目落到实处取得成效。

(三)有效激励机制是推手

筹资工作需要有效的激励机制,以便调动各方面工作积极性做好筹资工作。

(四)投身公益的热情是动力

筹资工作是一件漫长而艰巨的工程,工作人员要热爱公益事业,勇于担当、有忘我的工作态度和工作热情,甘愿为公益事业奉献自己。

(执笔人:吴万兴　殷彦平　冯炜　韦粉)

积极搭建活动平台　活跃机关职工文化生活

机关党委

一、背景和目标

机关文化建设既是校园文化建设的重要组成部分，也是机关党建工作的重要内容。机关党委现有职工 649 人，涵盖 36 个机关部门、工会小组 25 个。近几年，机关党委针对机关部门多、职工多、工作压力大等特点，紧紧围绕党委中心工作，以促进工作为出发点，以建设和谐机关为目标，积极搭建职工活动平台，组织职工开展寓教于乐、生动活泼、高雅文明、喜闻乐见的群众性文化活动。通过活动开展，营造特色鲜明、和谐向上的机关文化氛围，树立良好的机关形象和精神风貌，为推动学校建设发展凝心聚气、汇聚力量。

二、主要工作举措

（一）举办广播体操比赛

为了促进机关职工锻炼身体，保持身心健康，机关党委 2014 年 10 月举办了第九套广播体操培训班，并以参加培训人员为骨干，在机关职工中开展了学做第九套广播体操活动。经过半年多时间的练习，为进一步推动学做广播体操活动广泛开展，活跃机关职工文化生活，机关党委 2015 年 5 月举办了第九套广播体操比赛活动。来自 38 个机关部门（直属单位）的 18 个代表队、540 名职工参加比赛。在“每天锻炼一小时、健康工作 50 年、幸福生活一辈子”口号的引导下，整场比赛中各代表队花样迭出、各展风采，用独特的造型、整齐的动作、别致的队服充分展示了机关职工良好的精神风貌和健康向上的机关文化。

（二）举办机关先进表彰暨迎新春联欢晚会

经过精心筹备，2016 年 1 月举办了“机关 2015 年度先进表彰暨迎新春联欢晚会”，机关 600 余名职工欢聚一堂，表彰先进，喜迎新春。校党委书记李兴旺、常务副书记赵忠等校领导出席表彰会并全程观看了比赛。这是机关党委举办的首次迎新春晚会，在机关党委的精心安排下，晚会得到了机关各部门的积极响应和大力支持。计财处、党校办、工会、组织部、研究生院、团委、宣传部、保卫处、学生处、人事处、人才办、科研院、离退休处、博览园、创新学院、国际学院、考评办、科技发展中心、统战部、党校等单位，在工作之余精心准备了原创舞台剧、相声、舞蹈、音乐快板、诗歌朗诵等 14 个节目，唱响主旋律，弘扬正能量，突显学校工作亮点，呈现机关工作特色，充分展现了机关职工热爱工作、快乐生活、健康向上、奋发有为、追求卓越、争创一流的精神风貌。

（三）开展最美机关职工"全家福"摄影比赛活动

为展现机关职工团结向上的风采，增强凝聚力、荣誉感，机关党委自 2016 年 3 月启动开展了"同享美丽校园　共创文明机关"最美机关职工"全家福"摄影比赛活动。通知发出后，各部门积极响应，从不同角度拍摄了一幅幅有美、有爱、有创意的部门"全家福"，机关党委专门制作了展板，在交流中心二楼大厅进行展出，并在机关党委微信平台予以展示。"全家福"被一些部门作为团队精神的象征悬挂在办公室，或印制在宣传材料中。

（四）坚持举办乒乓球、羽毛球比赛

乒乓球、羽毛球是机关职工的品牌活动项目。机关党委坚持每年组织开展机关部门职工乒乓球、羽毛球团体比赛活动，已形成惯例，深受大家欢迎。活动组织过程中，大的工会小组单独组队，小的工会小组联合组队，保证所有部门都参与比赛。每次比赛 95% 以上的工会小组参加比赛，参与职工 300 余人。在部门工会开展活动的同时，各工会小组自主开展活动，坚持每周乒乓球、羽毛球活动 2 ~ 3 次，部门之间、与兄弟单位之间开展友谊比赛，群众性体育活动蓬勃开展。

（五）积极组织参加学校各项比赛

机关工会是学校人数最多的部门工会，机关职工在学校各种比赛中的表现关乎机关形象，以优异的成绩和良好的精神风貌展现机关风采，是我们的目标。机关职工藏龙卧虎，各类人才俱全，但存在的最大问题是部门多、事情多、会议多、出差多，只有组织得力，动员到位，其优势才能得到发挥。学校开展的每项活动机关工会全部参加，每年精心组织职工参加校田径运动会的所有教工项目，连年获团体第一名；组织机关 126 名职工参加"庆祝建校八十周年暨合并十五周年歌咏比赛"，获一等奖；组织女职工参加学校趣味运动会和校园健步行活动；组队参加学校羽毛球、乒乓球、篮球、排球、拔河、象棋等比赛均取得好名次。

在参加学校所有的比赛中，参赛职工以机关为整体，团结协作，克服困难，出力助威，乒乓球、羽毛球在全校一直蝉联冠军，影响很大，为机关争得了荣誉，彰显了机关职工风采，树立了机关良好形象。

(六)坚持课间广播操

针对机关工作人员工作繁忙、长期伏案工作的特点，坚持每天上午10时播放广播操，使大家在紧张工作之中稍做调整，缓解疲劳，提高工作效率。

三、取得成效

在机关党委高度重视和部门工会不懈努力下，近几年，机关文体活动开展得有声有色，取得了较好成效，得到机关职工的认可，部门工会连续多年被评为先进部门工会。通过活动的开展，培养了机关职工团结、文明、向上、进取精神，增强了向心力和凝聚力；部门之间加强了交流，增进了友谊，增强了协作精神和团队意识，促进了和谐机关建设；锻炼了身体，陶冶了情操，磨炼了意志，培养了健康高雅文明的生活理念和生活方式；寓教于乐，丰富活跃了职工文化生活，弘扬了优良校风，对促进学校精神文明建设起到了很好的促进作用。

四、工作经验与体会

(一)高度重视，充分认识职工文化建设的重要性

重视和加强职工文化建设，营造健康向上、朝气蓬勃的校园文化氛围，以先进的文化、高雅的艺术、形式多样的活动丰富职工精神文化生活，是机关工会的职责，也是机关党建工作的一项重要内容。机关党委十分重视职工文化建设，从构建和谐机关的高度，每年将文化建设纳入机关党委整体工作计划，年初统筹安排部署，同时在经费上予以充分支持，保障了机关职工文化活动有效开展。

(二)处理好竞技性、群众性和趣味性三者的关系

首先，要坚持群众性原则，掌握职工对文化生活的需求，从大多数职工的愿望出发，确定活动主题和内容，尽可能使多数职工都参与进来，扩大活动的覆盖面。其次，要增强活动的趣味性，有了趣味性，活动就有了吸引力，不断推动活动多元化、多层次，丰富活动内容，增强活动的吸引力。第三，自主安排活动时，不要过于强调竞技性，要确保活动的安全性。

(三)将思想性、知识性融入活动

寓教于乐，弘扬主旋律，增强活动实效，使职工在活动中得到教育和提高，营造健康向上、情趣盎然的文化氛围。机关党委在组织开展职工活动时，坚持将活动内容的趣味性、思想性和知识性有机结合，充分利用文体活动载体，把开展爱国、爱党、爱校及革命传统教育、集体主义教育、职业道德教育等内容贯穿于活动之中，使机关干部职工在丰富多彩的文化活动中心灵受到启迪，思想受到教育，集体主义精神得到培育。

（四）注重创新，丰富活动内容

机关党委近几年在组织机关职工开展好日常活动的同时，积极学习借鉴兄弟高校开展职工活动好的做法和经验，通过观摩调研走访、网上查询等方式，学习浙江大学、武汉大学、华中科技大学、厦门大学、西安交通大学等兄弟单位先进经验，不断丰富机关职工活动的内容和方式，拓宽活动覆盖面，增强活动吸引力。同时，创新活动机制，施行机关支部活动申报制度，制定了《机关党委返还党费使用方案》《机关党委返还党费、作风建设专项费、业务费、福利费和文体活动费使用管理暂行办法》等管理制度，激励机关各支部、工会小组组织开展职工活动，有效增强彰显了基层组织活力。

（执笔人：詹晓航）

放管结合　优化服务
深入推进基本科研业务费校院两级管理改革

科学技术发展研究院

一、工作背景

中央高校基本科研业务费是财政部、教育部为支持高校开展自主选题科学研究工作，从2008年起在中央高校设立的专项资金，我校2009年开始设立基本科研业务费专项资金项目。2009—2015年的7年间，学校支持基本科研业务费专项资金项目近900项，资助经费逾1.5亿元，有效促进了我校基础研究与应用基础研究进展，推进了学科建设及青年科教人员成长。

2016年，按照学校加强校院两级管理体制改革要求，科研院扩大学院资源配置自主权，作为首批权责下放事项之一将基本科研业务费切块下达学院，由学院自主开展基本科研业务费立项工作。

二、工作举措

（一）权责下放，科学合理地做好经费切块预算

根据财政部、教育部《中央高校基本科研业务费管理办法》（财教〔2016〕277号）文件精神和学校加强校院两级管理体制改革要求，结合我校科研工作实际，制定了基本科研业务费学院切块预算分配方案，方案体现中央高校基本科研业务费管理办法相关要求，注重基本科研业务费对国家自然科学基金项目的培育作用，鼓励青年科教人员开展基础科学研究。

（二）管理先行，制定学院立项操作指导性意见

2016年以前，基本科研业务费从项目类型设置、研究期限设定、资助额度确定，到项目评审组织、立项结果公示、立项文件制作等都由科研院组织完成。2016年开始，基本科研业务费切块下达学院，由学院配置资源，自主立项，完成项目评审立项的整个过程，科研院只是建档备案。为了帮助学院承接好基本科研业务费立项工作，科研院制定了《〈西北农林科技大学基本科研业务费管理办法〉补充规定》（办科发〔2016〕25 号），对项目立项、中期检查、结题验收、经费划拨等程序进行了规范。并下发了《关于做好 2016 年基本科研业务费立项工作的通知》，对基本科研业务费支持方向、支持对象、项目期限及组织立项等提出了原则性的要求与说明。

（三）悉心服务，充分发挥学院主体作用

基本科研业务费立项原则性强、过程管理要求规范、项目设置合理性要求高、资助方向选择要求严，且涉及科教人员切身利益，关注度高。为确保基本科研业务费校院两级管理改革顺利推进，科研院负责人逐一赴学院开展立项指导工作，讲解基本科研业务费资助项目要求，根据不同学院实际情况，对学院项目类型、资助额度、项目期限以及经费划拨方式等提出原则性建议。由学院吃透《中央高校基本科研业务费管理办法》精神，结合学院学科建设规划、人才队伍建设情况以及优势研究领域与方向，自主设置项目类型、确定资助额度与资助期限，自主评审与立项，自主确定经费划拨方式，充分发挥了学院在科研管理工作中的主体作用。

（四）优化程序，提高服务师生工作效率

学校对新进教师实行预聘制后，为预聘制教师提供自然科学类 20 万元/人、人文社科类 10 万元/人的科研启动经费，该科研启动经费来源于中央高校基本科研业务费，按基本科研业务费专项资金项目管理。为及时办理预聘制教师科研启动费，给预聘制教师尽快开展科研工作提供经费保障，由科研院牵头，会同人事处和计财处，在电子政务发布了《关于加强预聘制教师科研启动费管理工作的通知》，优化了预聘制教师科研启动费办理程序，缩短办理流程，提高服务效率，加快工作运转。

程序的优化，给预聘制教师提供了便捷的服务。博士科研启动费原来由学校发布申请通知、学院组织统一申请，现在改为预聘制教师报到时的材料中即附有申请通知，教师可根据自己的时间安排自主申请；原来需要项目申请人填写申请书和任务书，现在只需填写任务书；原来每年集中办理一次，现在每月办理一次，每月第一周受理申请、月底发放经费卡，预聘制教师进校后即可申请科研启动费；原来需学院教授委员会评审，学院领导签字、盖章，现在只需学院签署意见；原来由科研院和计财处一次性划拨经费，现在由项目负责人提出年度经费预算、科研院和计财处按项目负责人预算分年度划拨经费。

三、取得成效

作为校院两级管理体制改革第一批下放权责事项之一，基本科研业务费校院两级管理改革稳步推进。经过 2016 年实践证明，基本科研业务费权责下放至学院，学院能够接得住、管得好，更有利于调动学院工作积极性与主动性，更切合学院工作实际情况。目前，学院已完成 2017 年基本科研业务费项目立项工作，正在进行 2016 年立项项目的检查工作，基本科研业务费校院两级管理改革进一步深入推进。

（执笔人：许文哲）

在人员分类管理基础上的教师考核评价制度改革实践

人　事　处

良好的教师评价机制是调动教师工作积极性、主动性的“指挥棒”，对于推动学校教学改革、提高教育质量、坚持正确科研导向、促进科研成果转化、开展创新创业和社会服务，具有全局性和基础性影响。考核评价是高校教师选聘、任用、薪酬、奖惩等人事管理的基础和依据，而按照教师的职业特点，建立分类科学、结构合理、职责明晰、管理规范的人员分类管理制度是考核评价的基础。现将在人员分类管理基础上的教师考核评价制度改革实践工作案例介绍如下。

一、背景和目标

自2000年以来，国家相继出台了《深化干部人事制度改革纲要》等一系列事业单位改革的政策。2007年国家启动了事业单位岗位设置管理工作，将高等学校的岗位分为专业技术岗位、管理岗位和工勤技能岗位三类。2008年按照教育部的安排部署，学校开展了首轮岗位设置与聘用工作，2011年在首轮岗位聘用工作的基础上，进一步完善相关政策，开展了第二轮岗位设置与聘用工作。以问题为导向，2014年学校决定深化人员分类管理改革，制定出台了《西北农林科技大学人员分类管理指导意见》，并实施全校人员的分类管理和考核。各单位与每一位教职工签订岗位聘用合同，实行为期三年的聘期目标管理和考核。

分类管理以合理配置教育人力资源、全面提高教育教学水平和质量、提升科技创新能力为导向，推动建立教师考核评价的竞争机制和激励机制。通过人员分类，强化岗位意识，明确岗位职责，激发各类人员的内在活力，积极引导教师立足本职岗位，发挥专业特长和自身潜能，对于推动教学改革、提高教育质量、促进科研成果转化、开展创新创业和社会服务工作具有重要的作用。

二、在人员分类管理基础上的教师考核评价改革举措

（一）以人员分类管理为基础，科学合理设置教师岗位职责和聘期任务

根据教师在教学、科研、社会服务等方面所侧重承担的主要职责，将教师岗位分为教学为主型岗位、教学科研型岗位、科研为主型岗位和科研推广型岗位四种类型。

教学为主型岗位指承担全校本科生通识类课程的教师岗位，主要指以承担本科生数学、物理、外语、思政及体育等公共基础课教学任务为主的教师。教学科研型岗位指承担学科大类基础课、学科基础课和专业课程教学任务的教师岗位，兼有教学、科研任务；教学科研型岗位是教师岗位的主体。科研为主型岗位指以承担科学研究任务为主的教师岗位。科研推广型岗位指以承担科学技术推广、成果转化、向社会提供技术服务为主的教师岗位。

各类岗位的基本要求均由三部分组成，其中教师岗位由教学任务、科学研究（教学研究）任务和社会服务任务三部分组成，但岗位职责的要求侧重不同。比如对于教学为主型岗位正高级职务基本职责要求主要包括：每年承担本科生课堂教学任务门次；指导实验、实习、社会调查，指导毕业论文、毕业设计、批改作业等；负责本学科教学团队建设，指导青年教师提高教学水平和教学能力；聘期内获得省部级及以上教学成果奖励，或有在教学环节已经应用，得到学校认可，可以在全校教学中推广、借鉴的教学方法和教学组织模式等教学成果；积极开展教学法研究，改进教学方法、教学手段，提高教学质量；聘期内发表教学研究论文或与专业相关的学术论文，或主编公开出版教材等。而对于科研推广型岗位正高级职务基本职责要求主要包括：从事市级（地区）及以上主导产业的科技推广服务工作，取得显著的经济效益和社会效应；负责或参与试验站（示范基地）、教学实践基地建设，组建科技推广团队；聘期内主持科技推广、科研项目；聘期内主编出版科普类著作或被省级人民政府采纳的政策建议，或获得国家级成果奖励，或省部级科研、推广成果一等奖，或国审（认定、鉴定、登记）新品种，或成功转让或许可使用发明专利（软件著作权）等；参与学院（系、部、所）发展规划、师资队伍建设、学科建设、专业建设、本科生实践教学、社会调查、本科生科研训练等；聘期内为本科生或研究生举办科技推广方面的专题讲座。

在学校设定的岗位基本职责基础上，鼓励各二级单位结合学科建设与发展、承担的工作任务等实际情况，制定符合实际、岗位特点、岗位性质的岗位职责，真正实行一人一岗、一岗一责，充分调动各类人员的工作积极性，发挥自身

特长，在不同岗位做出贡献。

（二）以人员分类管理为基础，推动实施专业技术职务评审制度改革

职称是专业技术人才学术技术水平和专业能力的主要标志。职称评审制度是专业技术人才评价和管理的基本制度，对激励专业技术人才职业发展，加强专业技术人才队伍建设具有重要意义。学校以人员分类管理为基础，在职称评审方面着重做了以下几个方面的改革：

1. 突出教育教学业绩，单设教学为主型评审系列

学校在专业技术职务评聘中，依据各学科专业的不同特点，根据岗位职责和任务要求，以及各类教师岗位评价的不同标准、各学科教师队伍发展状况，将教师系列分为10个不同系列，并分别制定各有侧重的业务评价条件。在教学为主型教师业务条件中，打破目前以科研业绩为导向的评价体系，突出教育教学业绩，增加教育教学业绩在职称评价考核中的比重，在此基础上对教学为主型教师单列评审指标、单独评审。

（1）单独制定教学为主型教师职称晋升业务条件

在基本要求中对教案、教学大纲、试卷分析报告、教学法研究、专业建设、课程建设、青年教师培养均做出明确规定，对申请人年均本科教学工作量及课堂讲授做出具体的学时数要求。同时要求教学为主型和教学科研型教师须教学水平评价合格后方可申报高级职务。

在此基础上，对教学为主型教师弱化论文上的要求，突出考核教师在教学过程中所取得的实际教育教学成绩，如学校将教师参与教学改革项目、发表教学改革论文、青年教师讲课比赛获奖、参与教材课程建设、获得教学成果奖，数学学科教师指导学生参加国际大学生数学建模竞赛、外语学科教师担任国际会议翻译、风景园林艺术学科教师的艺术作品参加比赛或展览等均可作为参加专业技术职务评审的业务条件。

针对外语学科教师论文难以发表的实际，学校对外语学科教师进一步弱化论文要求，制定了以教学质量替换论文的规定，即外语学科教师建设并主讲《西北农林科技大学英语教学改革目录》中所列的拓展课、进入《外语系教学质量综合评价》前列都可以替代论文要求。

（2）对于教学为主型教师单列指标、单独评审

2015年学校根据《西北农林科技大学专业技术职务评审工作实施办法》，专门成立教学为主型学科评议组，对聘任在教学为主型岗位的教师晋升专业技术职务单列指标、单独评审。2016年，结合学校校院两级管理改革，学校设立了

外语学科评议组、体育学科评议组、马克思主义学科评议组，将教学为主型教师职务评审权限下放二级单位，并且在每个学科组单列指标、单独评审。

2. 坚持特色发展，重视社会服务考核，制定农业推广型教师评审实施办法

学校紧紧围绕国家赋予农业大学的使命，通过不断解放思想、开拓创新、积极实践，走出了一条产学研紧密结合的特色办学之路，开展了“以大学为依托的农业科技推广新模式”的实践。在此实践中，学校结合发展实际，积极探索建立社会服务教师考评体系，充分调动科技推广者的积极性和创造力。

（1）设立科研推广型教师岗位

为调动农业推广人员服务农业产业的积极性，认真履行国家赋予农业大学的使命，学校在教师岗位分类中，在全国范围内率先单独设置了科研推广型岗位。科研推广型岗位教师可参加专业技术职务十一级到二级岗位的评聘，与教师的其他类型岗位（教学为主型、教学科研型、科研为主型）人员职级评聘相同，并且将岗位全部设置在学校设立的试验示范站（基地）。

（2）单独制定农业推广系列专业技术职务评审实施办法

为加强我校农业科技推广工作，鼓励长期在农业生产一线的科研推广教师工作的积极性，树立导向，学校打破目前农业技术系列晋升体系，创新性地设立农业推广专业技术职务晋升系列（推广研究员、推广副研究员、推广助理研究员），实行标准单列、指标单列、评审单列。同时学校提高了科研推广岗位中的高级岗位设置比例。

（3）评审程序上增加推广业绩考评环节

在评审程序上，和教师其他岗位类型相比，增加了推广业绩综合考评环节，考评环节认定内容主要包括试验示范站（示范基地）建设、推广岗位工作年限、试验示范站（示范基地）工作时间、典型试验示范基地建设、主推技术和品种、推广面积和效益等，具体由“实地考察、现场汇报、服务对象评价”三个部分构成。

实地考察：由学校组织专家评审组深入每一位参评人所依托的试验示范基地进行实地考察，亲身体验和感受参评人员所做的贡献。

现场汇报：由参评人员在所依托的试验示范站现场向评审专家汇报工作业绩。

服务对象评价：评审专家组现场听取地方政府负责人、基层农技干部和科技示范户对参评人的评价，并座谈了解参评对象工作开展情况。

（4）评审标准弱化论文要求，注重推广实绩

对于科研推广型教师，在职称评审条件制定上，合理设置职称评审中的论

文和科研成果条件，不将论文作为评价科研推广型教师晋升的限制性条件。弱化对发表论文和承担科研项目的要求，强化解决生产实际问题的能力及取得的社会效益和经济效益，注重考核推广工作的实绩，主要包括：推广技术先进性和实用性、技术推广覆盖面、农民得到的实惠等。比如撰写的关于解决当地农业生产发展重大问题的研究报告或有关建议被省级以上政府部门采纳，经鉴定对当地的农业生产起到重要的指导作用或产生一定的经济效益，都可作为晋升职称的条件。

三、取得实效

（一）在教师的管理机制、管理模式方面有所突破

以人员分类管理为核心的分类评价改革充分发挥基层单位的主体作用，调动基层单位在教师考核评价中的积极性和主动性。为每一位教职工搭建一个适合自身发展的平台，充分调动各类人员的积极性和主动性。使其更充分地发挥自身优势和作用，推动学校内涵式发展、特色发展、创新发展和可持续发展，提高教育教学水平和质量，提升科技创新能力，增强社会服务功能。

（二）教师队伍整体水平不断提升

学校现有国家级教学团队 5 个，教育部创新团队 6 个，省部级教学团队 25 个，省级高层次教学团队 5 个；国家级教学名师 2 人，省级教学名师 19 人；国家级教学成果奖 3 项，省级教学成果奖 66 项。截至目前进入 ESI 全球前 1% 的学科共 6 个。2014—2016 年，学校发表或合作发表的 ESI 科研论文大幅度提升，从 1 510 篇增长到 2 007 篇。学校现有教学为主型教授 35 人、副教授 147 人，对教学为主型教师单列指标、单独评审，注重教学业绩和实际贡献，有效调动了教学为主型教师工作的积极性。

（三）服务国家战略需求和地方主导产业发展能力不断增强

学校现有科技推广型教师高级职称 81 人，占科技推广型教师总数的 71.7%，远高于学校教师高级职称比例。农业推广系列职称评审实施以来，极大地调动和激励了一线推广人员的工作积极性，科技推广型教师社会服务能力不断增强，依托学校在区域主导产业中心地带建立的 26 个农业科技试验示范站、40 个示范基地（专家大院、示范园）全产业链参与科研与示范推广工作。累计开展试验研究 150 多项，育成新品种 27 个，在粮食、猕猴桃、瓜果、畜牧、水产等领域均有重要技术突破。集成创新与示范推广新品种、新技术 1 100 多项，建立各类示范样板 180 个。指导建立科技示范户 2 400 多户，培训农民 45 万人

次，新增社会经济效益300多亿元，为西北地区农业产业发展起到了重要的科技支撑与引领作用。充分落实了学校产学研紧密结合的办学理念，推动和践行了农业大学服务于地方经济社会发展的历史使命。

（执笔人：颉登科　任武刚）

坚持以文化人　推进研究生学风建设

党委研究生工作部

一、背景及目标

根据党委研究生工作部面向全校硕士研究生开展的思想动态调查结果显示，有17.1%的研究生不喜欢自己的专业方向，60%以上的研究生为了找到理想工作而读研，69%的研究生对未来是否从事本行业工作表示无所谓，6%左右的研究生认为在科研中存在学术不端行为。对于农林学科的研究生而言，由于就业面较窄、薪资待遇不高、工作条件艰苦、社会认可度不高等多种因素，导致部分研究生专业自信不足、科研兴趣淡薄、学习动力不足、诚信自律意识不强等问题突出；部分研究生“学农不爱农”，在就业的过程中跨行业工作、避免从事农科相关工作的现象较为普遍。改善农林学科研究生科研心态、提高专业兴趣、促进研究生优良学风建设，对于推进学校“双一流”建设，实现我国农业现代化，具有重要意义。

二、工作思路

习近平总书记在全国高校思想政治工作会议上强调，要坚持不懈培育优良校风和学风，注重以文化人以文育人。西北农林科技大学从“西农精神熏陶”“师德引领示范”“朋辈先锋榜样”“校园文化浸润”四个维度，构建研究生学术道德与学风建设教育工作体系，为研究生学习成长营造好的氛围，培养研究生“学农爱农为农”的情怀，提高专业认可度，为中国特色社会主义事业培养合格建设者和可靠接班人。

三、具体举措

（一）凝练学校核心文化，激发专业使命感

研工部深度挖掘老一辈科学家的先进事迹，凝练“西农精神”，丰富校训、办

学理念的深刻内涵，将一代代西农人献身农业科学、艰苦奋斗、无私奉献，为中国农业科学做出卓越贡献的故事转化为小视频、小动漫，生动地展示给学生，作为新生入学教育、专业教育的重要组成部分，以先辈科学家的光辉事迹熏陶学生。让研究生深刻认识到农业科学的价值、使命和责任，认识到农业科学对于国家和民族的重要意义，加强研究生理想信念教育，提升专业使命感和责任感，激发科学研究与专业学习的内在驱动力。

（二）加强导师示范作用，以师风促学风

1. 建立健全相关制度

出台《研究生导师激励与问责管理办法》，完善《招收研究生教师年度审核办法》，明确导师在加强教风、引导学风方面的职责要求和主体地位，充分发挥导师对研究生思想品德、科学伦理、学术诚信的示范和教育作用，鼓励引导研究生导师关爱青年、培养青年，加大师德考核力度，实行师德师风"一票否决"。

2. 加强导师培训，提高职业素养

通过新任导师上岗培训、在岗导师定期培训等形式，让导师熟悉和了解研究生教育管理的政策文件，知晓学风建设的相关要求；通过与优秀导师经验交流、导师育人工作沙龙等形式，使导师了解学风建设的先进经验和典型案例，引导导师在为学、为人等方面以身作则，为研究生做出表率。

3. 加强优秀研究生导师的评选与表彰

定期举办"师德师风先进个人"评比、"我心目中的好导师""五好导学团队"评选等活动，树立"敬业爱生、立德树人"的好导师形象，发挥先进典型的示范带动作用。

（三）树立朋辈优秀典型，以榜样作用带动学风

学校充分发挥研究生在学风建设中的示范引领作用，抓好研究生党员、研究生骨干及科研能力突出研究生的"关键少数"，以朋辈示范作用促进优良学风的形成。做好优秀研究生、优秀研究生党员、学术之星、先进集体的评选，组织好国家奖学金、校长奖学金等评选工作，通过网络、新媒体、报刊等多种方式宣传展示优秀研究生的先进事迹，充分发挥先进典型的示范引领和榜样带动作用，培养和弘扬求真务实、勇于创新、坚韧不拔、严谨自律的治学态度，推动形成优良学风和校风。

（四）优秀校园文化浸润，潜移默化中培养优良科研作风

思想政治教育工作应该因事而化、因时而进、因势而新，学校不断创新学风培育方式方法，提高学风建设工作的实效性。

1. 加强学术诚信与学术规范教育

实施学风建设"811 工程",即每年邀请 8 位不同学科领域的知名专家为新生做科学精神相关的报告,全校统一举办 1 场针对新生的学术规范知识考试,组织 1 场"科学道德与学风建设"相关知识竞赛,确保学风教育工作全覆盖。

2. 举办研究生学术科技文化艺术节

通过系列主题科研讲座、名师讲坛、学术主题沙龙、创新创业论坛、创新作品评审会等活动促进研究生学术兴趣培养和创新能力培育。

3. 实践成长助推计划

以研究生学科技能大赛、求职面试模拟大赛等竞赛活动为抓手,提高研究生专业实践技能;广泛开展社会调查实践活动,力求社会实践与专业学习相结合、与科研转化相结合、与服务地方相结合。

4. 积极推动"一院一品"建设

充分调动学院积极性、主动性、创新性,扎实推进"一院一品"学术交流平台建设,逐步探索出一系列符合学院实际、具有专业特色的品牌活动。

5. 加强制度建设,保障规范学风

对研究生学术不规范、科研态度不端正行为形成刚性约束机制,全面从严管理,加强制度建设与执行是关键。建设集教育、预防、监督、惩治于一体的学术诚信体系,充分发挥学校学术委员会的职能作用,一经查实严格惩处,对学术不端行为实行"零容忍"。制定和完善相关制度,倡导课堂告别手机等活动,引导研究生恪守为人之道,做好为学之道,保障良好学风的形成。

四、经验体会

研究生学风建设是一项系统工程,涉及研究生培养的各个方面,应该把学风建设贯穿于研究生培养的每个环节,努力构建学风建设长效机制。农林高校研究生学风教育具有鲜明的特点,如何提高研究生对专业的认可度是其中的关键。我校研工部将理想信念教育与价值观教育融入学术教育中,通过挖掘专业价值、专业使命及卓越学者的生动故事,吸引学生、感染学生,培养学生高尚的学术情怀。同时以导师的人格、优秀研究生事迹、优良校园文化引领研究生的价值观,春风化雨中播种"学农爱农为农"的情怀,构建了"西农精神熏陶""师德引领师范""朋辈先锋榜样""校园文化浸染"四位一体的学风建设体系,注重在潜移默化中熏陶学生,在浸润感染中影响学生价值观的形成,帮助学生养成良好的学术道德与科研作风。根据学校对工作的顶层设计，各院系结合学科特色进行了积极响应，取得了较为理想的效果，学生对于专业的认识不断加强，专业使命感、责任感、归属感逐渐建立起来。

（执笔人：王妍稳）

深化信访工作制度改革　不断提升信访工作成效

党委校长办公室

一、目标和背景

近年来,中央和省级有关部门相继印发了创新群众工作方法解决突出问题、加强初信初访办理工作、进一步规范信访事项受理办理程序引导来访人依法逐级走访、推进法定途径分类处理信访投诉请求工作等制度文件,对新时期高校做好信访工作提出了新的要求,同时也对高校进一步做好信访工作指明了方向。通过贯彻落实中央和省级有关新政策新要求,学校创新工作举措,不断提升信访工作成效。

二、思路与举措

(一)注重体制机制建设

1. 加强组织领导,信访工作责任到人

主管学校办公室的校领导分管,办公室一位副主任具体负责,信访秘书负责信访日常工作。各单位主要负责同志为信访工作的"第一责任人",办公室主任(秘书)为信访工作具体承办人。

2. 健全信访工作制度,规范信访程序

学校先后出台了学校《信访管理办法》《校长信箱管理办法》《信访条例》《信访办理流程》等系列信访工作制度,不断规范信访工作程序。

3. 建立矛盾纠纷和信访问题排查机制,及时处理信访问题

学校办公室分管副主任、信访秘书经常与信访多发易发的单位通过电话、传真、邮件、下访调研、召开协调会等形式,及时排查化解信访矛盾。

4. 与当地政府建立良好的沟通协商机制

定期召开校区领导班子联席会议,共同商议区校融合发展,解决广大师生

工作生活中遇到的诸如集中供暖、校区周边道路建设等实际困难,极大地提高了师生信访诉求就地解决的效率。

(二)注重接访接待

1. 不断拓宽信访渠道

构建了"信、访、网、电"四位一体的信访诉求表达平台,使师生群众诉求表达多途径、全天候。其中,学校在校园网首页设置"校长信箱"专栏,采用开放平台公开回复师生员工来信,及时听取师生对学校工作的意见和建议,解决师生诉求,平均每年处理师生诉求信件900余件,办结率90%以上。

2. 耐心接待师生来访,坚持来访必登原则

耐心倾听来访师生诉求,严格按照信访事项的"提出—受理—办理(督办)"流程,对所有来访事项逐一登记,确保全面客观反映来访情况。对一些因历史遗留问题及无政策依据处置的信访工作问题,积极做好耐心解释工作,缓解信访人情绪,避免激化矛盾,引发越级上访事件的发生。

3. 根据师生群众反映的内容,及时分析研判,确定是否受理

对属于受理范围内的,安排接谈。并根据实际情况及时转办责任单位办理,同时要求其及时将阶段性进展或办理结果于15个工作日内以书面形式报信访人和学校。对不予受理的,明确告知不予受理原因或出具不予受理告知书。

4. 摸清情况,全面掌握信访矛盾核心问题

工作中,对一些矛盾问题突出、情况复杂的信访诉求,及时通过查阅档案资料、走访相关人员等途径,及时摸清情况、掌握动态,并形成专项调研报告,认真分析研判,明确处理思路和举措,确保问题得到及时妥善处置。

5. 依法依规处理因历史及地域原因引发的信访问题

学校为合并组建的院校,因学校合并、产业改制、临时工聘用等历史原因引发的信访问题依然存在,办结难度较大。同时,学校地处陕西杨凌,远离中心城市,周边多为村民、农户,一旦与学校发生纠纷、矛盾,极易转变为群体性信访事件,"闹访"现象还一定程度存在。对堵门访、缠访、闹访的,采取依法处置与思想疏导教育相结合的办法。对经过法制教育和批评劝导仍然违法缠访、闹访,严重影响学校正常工作秩序的,由学校商当地公安部门依法处置。

6. 严格落实领导包案制度

重大疑难复杂信访案件和上级交办的信访件,由相关领导直接包案处理,采取"一个案子、一名领导、一个方案、一抓到底"的办法,直至"案结事了,停访

息诉”，提高信访件处理质量和办结率。

（三）注重依法逐级走访

1. 抓宣传引导，减少越级走访

认真传达学习国家信访局下发的《关于进一步规范信访事项受理办理程序引导来访人依法逐级走访办法》（国信发〔2014〕4 号）和教育部印发的《规范直属机关直属高校信访事项受理办理程序引导来访人依法逐级走访实施细则》（教办厅〔2015〕1 号）文件精神。通过学校办公室主任（秘书）工作培训、宣传栏等途径，加大依法逐级走访政策知识的宣传力度。

2. 坚持按照“属地管理、分级负责，谁主管、谁负责，依法、及时、就地解决问题与疏导教育相结合”的原则

做好分级受理职责范围内的信访事项，并按规定的程序和期限办理。

3. 发挥法律顾问优势，做好释法解惑工作

对于涉及法制性较强的信访事项，让法律顾问参与信访释法解惑工作，积极协助学校引导上访人依法逐级走访。

（四）注重督查督办

1. 定期对信访办理事项进行梳理汇总

对未按规定期限和程序办结、反馈办理结果及不执行信访处理意见的责任单位，采取电话、邮件、下发督办单等形式跟踪督办，确保信访事项“件件有着落、事事有回音”。

2. 定期在学校《信息通报》等校内媒介通报信访问题承办情况及部门处置情况

3. 对办理信访事项推诿、敷衍的责任单位及责任人，严格责任追究

三、工作成效

（一）健全群众利益诉求表达的制度体系

通过体制机制建设，进一步规范细化了信访诉求表达及处置程序，畅通有序、务实高效信访工作新秩序逐步形成。

（二）接访接待工作成效不断提升

通过耐心接待师生来访，认真倾听师生问题诉求，及时分析研判矛盾症结，积极引导信访人依法逐级上访，接待接访工作效率得了很大提升。

（三）信访工作满意度不断提升

严格信访登记转办程序，通过逐层逐级跟踪督办，及时告知信访人办理结

果或进展情况，信访工作满意度不断提升。

四、经验体会

（一）畅通信访渠道，狠抓源头预防

不断丰富完善信访诉求途径，畅通信访诉求反映渠道，及时了解师生问题诉求。做好矛盾纠纷排查化解，强化源头预防，着力减少信访问题。

（二）狠抓作风改进，坚持“需求导向、问题导向、满意导向”

加强初信初访办理工作，耐心细致做好接待来访，努力满足群众的合法合理诉求。

（三）狠抓责任落实，提高信访诉求办结率

明确责任单位，确保信访工作责任落实到人，努力形成信访工作齐抓共管的良好局面，合力促信访诉求“件件有着落、事事有回音”，不断提升信访诉求办结率。

（执笔人：鲁铁汉）

践行服务精神　做好后勤财务

计划财务处

一、背景及目标

高校后勤是高等教育体系不可或缺的重要组成部分，是高校实现人才培养、科学研究和社会服务的必要支撑，具有服务育人、管理育人、环境育人的功能，关系到校园的和谐与稳定。而财务管理又是后勤管理的核心，其管理水平的高低直接关系到高校的整体管理水平，特别是在我国高等教育正处在改革发展的关键阶段，树立现代高校后勤财务管理理念，创新财务管理体制，提升服务质量就变得非常迫切。

我校后勤管理处（中心）全面履行学校后勤管理和服务保障职能，其业务特点明显不同于教学科研业务。一是后勤保障服务的好坏与广大师生日常生活、工作环境质量的高低息息相关；二是后勤服务对象范围广，工作内容涉及面广，物资和资金流动性大，且具有突发性和时效性；三是后勤属于劳动密集型行业，员工队伍庞大（计划外用工占比 74%），整体的文化素质普遍不高。作为财务人员，我们要认清当前发展形势，并结合我校后勤自身发展的特点，积极探索、优化后勤财务管理模式，践行计财处服务公约，提高师生满意度，争取为我校后勤事业的蓬勃发展创造一个良好的财务环境。

二、主要举措及成效

（一）培养全员财务意识，营造良好的财务环境

意识是行动的先导，只有从根本上转变观念，使得人人都有财务意识及风险防范意识，才能够理解财务人员的严格与“死板”，才能营造和谐、规范、阳光、健康的工作氛围。我们充分利用微信公众号、宣传手册及专题讲座等多种形式对大家普及财经法规知识及财务管理知识，尽量培养广大师生员工的财务意识

及保护意识,以便创造一个良好的财务环境。

(二)严格执行服务公约,提升服务质量

1. 牢记宗旨,文明服务

在日常工作中,我们以"以人为本、师生满意"为目标,坚持"诚信规范、主动高效"的理念,基本做到了礼貌待人、耐心解释,诚实守信、高效准确,得到了广大师生的认可。

2. 建立了每日值班制及首接责任制

我们要求来人来电办理、咨询业务或反映情况时,无论是否属于本岗位、本部门业务范围内的事项,首先被询问到的同志要负责指引、协调和帮助,不得以任何借口推诿搪塞、拒绝或拖延。

(三)严格执行财经政策,做到"零超标、零违规"

从2012年底"八项规定"出台以后,为严肃财经纪律,加强财务收支管理,国家又相继出台了一系列《违规发放津贴补贴行为处分规定》及《党政机关厉行节约反对浪费条例》规章制度,后勤财务部严格执行,从严管控。因为许多原先能报销、发放的都停止报销、发放,刚开始部分职工因其利益受到影响,情绪很大,计财处与相关人员积极沟通,耐心细致讲解政策法规,严明利害,最终得到了大家的理解,在中央巡视组检查时做到了手续齐全,且零超标、零违规。

(四)简化经费使用审批手续

我校财务支出由学校、学院两级管理,根据支出额度分级审批。部门支出由校领导、职能部门和附属单位行政主要负责人审批,学院支出由学院负责人、项目负责人审批。为提高工作效率,减轻报账员的工作量,有序推进权力下放,规定了学院(部门)10万元以内的支出和借款,单位负责人审批即可等一系列规章制度,减少了审批事项,简化了经费签字审批手续。

(五)规范、优化报账流程,提高报账效率

全面梳理、优化业务流程。一方面,我们根据不同的业务种类制作了简单明了的处理流程,通过面对面宣讲或上门服务、印发宣传小册子及校园网上财务知识答疑专栏等方式向广大师生普及最新的财务制度、报销规定及会计业务处理流程。另一方面,针对不同会计室同一笔业务处理存在差异的问题,计财处更新网站,在网站内加载了"飞秋"界面,便于财务人员及时交流,规范报销标准和核算口径。

(六)建立数字化校园、实现大数据共享

计财处于2014年借助数字校园平台建成了财务网上综合服务平台,基本实现了财务处与人事处、学生处、教务处、后勤处及国资处等部门数据信息的实时交互与资源共享。无论是学生还是教职工或管理人员都可以通过自己身份的唯一标识——学号或工号登录相关系统，查阅或处理信息，有效解决了“信息孤岛”、数据冗余、重复建设及资源浪费等问题。财务网上综合平台系统的建立，让师生足不出户就可以办理预约报账、缴费、来款查询及公积金查询等业务，其中银企直连系统则保证了报销款项的实时到账，缩短了报销流程，为师生节约了时间，也减轻了会计人员的工作压力，提高了工作效率。

三、工作展望

中央明确提出：“高等学校后勤服务工作的改革，对于保证教育改革的顺利进行极为重要，改革的方向是实行社会化。”后勤社会化改革是必然趋势，有效的后勤财务管理模式应该在高校对后勤实体的财务监管和调动后勤实体积极性的双向博弈中达到最优化，后勤财务工作可从以下方面再探索：

1. 以效益为导向，后勤所有的经营服务都必须在坚持履行社会责任的前提下，寻求维持正常高效运营所必需的经济效益。因此，后勤财务管理就必须要树立效益导向，同时要求财务部门能从财务专业的角度，去支持、引导甚至约束后勤实体的经营服务，去努力寻求社会效益与经济效益的最大公约数，寻找两者的最优平衡点。

2. 深化后勤管理体制改革，构建职责明晰化、服务社会化、管理契约化、监督常态化的后勤管理服务体系，提高后勤服务水平和保障能力。同时，深化人事分配制度改革，优化人力资源结构，科学合理配置人力资源，实现按劳分配、多劳多得、优劳优酬、绩效优先。

3. 从顶层设计上科学规划，真正赋予后勤实体自主权，后勤实体在不折不扣执行国家、学校政策的大原则下，根据自身实际情况制定相应的规章制度，才能最大限度地实现经济效益的最大化，从而提升后勤实体的积极性，更好地为教学科研服务。

4. 加强队伍建设，利用多种有效方式对财务人员进行职业道德和业务知识培训，全面提高财务管理水平和质量。财务部门作为后勤内部控制及指导中心实体经营实践最为有效的抓手之一，不能仅仅停留在只会记账、算账、报账层面，还要能够根据会计信息对其经济活动进行预测、分析、决策，充分发挥财务管理职能。

（执笔人：申云仙）

建体系　严排查　校院家合力促帮扶

学生工作处

一、背景及目标

心理健康是大学生成长成才的基础，我国正处于经济社会快速发展转型期，生活节奏明显加快，社会竞争压力加剧，大学再也不是世外桃源般的象牙塔，大学生面临日益加剧的学业、就业、择业、个人发展等心理压力，心理行为问题日益凸显，个别严重的心理失调导致的自杀和伤人等事件时有发生。而每一例自杀或伤人事件的发生都给相关学生的家庭造成毁灭性的打击，给周围的同学造成或大或小的负面影响，给学校良好育人氛围留下阴影。

为防止学生因心理困扰引发心理疾病、行为问题和危机事件，维护学生身心健康，构建和谐、平安校园，心理咨询中心近年来扎实开展心理问题学生的及时排查和干预工作，逐步规范心理问题排查和干预制度。

二、工作思路

心理健康教育工作是一项系统工程，而心理问题学生的排查与帮扶更是需要全校各单位以及学生家长的共同合作。

第一，虽然社会大众对心理问题已经不再讳莫如深，但是仍然有很多学生对心理疾病缺乏正确认识，或者担心社会污名而选择不去求助。只有发现问题才能更好应对，对于这样存在心理困扰而不愿伸手求助的学生，需要我们主动伸手拉一把。因此，我们动员辅导员、学生干部共同开展“排查”工作，主动靠近那些需要帮助的心理困难学生。

第二，心理问题，尤其是可能会导致危险事件发生的严重心理困扰和精神疾病的治疗本来就是比较难的工作。从成因上来说，严重心理问题学生的心理素质、社会环境支持（家庭环境、人际关系等）可能存在一定的匮乏，心理疾病和致病因素之间也会相互影响，造成恶性循环，这也导致对于心理困难学生的帮扶可能不是单方面的思想教育或者心理咨询能解决的。严重心理疾病治疗往往需要学生主观上配合治疗、周围提供良好的人际支持（同学之间、师生之间、家人之间），有一些需要就医配合医生服药治疗。

基于这两点认识，将心理问题排查工作的重点定位在：发现存在心理困扰的学生，通过多种渠道，动员一切可以动员的力量，全方位地帮助学生度过危机，使其获得心理上长足的发展。

三、重要举措

（一）建立体系，健全排查工作的长效机制

2007 年学校要求每个学院指定一名专职辅导员担任学院心理专干、每个班级设立 2 名班级心理联络员，2009 年把每个宿舍的舍长纳入进来，逐步建立和完善了“学校—学院（系）—学生班级—宿舍”四级心理健康教育工作体系以及心理问题排查网络体系。2010 年学校制定了《西北农林科技大学大学生心理危机预警及干预工作方案》，要求心理危机预警与干预遵循“预防、及时、保密”三项原则，将预警及干预对象分为较轻、较重、严重三大种类，将心理危机预警及干预工作分为快速反应、认真干预、及时转介、长期跟踪和愈后反馈五个工作模块。2012 年又制定了《研究生心理危机预防及干预工作措施》，明确由研究生导师、研究生辅导员及学生干部等人员共同参与，每季度对研究生进行心理问题排查，从而完善了研究生心理问题排查工作体系。

（二）加强培训，提高心理问题的识别能力

每年秋季学期针对新生入学适应主题，组织研究生导师、班主任、新聘辅导员以及班级心理联络员等，重点开展大学生常见心理问题的识别、心理危机的干预、心理联络员的工作职责等相关方面的业务培训；每年春季学期针对学生在校期间，组织学院主管学生工作副书记、辅导员、心理专干等，重点开展心理健康教育工作专题培训。

（三）严格要求，促进排查工作的深入开展

西北农林科技大学规定，本科生每月开展一次重点学生月排查工作，研究生每季度（3、5、9、11 月）开展一次重点学生排查工作，要求各学院（系）要积极通过研究生导师、辅导员、班主任、心理专干、心理联络员、学生干部、其他同学等多种途径，积极主动地去发现有心理问题的学生，并且，每次排查既要关注“原有学生”又要注重发现“新增学生”，尽可能实施高质量、全覆盖排查，避免

出现空档和死角。同时，学校要求对重点时期及重点人群进行详细的排查。即以每学期开学初、长假前后、重大考试前后、春秋换季之时、重大危机事件发生之后等时期为重点时期；因学业（论文、实验）困难、就业困难、情感问题、经济困难、个人突遭重大事件、有心理疾病史、性格缺陷等原因造成较重心理问题以及心理危机者为重点人群，紧急状况必须及时汇报。

（四）分类建档，确保约谈干预工作细致持续

学校将排查出来的心理问题学生分为4类，并且分类建档、分级干预，制定个性化危机干预方案，基本做到了发现及时、记录完整、干预到位。对于有心理困扰的学生，研究生导师、辅导员或班主任首先要对其进行约谈，初步判断学生问题的种类及严重程度，通过学院约谈或其他途径帮助学生解决心理困扰；若认为属于严重心理问题或心理危机，可通过心理咨询或与家长商议就医治疗、休学等途径，共同帮助学生度过心理困难时期。同时，要避免严重心理问题学生干预期间脱落，以确保干预及帮扶措施持续进行。

（五）提高认识，校院家分工协作通力配合

当学生出现心理问题时，有的家长不能够正确面对，不能同辅导员进行有效沟通，甚至不信任学校采取的干预措施。为此，每年新生入学报道期间，抓住新生家长会的时机，由心理咨询中心专门为家长介绍心理疾病的识别与干预，或者通过学生家长QQ群推送心理健康知识，增强家长对学生心理健康的关注，为今后处理心理危机事件打下良好的基础。近年来，当学生出现较为严重的心理问题时，绝大部分家长都能和学校通力配合，这对于迅速有效地解决学生的心理问题至关重要。

四、工作实效

（一）将心理普查工作和月排查工作结合，形成了相对完善的学生心理档案

2014—2016年三年间，共为2.3万名本科和研究生新生开展了心理普查，每一位新生在测评系统内都有一份电子版的心理测评记录；对1 526人进行了普查后心理约谈，每一位约谈的学生都存有一份心理约谈记录。经过心理约谈筛查后，对需要重点关注的学生纳入各学院重点帮扶的学生名单，及时做好后续的跟踪干预工作。普查和月排查工作的有机结合，实现新生心理问题学生“普查—约谈—排查—关注”工作的无缝对接，保障新生适应期各类心理不适适时得到有效排解。

（二）工作队伍的专业技能提升，确保工作效果

三年来，平均每年为全校研究生导师、班主任、辅导员举办“心理健康教育工作专题培训”30场，为全校学生干部、宿舍长开展心理健康教育培训50场。通过这些培训，使他们了解和掌握心理健康教育的基本知识和方法，能更好地帮助大学生处理好学习成才、择业交友、健康生活等方面遇到的具体问题，切实提高思想政治教育的针对性和实效性，推动了学生活动的开展和重点学生排查的效果。

（三）心理干预的工作量逐年提升，专兼职教师及各学院心理专干的业务能力稳步提升

2014—2016年三年累计为学生提供心理咨询服务1 546人次，接待学生870人；共开展24次重点学生月排查工作，排查出各类需要重点关注学生1 075人。如此巨大的工作量，需要有一支专业又敬业的队伍去完成，专兼职教师和各学院心理专干在心理咨询中心组织要求下，定期开展业务学习、案例研讨，工作水平得以稳步提升，也让学生对心理咨询服务越来越认可，有更多的学生愿意主动求助。

（执笔人：金花　张璐　符丹）

高等学校基建工作工程造价的控制

基建规划处

一、背景与目标

随着我国经济的发展、人民对高等教育的客观需求,高校正朝着更大、更强的方向发展,高校基本建设的规模也因此越来越大,资金投入不断增长,因此科学有效地进行项目建设的造价控制,是高校基本建设管理工作的重要内容,是实现投资效益最大化的可靠保证。造价管理应贯穿于工程建设的全过程。工程造价的有效控制是工程建设管理的重要组成部分,高校业主就投资决策、设计、招投标、施工及竣工各阶段进行全过程的科学管理,注重前期投资决策,将控制重点放在设计阶段,加强各阶段制度建设,以求在建设项目中能合理使用人力、物力、财力,减少失误,降低工程造价,以取得较好的投资效益和社会效益。

二、工作举措

建设项目通常分为以下几个阶段:设计阶段、招投标阶段、施工阶段、竣工阶段。基于建设阶段对工程造价进行控制主要着眼于以上四个阶段。

(一)设计阶段的造价控制

设计阶段是工程造价控制的关键与重点。尽管设计费在建设工程全过程费用中比例不大,但对工程造价的影响可达75%以上。由此可见,设计质量的好坏直接影响建设费用的多少和建设工期的长短,直接决定人力、物力和财力投入的多少。推行设计招标,择优选择设计单位,积极推行建筑方案与经济方案相结合的设计招标方法,尽量将工程主体及配套的围护、绿化等放在一起进行招标,采用多家竞投,组织有关专家综合评比,这样既可优选出好的设计单位,又可促进设计方在项目整体布局、建筑造型使用功能上开拓创新,在降低工程造价上下功夫。基建部门人员应从价值工程原理出发，充分考虑单项工程的用途，向设计人员提供必要的参数，通过投资估算控制初步设计及概算，再用初步设计概算控制施工图设计及预算。基建部门造价人员必须对概算进行详细分析，及时进行调整，力求各专业在保证功能及技术指标的前提下，合理分解和使用投资限额，融施工图设计和施工图预算为一体，把技术和经济有机结合起来。当前普遍存在着设计不精、深度不够的情况，这是增加工程造价的不确定因素，致使工程量清单中表现出工程量计算误差大、项目特征不明确，造成投标单位报价差异大，工程建造过程中扯皮事件多，给工程造价控制带来一定的难度。基建部门专业人员在审核图纸和编制工程量清单时，发现问题要及时提出，将投标时的不确定因素降低到最低程度。采用合同措施，有效控制造价。针对目前设计人员经济观念淡薄、设计变更随心所欲问题，应在设计合同经济条款上，增加设计变更及修改的费用额度限制条款，如设计变更费超出施工合同价的某一比例（如5%）时，则扣罚一定比例的设计费（设计质保金）。采取一定的约束力是对设计规范、设计标准、工程量与概预算指标等各方面控制的一种举措。

（二）招投标阶段的造价控制

工程招标投标包括设备、材料采购招投标和施工招投标两个方面，通过招投标选择施工单位或材料供应商，这对项目投资乃至质量、进度、成本的控制都有至关重要的作用。①做好招标文件的编制工作，造价管理人员应收集、积累、筛选、分析和总结各类有价值的数据、资料。对影响工程造价的各种因素进行鉴别、预测、分析、评价，然后编制招标文件；对工程量清单中的工程量仔细复核，项目特征要详细清楚，不产生歧义。②合理低价者中标。目前推行的工程量清单计价报价与合理低价中标，作为业主方应杜绝一味寻求绝对低价中标，避免投标单位以低于成本价恶意竞争。所谓合理低价，是在保证质量、工期前提下的合理低价。做好合同的签订工作应按合同内容明确协议条款，对合同中涉及费用的如工期、价款的结算方式、违约争议处理等，都应有明确的约定。在签订的过程中，利用高校的资金状况较好的优势，通过谈判，争取得到有利于合理低价的合同条款。同时，正确预测在施工过程中可能引起索赔的因素，对索赔要有前瞻性，有效避免过多索赔事件的发生。此外，应争取工程保险、工程担保等风险控制措施，使风险得到适当转移、有效分散和合理规避，提高工程造价的控制效果。

（三）施工阶段的造价控制

施工阶段是资金投入的最大阶段，是招投标工作的延伸，是合同的具体化。加强施工控制，就是加强履约行为的管理。抓好合同管理，减少工程索赔在施工阶段成本控制的关键是对工程变更实行有效控制。针对目前工程量清单报价，施工单位往往采取“低价中标，索赔赢利”的方式承揽工程。作为业主方，造价管理人员要做到事前把关，主动监控，严格审核工程变更，计算各项变更对总投资的影响，从使用功能、经济美观等角度确定是否需要进行工程变更，减少不必要的工程费用支出；另外，对施工单位及材料供应商不履行约定义务及时提出反索赔，使成本得到有效控制。暂定价材料的处理，施工过程中暂定价材料往往需要学校基建部门认质认价，基建部门材料管理人员应根据工程进度，提前确定材料的品质，再与施工单位进行价格磋商，避免事后处理，处于不利地位。

（四）竣工阶段的造价控制

基建部门应该对工程质量做认真检查，然后协助施工方邀请相关职能部门对工程进行验收并报建，要求施工方在竣工的同时，对基础、主体、配套等工程的资料必须备齐，将施工单位报送的竣工图纸、施工合同、签证、索赔等资料进行初步审核，并负责移交学校审计部门，在审计期间密切与审计部门配合。

三、工作成效

通过近几年基建规划处全体职工上下一心，协力配合，从优化细化设计抓起，从规划设计到单体设计都引入竞争、限额、激励等机制，重点从功能出发考虑，有效降低了施工过程中产生的设计变更，成功控制了项目预算。预算科全体人员不断学习招投标相关条例并严格执行，针对招标文件、工程量清单、合同等技术文件认真撰写、反复推敲，严格把关，一些重要工程招标文件里的评标办法还要组织专家逐条审阅修改。竣工结算时预算科认真整理结算资料，严格做好初审工作并与审计部门密切配合，完成项目最终审计。高校建设项目工程造价控制是一项系统工程，是一个全过程的控制，各部门在各自分管的阶段严肃认真地负起了责任，有效控制好每个环节的费用，成功降低了我校建设项目的工程造价，提高了投资效益。

四、经验启示

工程造价控制是一项复杂的综合性工作，它贯穿于建设项目的全过程，具有极强的政策性、技术性和经验性。完成这项系统的工作，我们得出以下经验启示：首先，精选德才兼备的人担任要职，细心研究有关法定文件，并对其进一步地完善，制定符合本建设单位实际情况的有关规定。其次，我们的造价管理人员决不可滥竽充数，否则，在经济上的损失将是不可补救的。最后，要求我们基建管理人员加强责任心，严格控制好各个阶段的造价。只有这样我们才能更好地完成基建任务，才能为学校的发展做出贡献。

（执笔人：刘霞）

展风采　融真情　同追梦

——以民族文化节为契机，加强少数民族学生中华民族共同体意识培养

学生工作处

一、背景及目标

国际国内形势错综复杂，高校少数民族学生的教育管理服务工作面临新的挑战。针对当前少数民族学生教育管理服务工作中遇到的突出问题，应积极探索教育管理服务工作的新路径和新方法，在实践方面为新形势下高校少数民族学生的教育管理服务工作提供崭新视角。

中华文化是千百年来各族人民在长期实践中形成的伟大智慧结晶，强化中华文化认同对于加强民族凝聚力、构建和谐社会意义重大。对少数民族大学生中华文化认同程度的调查研究显示：第一，从总体上看，少数民族大学生对中华文化认同度较高；第二，运用少数民族大学生喜闻乐见的形式开展中华文化认同教育，能取得事半功倍的效果。

综上所述，对少数民族学生中华民族共同体意识的培养才是解决高校少数民族问题的治本之策。

二、工作思路

习近平总书记在中央第二次新疆工作座谈会讲话中指出："解决好民族问题，物质方面的问题要解决好，精神方面的问题也要解决好……加强中华民族大团结，长远和根本的是增强文化认同，建设各民族共有精神家园，积极培养中华民族共同体意识。"并且特别强调"要增强中华民族共同体意识，最大限度团结依靠各族群众，使每个民族、每个公民都为实现中华民族伟大复兴的中国梦贡献力量，共享祖国繁荣发展的成果"。中国梦的实现需要全民族的共同力量，这份力量首先来源于思想上高度的认同和统一，具有中华民族"一体"的思想才

能让“劲”更好地往一处使,更好地指导实现中国梦的实践活动。

同理,学生处旨在增进各民族学生之间的相互了解,增强文化认同和学生们的中华民族共同体意识。三年来,举办民族文化节,就是运用少数民族学生喜闻乐见的形式开展中华文化认同教育,增强少数民族学生中华民族共同体意识。

三、具体举措

以民族文化节为契机,加强少数民族学生中华民族共同体意识培养。

(一)盛大开幕,炫民族风

由学生处牵头主办的一年一度的民族文化节,吸引着近千名师生一起品尝民族美食、欣赏民族歌舞、体验民族文化、把玩民族手工艺品,共享视觉、嗅觉、味觉、听觉与感觉五位一体“交织”的民族文化饕餮盛宴。

启动仪式上,各民族同学带来独具风情的民族舞蹈。欢愉的音乐、美妙的舞姿,用多元的形式诠释了西农最炫“民族风”。

(二)“榴”光溢彩,融手足情

汉族行云流水的书法、惟妙惟肖的剪纸、寓教于乐的灯谜,维吾尔族优美曼妙的舞蹈、鲜嫩可口的肉串、巧夺天工的乐器,藏族栩栩如生的挂画、独具一格的服饰、齿颊留香的酥油茶,哈萨克族的毡房情景全体验,蒙古族的蒙古象棋博弈,壮族的竹竿舞,朝鲜族的投壶游戏,白族蒸糕和凉粉,满族的八旗,回族的盖碗茶,彝族的跳菜,柯尔克孜族的拿破仑,土家族的油茶汤,苗族的银饰……中华传统技艺及美食文化数不胜数、目不暇接。

穿着民族特色服饰的姑娘、小伙们,热情地为同学们介绍家乡人文风俗,使大家身临其境地感受到了民族文化魅力。正如习近平总书记所说“像石榴籽那样紧紧抱在一起”。各民族学生手牵手、心连心,有利于切实增进友谊,融入真情。

(三)以文化人,同心追梦

学生处旨在丰富广大学生的校园文化生活,增进各民族同学之间的相互了解,增强文化认同和学生们的中华民族共同体意识。三年来,民族文化节逐步发展成为学校品牌活动,育人功能不断加强,育人作用不断提升,致力于让民族文化落地生根,让每一位学生自觉肩负起延续中华民族文化血脉、坚定地走中国特色社会主义道路的历史责任,引导每一位学生为实现中华民族伟大复兴的中国梦团结奋进。

四、实际效果

1. 从总体上看，我校少数民族大学生对中华文化认同度有了较大提高。他们对基本的历史文化信息有了一定的了解，对本民族文化和中华文化的关系有了正确的认识，这与国家加强和普及义务教育分不开，与党的民族政策分不开，当然也与学校对少数民族学生中华民族共同体意识的培养分不开。巩固和继续营造良好的中华文化认同氛围依然是我们今后很长一个时期必须重视落实的。

2. 运用少数民族学生喜闻乐见的形式开展中华文化认同教育，能取得事半功倍的效果，有利于更好地开展中华文化认同教育。比如采取民族文化节、参观红色爱国主义教育基地、足球联赛等多种形式，通过多路径、多层次的学习强化了我校少数民族学生对中华文化的认同。

3. 我校中华文化认同教育，潜移默化地培养了包括汉族在内全体学生的多元文化价值取向，客观看待少数民族在中华多元一体文化形成过程中的贡献与作用，避免了文化中心主义和文化相对主义倾向。

五、经验启示

1. 物质文化。物质文化是物质性、实体性的存在，包括学科专业、课程设置、校园环境、师资队伍、教学设施等有形资源都应该在少数民族学生中华民族共同体意识培养过程中起到一个基础性作用。

2. 制度文化。处理少数民族学生常见问题，应首先从文化适应的视角进行成因分析，再制定合适的干预和处理方案。

3. 观念文化。树立多元文化理念，促进多元文化共生与协调发展，培养少数民族学生全面的文化认知能力，帮助其认识中华民族多元一体格局，增进其对中华民族文化的整体性认识，从而增强了少数民族学生中华民族共同体意识。

（执笔人：艾孜买提·艾尔肯）

完善网上综合服务平台　创建高效和谐财务

计划财务处

一、工作背景

1. 高校事业的持续发展，对高校财务提出了更高的要求。2014 年 1 月 1 日起，新的《高等学校会计制度》颁布实施，会计核算体系和要求发生重大变化，需要使用新的会计信息核算系统。另外，校园网的全方位覆盖、银校直联支付系统和实用结算系统的开发应用为提高工作效率和规范安全使用资金提供了有效途径。

2. 随着网络信息化的快速发展，人们的经济活动、消费观念、支付方式都发生了重大的改变，网银、微信、支付宝的广泛深入应用，使经济活动的参与性、实时性、实效性得到了充分的展现，我校财务处也深受影响。广大师生对财务服务有了更高的期许与渴望。

3. 针对我校师生反映最强烈的“报账排队、浪费时间”的问题，计财处提出“建设财务网上综合服务平台”。经过考察、论证、招标、项目建设、系统测试运行、组织培训等一系列缜密的循序渐进的系统建设，2014 年 11 月，财务网上综合服务平台首批建设项目建成并投入试运行，面向广大师生开放的系统包括财务查询、校园统一支付平台、网上预约报账和网上申报管理等办公平台。2015 年上半年，南北校区农学院、园艺学院、林学院、动科学院、信息学院、机电学院等 8 个学院开始实行网上预约报账，其他学院网上预约报账与柜台报账自主选择，2016 年全面实施网上预约报账。

二、建设目标与内容

（一）总体目标

全面实施财务网上综合服务平台的广泛应用与可持续发展。以网络信息化建设为平台，完善财务网上综合平台的实际应用，加快系统稳定性、扩容性建设。加强宣传力度与不定期培训相结合，采用多种形式强化师生使用综合平台的应用意识和实际能力，扩充综合平台的服务内容，聆听师生诉求换位思考，提升财务精细化管理水平，共建高效和谐财务，实现双赢。

（二）建设内容

一是全面实行网上预约报账，只保留教职工医疗费报销、大学生医保报销等个别业务传统方式报销。二是具体解决网上综合平台实际应用中出现的问题。三是加强师生认知程度和宣传力度，为预约过程严重卡脖的“授权”现象破冰。四是强化师生网上预约报账实际动手能力与应用能力的业务咨询与现场指导。五是持续建设综合服务平台，不断扩充服务内容，加强后续化、内涵化建设。六是结合财务综合平台的实际应用效果优化，实行业务流程再造。

三、具体措施

（一）全面实行网上预约报账

2014 年 11 月，财务网上综合服务平台建成并投入运行，2015 年上半年南北校区共 8 个学院实行网上预约报账，网上预约报账数量占财务业务总量的 30%。经过一年多的运行期过渡和前期大量的宣传培训工作，2016 年 1 月 1 日起在全校范围内全面实行网上预约报账。除教职工医疗费报销、大学生医保报销及校外场站和离退休人员外，全面普及网上预约报账。考虑到实际情况，校外场站由于路途遥远交通不便、校园网无法覆盖等现实问题，场站可以实行传统方式报销。但随着远程网络技术的后续发展，校外场站校园网已覆盖，场站也实现了网上综合平台的开通与应用。关于离退休人员，由于年龄和身体原因，不强制实行预约报账，自主选择与现场指导相结合，重点加强离退休处工作人员的业务培训，做好离退休人员的人性化服务。

（二）完善网上综合服务平台实际应用中出现的问题

网上综合平台投入运行以来，实际应用中出现的具体业务问题层出不穷。最为突出的是银校直联网银系统的大批量学生助研津贴无法发放和大批量的资金跨行发放受限。网上预约报账系统刚开始运行的时候，申报系统只接受同一银行的批量网银对个人账号发放业务，无法进行跨银行大批量对个人发放业务。同时申报系统对发放人数的限制，一般每次只能有几百人，大批量的网银对个人账号发放业务需要许多次操作才能完成，否则网银无法通过。针对具体问题，分别对待，计财处多方联系神州浩天科技公司专业人员，通过发送图片、电话实时咨询及现场处理业务场景多种方式，直至业务人员驻杨凌现场观摩考察，与财务人员就报账出现的具体业务问题与要求进行沟通，再联系中国银行管理人员和技术人员，多方协商经过系统升级优化解决了大批量学生助研津贴发放和大批量的资金跨行发放问题。

（三）加强财务宣传力度，不定期举办各种方式的财务网上综合平台应用知识的培训

计财处先后举办多种形式不同层次的培训宣传30多场次，培训范围覆盖全校各个学院和职能处室。前期培训主要侧重对预约报账系统的认知程度和接受使用能力，随着预约报账系统一年多的运行，后续培训主要侧重解决具体业务问题的实际操作能力。比如各院系公用经费部分预约报账过程中的预约“授权”严重卡脖现象。巧妇难为无米之炊，由于预约“授权”业务的集中培训未到达上层，“授权”者不知，院级公用经费预约工作几乎无法开展。针对这种现象，计财处领导亲自带队，带领各科室科长、联系会计及会计室业务骨干深入每个学院进行政策宣传与具体操作流程讲解，与院系领导及专家面对面交流沟通，用全体人员饱满的服务热情和细致入微的讲解宣传为“授权”卡脖现象破冰。院级公用经费预约报账工作迎刃而解，实现预约报账实际应用覆盖的重点突破。

（四）强化后续师生财务网上预约报账的实际动手能力与应用能力的业务咨询与现场指导

计财处在南北校区会计室各设置一台专用的财务设备，方便师生进行网上综合平台的实际使用和财务人员现场手把手一对一的业务指导。从财务票据的分类，到预约系统的实际操作，或者预约过程中出现的修改信息问题及支付方式填写问题，财务人员都会耐心细致地讲解与指导，为广大师生提供优质高效的财务服务。新进教职工培训中增加财务知识培训的内容，并通过微信平台与教职工加强联系实时互动，及时解答财务问题，加深彼此的沟通与交流，共创良好的财务氛围。

（五）持续建设综合服务平台，加强后续内涵化建设

加快校园网络系统化扩容兼容建设，加强财务网上综合平台系统的稳定性与实效性，应用天财高校财务管理新版本，升级财务系统，搭建财务信息实时发布平台，实现财务信息智能化层次化交互化的集成与共享。计财处与校园网建设项目一起投入大量资金建设校园网二期、三期工程，先后实现南北教学区的校园网覆盖、专家公寓的校园网覆盖、校外场站的校园网远程网络无缝接口工作等,为财务综合平台的广泛应用提供了后续强有力的技术支撑。财务综合平台持续开发应用系统,完善职工信息与安全技术防控,升级申报系统人员分类应用。强化财务查询模块的开发应用及科研项目经费的自主申报与认领工作等,极大地方便了科研人员无距离无时间限制地了解项目使用情况及应对经费项目检查工作。

(六)结合综合服务平台实际应用进行财务报销流程优化,实现业务流程再造

银校直联网银系统的使用,现金业务急剧下滑,汇款转账业务呈几十倍增长,银行出纳天天加班加点都无法保证全部业务的正常运行。计财处及时联系技术部门,实现银行出纳和现金出纳同时分别进行汇款转业务。针对预约报账接单问题,运用不同方式实行柜台专人接单和轮流分别接单,实行业务整合,优化报销过程,实现业务流程再造。

四、工作成效

1. 网上综合平台的持续开发建设与广泛应用,不仅成功地解决了传统报账排队的老大难问题,而且更新了财务管理形式与观念。新型的财务管理模式融入信息化数字化技术,实现网络与财务的实时无距离对接,为广大师生提供了便捷高效实时的财务管理服务,深得广大师生的认可和好评。财务网上综合服务平台建设与使用项目获得 2016 年校级管理改革单项奖。

2. 网上预报成为共识,逐步实现财务业务全方位全范围覆盖,后续实际应用越来越顺畅。2014 年 11 月,网上综合平台建成并投入试运行;2015 年上半年,南北校区 8 个学院开始实行网上预约报账,预约报账业务量达到总业务量的 30%;2015 年底,预约报账业务量达到总业务量的 60%,学院公用经费项目预约报账遭遇“授权”卡脖掣肘;2016 年加大宣传力度和学院上层沟通,“授权”问题破冰,预约报账业务覆盖突破重围,实现全方位全范围覆盖,2016 年底,预约报账业务实施深入人心,达成全校共识。

3. 网上综合服务平台的广泛应用,使广大师生真切感受到了新型财务管理模式的方便快捷。报账大厅再不见昔日人头攒动拥挤抱怨的场面,投单人员经过简短的审核接单之后就可以离开了。经常有师生疑惑地问:“这就好了,我可以走了?”财务人员总是笑着回答:“是的,你可以走了。后续有什么问题我们会给你打电话联系。”也有师生到柜台来问:“我收到短信了,我的账报了,我收到钱了。这么快?”转账信息正确特别是对校内师生的转账汇款,银校直联网银系统的确做到了实时到达并有短信通知。

4. 网上综合平台查询系统的开发与应用，教职工可查询到本人负责的项目、借款、工资、纳税、公积金等本人全部财务信息，同时可以查询到规章制度、科室设置、业务指南、银行到款等相关财务信息。查询系统后续开发增加了项目经费的流水账和明细查询及总账查询，使项目负责人坐在办公室或家里就能了解到经费项目的使用情况，随时了解项目的进展动态，实时应对项目运行检查与项目结题验收的准备工作。科研人员节约时间节省精力全力做好科研创新工作。

5. 财务人员的工作环境和工作心态得到大力改善，财务服务质量显著提升。传统财务管理模式下，财务人员整天面对嘈杂的工作环境和巨大的工作压力，基层财力人员疲于应对日常事务，职业病频发，身心健康堪忧。新型财务管理模式下，财务人员不再面对等候报账的压力，轻松宽敞的工作氛围、灵活方便的财务处理方式，让基层财务人员重拾自信与活力，在身心愉悦的状态中提升财务管理服务，共建高效和谐财务，实现双赢。

6. 财务网上综合平台的持续广泛应用，使传统核算型会计向管理型会计发展。管理型会计要求财务不仅仅是事后核算与分析，而是要参与到社会经济活动的方方面面，为经济活动的发展站在财务综合的角度献计献策，保驾护航。网上预约报账的深入使用，使基层财务人员从人山人海的柜台解放出来，有时间和精力加强与学院的沟通与联系，强化会计联系学院制度，聆听学院心声反馈学院财务诉求，更好地为学院提供财务服务，践行院校两级财务管理，化管理对立面为利益共同体，共创财务管理新台阶。

五、经验与启示

（一）财务工作要立足实际，解决具体问题

高校财务工作事关师生的各个方面，财务无小事，只有立足实际，解决师生关于财务的具体问题，才能提高财务管理水平，赢得师生的认可。

（二）财务基层工作要聆听学院诉求，学会换位思考，站在对方的角度考虑问题

财务与学院是利益共同体而不是对立面，只有加强与学院的联系，聆听学院的心声与财务诉求，财务工作才能更好地为学院发展创新提供财务服务与决策支持，实现和谐财务。

（三）财务工作要勇于实践，不断进取，适应社会经济活动的发展

财务工作细致入微，与社会经济活动息息相关。支付方式的快速整合转变，由现金到刷卡，由网银到支付宝，再到现在手机微信支付的遍地开花，都要求账务人员任何时候都不能懈怠，转变观念，积极奋发，紧跟时代的发展脉搏，做好财务精细化管理，提升财务管理水平。

（执笔人：武亚玲）

依托房改政策　保障职工利益
稳步推进学校住房货币化补贴发放工作

国有资产管理处

一、工作背景

1998 年，国务院发布《关于进一步深化城镇住房制度改革加快住房建设的通知》（国发〔1998〕23 号），正式吹响了全国范围内新一轮城镇住房制度改革工作的号角。其指导思想是稳步推进住房商品化、社会化，逐步建立适应社会主义市场经济体制下的城镇住房新制度，不断满足城镇居民的住房需求；基本原则是坚持国家统一政策指导，地方分别决策，因地制宜，坚持“新房新制度、老房老办法”；最终目标是停止住房实物分配，逐步实行住房分配货币化，建立多形式的城镇住房供应体系，培育和规范住房交易市场。

2000—2002 年期间，我校依据陕西省房改政策及《咸阳市公有住房出售管理办法》福利优惠出售政策，并在杨凌示范区房改办的指导下，按照“老房老办法”的指导方针，顺利完成了全校已建公有住房的出售工作，同时积极响应国家号召，停止建设职工福利住房。2003 年，陕西省人民政府印发《关于实行住房分配货币化的指导意见》（陕政发〔2003〕33 号），对我省稳步推进住房货币化分配制度具有重要指导意义，明确了停止实物分配住房后，为保障职工对市场商品住房的购买力，实行国家、单位、个人三方合理负担，对住房未达标职工及无房职工实施货币化补贴，引导职工住房需求商品化、市场化，但各单位因财力等问题一时很难启动实施。

2007 年，教育部财务司印发《关于编制 2007 年住房改革支出预算的通知》（教财司函〔2006〕234 号）文件，旨在推动教育部京外直属高校住房货币化补贴工作，着力解决各高校住房货币化补贴资金不足的问题。我校以此惠民利好政策为契机，在教育部补贴资金支持下，2008 年正式启动实施职工住房补贴发放工作，对无房户和住房面积未达标职工实施货币补贴，顺利完成了学校住房由实物分配向货币补贴的住房保障政策转型。

二、工作举措

（一）成立工作领导小组，建立房补工作领导保障

根据学校 2008 年 1 月 17 日党委常委会议精神，学校成立由主管副校长为组长，党委校长办公室、国资处、人事处、计财处、离退休处、工会、纪检委等部门负责组成的住房分配货币化工作领导小组，整体领导和部署实施学校货币化改革工作。主要负责研究国家、省地有关货币化房改政策，提出我校货币化改革意见，议定解决改革过程中的有关重大问题，拟定《职工住房分配货币化补贴暂行办法》（以下简称《补贴办法》）。

（二）深入学习国家和陕西省房改政策，广泛开展调研工作，积极做好我校货币化住房补贴办法的拟定工作

依据《陕西省人民政府关于实行住房分配货币化的指导意见》（陕政发〔2003〕33 号）文件精神，通过对西安市、省直机关事业单位、省内教育部直属高校住房分配货币化补贴相关办法的调研、学习，同时对陕西省、西安市和杨凌示范区房改办多次详细政策咨询，结合我校房改工作现状和历史遗留问题，领导小组成员和国资处内工作人员分别进行多次讨论，于 2008 年 3 月上旬完成《补贴办法》的拟定。

（三）学校高度重视，果断决策，快速推进《补贴办法》落地实施

2008 年 3 月 19 日校长办公会议对《补贴办法》拟定稿进行审议，提出我校《补贴办法》须根据西安市关于住房分配货币化相关文件精神制定，原则上应与西安部属高校补贴标准保持一致等建设性指导意见进行进一步修订完善，并要求按照上级部门财政专项补贴到位资金，逐年按比例发放住房补贴。

2008 年 4—5 月份国资处根据校长办公会议审议意见，组织学校房改领导小组成员单位和部分在职及离退休职工代表对《补贴办法》进行讨论、修改完善，同时结合补贴资金情况并按《补贴办法》的条款和内容进行了发放前的补贴测算。

2008 年 6 月 11 日校长办公会议再次审议并通过《补贴办法》，要求面向全校教职工做好有关住房分配货币化政策解读和广泛宣传工作，同时送杨凌示范区管委会批准后报教育部备案，8 月 20 日杨凌示范区管委会批复原则同意我校实施。

（四）精心组织，大力宣传，全面实施，逐人核算，顺利完成全校职工住房信息调查、审核、数据库建设及补贴发放工作

在校党委领导下，国资处和各部门通力合作，通过网上通知、部门督促、电话答疑、现场解释、书面答复多种形式进行补贴发放工作的组织和宣传，同时制订职工住房信息调查方案，完成7 000余名职工的职工住房信息调查表的收集、审核、装订和信息化数据库建设工作，为住房货币化补贴计算、发放等工作奠定基础。

依据《补贴办法》和个人基本信息，逐人核算并上网公示，并由职工签字确认，分时分批，确保我校住房补贴发放工作顺利推进。

截至2017年，共完成约8 500名我校在职及离退休职工住房补贴发放，发放金额约3.8亿元。

（五）汇集补贴发放过程中的各类问题，逐项议定，妥善解决房改遗留问题

《补贴办法》下发执行后，针对实施过程中存在的代民政人员、享受厅局级单项待遇人员、离休待遇人员、享受全额工资待遇人员的住房待遇问题、校内无房子女（校内职工）继承父母住房问题、西林校区23～30号楼住房性质界定问题、居住安居小区的人员住房政策统一问题、水保所1～2号楼职工房补发放等问题，国资处遵循房改相关政策，以有利职工为原则，逐项提出合理解决意见和建议，提交校长办公会议研究决议，为补贴发放工作的顺利实施奠定基础。

（六）严格规范住房补贴资金预决算制，确保上级资金拨付渠道顺畅

国资处协助财务处，通过测算科学预估住房补贴资金额度需求，严格按照教育部关于编制住房改革支出预算的通知要求，认真、规范做好每年住房补贴资金的预算申报工作；同时按照住房改革支出决算要求，如实做好每年住房补贴资金发放情况的呈报工作，确保教育部每年下达我校补贴资金及时、足额。

三、工作成效

1. 在教育部专项房改资金支持下，学校严格按照国家及陕西省城镇住房制度改革相关大政方针，适时推进实施住房未达标职工及无房职工货币化补贴工作，实现我校住房改革由实物分配向货币补贴的转变，既符合国家房改政策导向，也适应趋于成熟的商品房供应市场。

2. 住房货币化补贴是一项政策性和服务性很强的工作，是惠及全校教职工的民生工程，学校高度重视，各部门通力配合，各司其职，以服务职工、办好实事为宗旨，全力做好办法制定、政策宣传、咨询解读、补贴核算、信息公示、资金发放等系列工作，确保补贴发放工作的公开、公平、公正，切实达到职工满意的效果。

3. 通过职工填报，学校审查核实，建立了详尽、准确、真实的职工住房信息档案，同时针对房改历史遗留问题，坚持发现一个，解决一个的原则，确保住房货币化补贴工作稳步持续推进。

4. 住房补贴的发放，有效减轻了无房职工，特别是青年教职工的购房压力，职工可根据自身家庭情况自主选购住房，符合职工多样化住房需求。

（执笔人：孙平阳）

主动工作　认领责任　践行服务

基建规划处

一、背景及目标

“十二五”期间，我校理科综合楼、食品楼、公租房、农科楼等基本建设工程，陆续安装竣工交付电梯37部并投入运行，随后不断发生停运、关人、滑梯等故障，尤以农科楼、理科综合楼使用的“迅达牌”和“蒂森牌”电梯更甚，师生怨声载道，给基建规划处带来困惑，也引起校领导高度重视，并责成基建、后勤等相关部门彻查问题根源，提出有效解决办法，确保电梯正常运转，并杜绝此类问题重复发生。

二、工作思路

电梯采购部门——基建规划处牵头，会同电梯管理部门——后勤管理处，首先，联系电梯制造方、销售代理商、安装公司和维保公司等，要求他们根据各自行业规范、标准要求，查找存在问题原因；其次，邀请第三方权威检测机构，以独立第三方身份对我校迅达牌、蒂森牌电梯，按行业最高标准进行检测；最后，对全校所有电梯进行安全大检查并进行整改。

三、具体措施

（一）对电梯制造方、销售代理商、安装公司和维保公司等检测出的问题进行专项整改

首先撤换了现有电梯维保公司，让给技术水平更高、责任心更强的维保公司来做；其次限期纠正安装不规范问题，确保安装完全符合最新国家标准；然后理顺了与供货商易损件更换机制；最后加大了电梯使用知识宣传。

（二）邀请第三方检测机构对电梯进行检测

陕西省特种设备质量安全监督检测中心（国家指定电梯检测的唯一法定机

构）作为第三方，按照最高检测标准——委托检验，对问题较多的农科楼、理科楼、食品楼共 20 台电梯进行重点检测。检验报告显示，20 台电梯均为合格，电梯制造质量和安装工艺符合《电梯制造与安装安全规范》（GB 7588—2003）和《电梯技术条件》（GB/T 10058—2009），电梯安全性能可靠，师生可放心乘坐。

（三）对全校在运电梯进行全面整改

2016 年 9 月份以来，后勤处、基建管理处积极与承担我校电梯维保的三家维保公司一起，对全校 60 台电梯从底坑、轿厢、轿厢顶、井道、机房等进行了逐一排查、检测、调试，对发现的问题、隐患进行专项整改，并收集、整理、归类电梯资料，建立了完整的电梯使用管理档案。

（四）主动走访迅达电梯苏州总部和蒂森电梯上海总部

与其中国大区相关管理负责人座谈，反映电梯售后服务中存在的严重问题，寻求他们思想上必要的重视和技术力量上的支持，促成我校该品牌电梯纳入其维保及服务监督平台管理系统。

（五）建设无线五方通话系统，确保电梯困人、解救、故障报警、接警第一时间有人负责

建立报修、维修、监管互动 QQ 群，使师生、维保公司、维保人员、管理部门参与对电梯及电梯维保人员管理。

四、工作成效

第一，自 2016 年 10 月整改结束以来，全校电梯停梯、困人和滑梯等故障率降低 90% 以上，电梯总体运行平稳；第二是建立并锻炼了一支高效的电梯管理队伍，完善了电梯管理档案；第三是建立了与电梯制造商、供货商、安装公司和维保公司良好的信息沟通渠道。

五、经验和启示

（一）突破校园内管理思维局限，主动走出校园寻求帮助

我校采购的电梯均为世界知名品牌，当制造商、销售代理商、安装公司和维保公司对电梯运行中的问题处理不积极、无成效，且协调配合出现困难时，应主动寻找其上一级管理部门介入问题的查找和整改措施的落实。

国家权威机构作为独立第三方对整改后的检测，是保证电梯安全运行的必要保证。

（二）把好电梯入口关，重视品牌选择和安装监督

电梯采购选择产品质量过硬的主流品牌，且品牌适当集中形成数量规模，保证专业维保公司能够住校维保；在安装施工过程中，学校内部技术人员全程参与加强监督，确保安装规范得到有效执行。

（三）加强校内电梯技术团队及管理队伍建设

在培养现有技术团队的同时，还应引进专业人才，提高自身技术队伍整体水平。加大日常巡查力度，强化电梯日常管理，确保每一台电梯规范使用健康运行，如使用电梯集中搬家的关键时间节点，派电梯司机全过程负责电梯运行，防止因人为操作不当造成电梯停运等其他故障。

（四）完善电梯移交程序及档案建设

明确电梯建设、管理责任主体，完善相关资料整理归类和移交程序。根据档案定期评估及时报检，掌握每一台电梯的“健康”状况，对达到规定使用年限的电梯进行安全性能评估，及时维修、更换或报检。

（五）加强电梯规范使用宣传力度

在电梯内外张贴操作流程、注意事项、应急方案等电梯安全使用规范；利用校园网、微信、QQ 等媒体平台大力宣传电梯安全使用知识，引导师生正确使用电梯，让电梯规范、安全运行意识深入人心，共同营造良好的电梯使用氛围。

（执笔人：何明骏　张秀成）

以“三到位”引领校卫队工作再上新台阶

保　卫　处

一、背景与目标

学校的安全工作无小事，校园安全是确保学校教学、科研工作顺利开展的前提，学生的安全更是牵动着千家万户。校卫队作为学校安全工作的最直接管理者，必须时刻绷紧安全稳定这根弦，将安全管理工作做细做扎实，及时解决安全工作中发现的新问题，保证学校正常秩序，为广大师生创造一个安全健康的环境。

二、主要做法

具体来说，就是做到“三个到位”：一是从讲政治、保稳定、促发展的大局出发，认识安全工作的重要性，做到思想到位；二是牢固树立“以人为本，安全第一”的思想，时刻对师生的安全保持高度的责任感，做到责任到位；三是在具体管理上，大胆创新，多措并举，提升校卫队工作水平，做到措施到位。

（一）思想到位方面

利用“两学一做”学习教育，不断提高党员和队员的思想觉悟。本学期以来，利用每周三下午的政治理论学习，强化队员的服务意识和大局意识。利用各种职工开会、学习等活动，大力宣传学校发展的远景规划，并认真组织大家积极参与大讨论，激发大家主动献计献策以达成共识，让队员明晰学校新一轮的发展目标，并让大家清楚学校发展是与每个职工自身发展紧密相连的。自身的发展在学校发展的同时得到发展，使职工的发展、学生的发展和学校的发展相互和谐。另外，不断强化队员的思想教育和业务技能培训，每年分批对校卫队管理人员和重点区域值班员以及新招聘队员进行集中培训，切实提升了队员思想觉悟和业务技能。

（二）责任到位方面

结合实际工作，在校区安保责任区域化的基础上对分管副队长和区域负责人及时进行调整，同时优化队员年龄结构，将部分年龄偏大、形象不佳、责任心不强的队员辞退，使队伍能够保持为师生员工服务责任心和良好形象。对队员实行严格考评，对作风懒散、违规违纪队员及时处罚，确保服务质量，强化队员的责任心。

加大案件侦破力度，保护师生切身利益。2016 年 11 月 13 日晚 22:30 分一辆挂山西牌照的白色越野车在学生区将一女生剐倒后逃逸，巡逻队员根据学生提供的车辆颜色及学生把酸奶洒车后玻璃上这一特点在校内各个角落搜索，最终在一个黑暗的树下找到该车辆和肇事司机，经协商处理双方达成和解。此案例说明一般案件发生都会有蛛丝马脚，只要下功夫，及时出击积极挖掘、捕捉线索，必能有所收获。

（三）管理措施到位方面

打破用人机制，树立典型带动全面形象提升。农科大楼自 2015 年 8 月 17 日交接以后，南校区校卫队打破身份限制，选派临聘人员退伍干部郭峰彦对该区域进行精心化管理。他根据队员都是新招人员这一情况，按照军事化标准首先对他们进行仪容仪表、待人接物、队列行进、站姿、脱帽、对讲机规范用语、交接班、来客盘查登记、处置突发事件等多项培训，使他们尽快适应工作岗位。同时健全《工作记录本》《会议记录本》《请销假记录本》《白夜班安全检查记录本》《点名讲评记录本》《上下班签到册》等"五本一册"，并严格按照保卫人员执勤"十不准"和"工作纪律 18 条"贯彻执行，坚持日评比、周讲评、月总结，奖优评差，整改不足。初见成效后，又在各区域以此作为典型进行推广。召开现场观摩会，号召各校区校卫队学习借鉴农科大楼的管理经验，提升校卫队工作再上新台阶。

奖励先进，鼓励优秀促发展。2017 年 4 月 12 日上午 10 时 40 分，南校区林学院实验楼校卫队值班员李刚在值班时，突然听到值班室消防报警主讲传来急促的报警声，他连忙查看报警显示"707 室火警"，同时消防监控中心也打来指令电话通知火情。值班员立即以最快速度赶到七楼时，707 室已经烟雾弥漫，实验台周围火势较大，做实验的一名学生被烧伤，地上还堆放了很多易燃化学试剂。值班员李刚首先切断室内电源，让学生撤离现场，同时让在场同学拨打 120 急救电话和校卫队值班电话，自己拿起楼道灭火器迅速对火苗进行喷射，最终明火被扑灭。然后，他留守火警现场，等待上级调查。随后增援队员与相关领导赶到对现场可燃物进行了彻底清理。

经查，这起事故的原因是学生做实验时操作不当引发，幸好实验楼的消防器材配置到位，校卫队员警惕性高、反应迅速、处置果断，在事故初始阶段将明火扑灭，避免了更大火灾的发生。事后南校区对救火及时的队员李刚进行了表扬奖励并上报保卫处进行奖励表扬，从而调动和激发了队员工作积极性，并逐渐影响其他队员“要把工作做好做优”的自觉内驱力。

审时度势应对校内新情况与热点问题。针对学校周边复杂的治安、交通环境，为落实保卫处校园交通专项整治工作，南校区校卫队除对违停、逆行车辆进行疏导张贴违章提示，从2015年5月开始，坚持每周2～3次夜间设立检查点检查出入校园的摩托车、电瓶车，重点整治超速、超载、逆行、酒驾、无证、无牌照摩托车上路行驶、驾乘摩托车不戴头盔等各类交通违法行为和外来车辆“穿堂过”现象，这项行动至今取得了一定效果，并在全保卫处推广。同时根据校内机动车校园内超速现象和校内时有交通事故发生，联合交警在大门口加大对无牌照摩托车、电动车进行查扣，同时在车流量大的中心区和人员密集的学生区分别设立2个测速点在相应时间进行纠违提醒。

三、工作成效

近年来，在保卫处的领导下，南校区治安安全形势基本稳定，各类案件和安全事故明显减少，2014、2016年度校卫队被保卫处授予“安全保卫工作先进单位”，校卫队长及1名队员分别获得2014、2015年度“校级先进个人”等荣誉。据不完全统计，2014年至今，南校区共收到校内外师生员工赠送锦旗3面、感谢信36封。朴实无华的感谢信和鲜艳的锦旗是对校卫队工作的认可和褒奖，也是对保卫人员牺牲节假日休息、不分昼夜工作、无私奉献的最好回报。

（执笔人：杜长军）

围绕中心　服务大局　努力提升信息工作水平

党委校长办公室

一、背景和目标

信息工作是辅助科学决策、知晓工作进展、谙熟社情民意、反馈落实事项的重要途径，也是学校向上级部门展示发展成效、反映问题和需求的重要形式。在学校“双一流”建设的大背景下，如何充分发挥信息工作的导引、助力、咨询和创新作用，助推学校各项工作再上新台阶，成为信息工作亟待破解的问题。为此，党委校长办公室信息科深入学习贯彻习近平总书记系列重要讲话精神，落实中央和上级有关部门关于切实加强信息工作要求，认真履行岗位职责，在学校各部门的大力支持下，坚持嵌入中心、服务大局，健全机制、提升质量，系统谋划做好信息工作，努力为学校事业发展提供信息支撑。

二、主要工作举措

作为办公室信息工作人员，着力在以下几个方面进行了探索和实践。

（一）围绕中心工作，把重点找准

做好信息工作，只有围绕中心才能找准方向，服务大局才能体现价值。

1. 紧紧围绕中央、陕西省委决策部署以及教育部重点工作

结合学校办学特色，每年年初制定信息报送计划和要点，将报送内容进行分解细化，形成若干个主题，有计划、有针对性地逐一落实报送工作。

2. 紧紧围绕学校重点工作

根据学校年度重点工作和党建工作计划以及党委常委会、校长办公会重要议题，超前谋划、跟踪进展，及时报送学校改革发展稳定的重大举措及成效。

3. 紧紧围绕师生关注的热点问题

及时报送各类突发事件舆情应对、学校综合改革进展、贯彻落实中央重大

决策部署、师生对重要会议重大决策的反响等信息，及时客观地反映实情、报告工作进展。

（二）健全协调机制，把关系理顺

做好信息工作，离不开良好的沟通，应该充分发挥积极性、主动性、创造性，将有效的临时措施和成功的具体实践制度化。

1. 加强对上请示

与教育部办公厅信息处、陕西省教育厅办公室等保持经常性沟通，听取指导意见，切实加强和改进工作。邀请相关领域负责人为各学院办公室主任和职能处室秘书做专题辅导报告，将上级对信息工作的新精神、新要求第一时间反馈给各单位信息工作人员。

2. 加强横向联系

与兄弟院校负责信息工作的同人建立了广泛联系，及时获取信息报送点，学习信息工作先进经验和做法。主动加强与校内各职能处室和院系联系，建立健全面向职能处室约稿制度，将教育部、省教育厅每季度信息报送要点及时通报各单位，逐一落实报送任务。加强与办公室各科室的联系，及时学习领会党和国家领导人重要讲话精神，以及中央和教育部出台的最新文件政策。关注校内媒体新闻报道，充分挖掘信息报送线索，增强工作的主动性和时效性。

3. 加强与信息员沟通

建立“西农信息工作”QQ 群，学校各职能处室、各学院（系、部、所）近 80 名从事教育信息工作的同志参与其中，每季度发布信息报送要点，第一时间反馈信息采用情况，分享高质量的信息稿件，及时解答咨询，引导各单位有针对性地搜集报送信息，提高信息工作质量。办公室分管副主任和信息科负责人尽可能参加各单位信息工作相关活动，分享经验、加强交流。

（三）强化质量意识，把信息采精

做好信息工作，采集报送有质量、能采用的信息是关键。我们下发《关于进一步做好信息报送工作的通知》，明确信息报送重点，严格信息报送标准。着力做好五大类信息报送工作：紧急信息、特色工作与重要经验信息、师生思想动态信息、调研类信息、专家学者观点摘编。

1. 注重高效

紧急信息要求事发单位须在事件发生后 2 小时内，向党委校长办公室报送书面信息。师生反响类信息，一般不过夜，有特殊情况的次日一定报送。中央重大决策部署，都能够第一时间报送学校学习贯彻情况，跟进报送有效做法、实施效果。围绕中央重要会议、重大活动以及重要时间节点，及时整理报送学校相关工作开展情况。

2. 注重客观

客观真实反映工作取得的新成效新经验、面临的新情况新问题，有喜报喜，有忧报忧。师生思想动态信息要求言简意赅、言之有据，有判断、有深度，引用语言尽量原汁原味；调研类信息要求有情况、有问题、有事例、有数据、有分析、有建议；专家学者观点摘编要求数据扎实、观点鲜明，具备参考价值和现实意义。

3. 注重创新

主动适应新形势新变化，适应互联网等新兴媒体新发展，落实上级部门和学校新要求，与时俱进运用新语言、探索新方法，体现信息工作的时代性。

4. 注重提炼

充分发挥自身职能优势，加强信息汇总提炼和综合加工，努力做到从传送信息的“中转站”转变为提炼信息的“加工厂”。把好每篇信息稿的政治关、内容关、文字关，尽量做到开门见山、直奔主题，用数据说话、用事实说话，精益求精，反复校对，确保文稿质量。

5. 注重深度

在比较长的一段时间里，挖掘提炼经验类信息是学校信息工作的薄弱环节。在深入学习兄弟院校的基础上，我们探索改进工作方式，加大了经验类信息的采写报送力度。仅 2017 年上半年，教育部《教育要情》和官网就采用了我校信息稿件 10 余篇，实现了新突破。

（四）调动各方力量，把优势用足

做好信息工作，高校应该做好，也有优势做好，重要的是采取什么措施，最大限度地把工作队伍凝聚起来、形成合力。

1. 建立三级信息员队伍，信息来源广泛

健全基层信息联络单位和信息员队伍、特约信息员队伍及定点联络员队伍三级信息队伍机制，使学校的信息渠道畅通、反应快捷，信息工作质量显著提高。

2. 发挥专家作用，提供决策参考

注重运用学校专业研究机构以及相关专家学者的智力优势，开始尝试向他们“出题”约稿，对学校重大改革举措和重点难点工作提出对策建议。积极配合教育部对各高校加大决策咨询类信息报送力度的要求，主要报送专家学者对经济社会发展重大问题的意见建议，探索将学校相关调研类课题成果及时报送上级相关部门。

3. 推进两级培训，提升能力水平

依托党委校长办公室每年举办的全校办公室主任、秘书培训班，精心设计和组织实施信息工作培训专题，提升信息工作人员能力和水平。积极支持各单位加强信息工作培训和交流，注重保持与一线教育信息人员的密切联系。

（五）争取领导支持，把环境变优

做好信息工作，领导重视是关键。学校主要负责同志和其他校领导对信息工作高度重视，多次就相关工作做出指导和部署，学校党委常委会多次就加强学校信息工作提出明确要求。在学校《信息报送管理工作办法》的基础上，成立相关科室，设立专项经费，健全工作队伍，完善考核机制，为信息工作提供了有利的条件保障。选派信息科负责人到教育部办公厅信息处借调一年，学习先进经验、感受工作氛围。书记、校长多次就完善校内信息载体《信息通报》相关内容做出指导，在向上级报送的突发事件信息上做出批示，对信息工作给予了充分肯定。各位校领导也对每年学校被上级部门采用的信息汇编资料进行了表扬和肯定，进一步增强了工作人员做好信息工作的决心和信心。探索建立学院、职能处室和直附属单位分类计分排名制，每季度统计信息积分，并将排名情况在一定范围内通报。严格执行扣分制度，对约稿未按要求报送、突发事件信息迟报漏报的，扣除相应积分，并直接电话报告有关单位负责人。开展年度表彰。严格依据信息积分排名，按照学校《信息报送管理工作办法》，把信息工作纳入二级单位年终考核指标，对信息工作先进单位、先进个人予以通报表扬。

三、主要工作成效

在学校和党委校长办公室领导的高度重视和支持下，在全校信息工作人员的共同努力下，我校信息工作成效显著。上报的学校《打造“三位一体”农业科技服务平台》《青年志愿服务助力地方脱贫攻坚》《校政企合作助力林业产业发展》《积极助推陕西苹果产业发展》《大力加强师德师风建设》等信息稿件收到良好的社会效果。近年来，学校信息工作在教育部、陕西省教育厅、全国及全省高校综合排名中一直名列前茅，学校连续三年被评为部、省教育信息工作先进单位。

（执笔人：梁成山）

启用新模块　实现业绩津贴网上申报发放

计划财务处

一、工作背景

1. 业绩津贴发放管理模式陈旧,工作效率低下。每年业绩津贴在年末岁尾发放,时间紧、任务重。但存在同一职工在不同部门取得的收入需要提前划转、业绩津贴使用 Excel 表格发放、需要计财处审批等问题,造成手续烦琐、易出差错、耗时太长。业绩津贴发放工作亟须改进。

2. 2015 年计财处推行财务综合服务平台,启用收入申报系统,校内人员其他工薪收入、校外人员劳务收入和学生薪酬均实现网上申报发放,只有年终业绩津贴模块由于软件商开发不完整,暂未投入使用。分析系统近两年的使用情况,我们认为启用年终业绩津贴模块有很大可能性。

3. 根据《校院两级财务管理改革实施办法》(校党发〔2016〕11 号)文件精神,从 2016 年 7 月起,计财处进行了院(系)工资发放改革,将 22 个学院工资财权下放。学院自主决定工资的二次分配,工资在学院的日常管理中发挥了较好的经济杠杆作用。工资发放改革让我们认识到:随着财务管理改革的深化,业绩津贴发放的改革也势在必行。

二、工作目标

启用年终业绩津贴发放模块,实现业绩津贴通过网上申报发放,我们有着明确的目标:

(一)彻底取消业绩津贴的交叉划转

业绩津贴个人所得税的计算按照《国家税务总局关于调整个人取得全年一次性奖金等计算征收个人所得税方法问题的通知》(国税发〔2005〕9 号文件)执行。在一个纳税年度内,对每一个纳税人,该计税办法只允许采用一次。因此,同一职工在不同学院(部门)取得业绩津贴,需划转归集后方能发放,同时将业绩津贴转出表电子档和文档提前送交计财处。这造成发放过程中等待时间过长,即使有多种预防措施,但每年都会有重复、遗漏或延误。

(二)解决计税方法和文件格式不统一的问题

每年业绩津贴发放时,我们要求各部门提前从计财处联系会计处获取业绩津贴发放表和相关资料,需提醒表中的计税公式已设计好,不要变更。但发放表为普通 Excel 表格,实际上每年都有更改的情况,计财处只好加大对应缴税的复核,增加了工作量,造成人力浪费。虽然要求发放表统一按宋体 10 号字型 A4 纸横向打印,但有个别学院仍用 A3 纸打印,每年装订的文件参差不齐。

(三)简化审批手续

在原来的发放模式下,各部门做好财务发放表,经本单位领导签字盖章后,还须到对应会计室复核,然后再经计财处分管处长审核,环节太多,手续烦琐。

(四)缩短发放时间

业绩津贴发放表完成所有的审核审批手续后,归集到薪金科汇总发放,早办完的单位往往要等着和以后的部门一起发放,挫伤了完成工作的积极性。计财处要待全校汇总完成后才能统一公布个人发放信息,职工迟迟无法查询。而且业绩津贴发放时间在寒假期间,发放时间长,到账时间慢,影响职工正常休假。

三、具体措施

(一)学习咨询

2016 年 4 月,计财处职工参加了神州浩天财务软件培训,与对方面对面沟通,完成前期咨询工作。返校汇报处领导后,与系统管理同事多次分析讨论,确认业绩津贴网上申报的可行性。

(二)制定工作方案

2017 年 9 月,我们对部分学院(部门)进行调研,了解其需求;与相关科室进行交流,汇集建议。2016 年 10 月编写工作方案:

1. 明确分工

财务科为校内各部门设置业绩津贴项目,会计科负责学校统筹业绩津贴的上账,各会计室负责自己核算部门自筹业绩津贴的上账和业绩津贴发放的账务处理,直接向银行提交发放明细,保证业绩津贴及时发放。

2. 系统设置

财务工作是严谨的工作，业绩津贴又与教职工的切身利益相关，容不得半点的失误。在系统设置时，我们综合全面考虑了发放对象、计税方案等问题，设置完成后进行多次推演。

3. 成立应急小组

为保证业绩津贴发放过程中无法预估的问题得到及时解决，我们成立了专门应急小组，由系统管理人员、薪金科全体人员及相关科室责任人组成，并要求软件商专门指定工作人员作为固定联系人。在后来的发放工作中，应急小组及时解决了发放过程中单位名称太长导致不能正常申报、申报项目打印时不能正确显示等问题。

4. 集中培训

1月12日上午，计财处在国际交流中心210会议室召开培训会，校内所有部门均派人参会，我们详细讲解了工作流程：各部门按人员类别分别申报，非学院单位一般只有在职和退休两类人员。《2016年度业绩津贴核拨表》经人事处审批后，先提交给计财处会计科划拨经费，然后自主网上申报，通过申报系统打印有条形码标识的发放表一式两份，领导签字，单位盖章后提交计财处会计室办理发放手续。

5. 实施

1月13日，试发放计财处业绩津贴成功；1月14日，行政处室部门顺利发放；1月25日，业绩津贴发放结束。

四、工作成效

（一）解决了业绩津贴划转的难题

网上申报发放实现了同一职工可多次发放，累计计税，业绩津贴再也不用划转归集，任何一个学院（部门）算好自己的就可以发放，再也不用等待。

（二）确保了个人所得税计算准确

网上申报发放后，统一打印格式和纸张，计税方案已固定，学院（部门）再也无法更改，审核会计不用再花大力气复核计税是否准确。

（三）简化了发放手续，优化了工作流程

各部门通过申报系统自主网上申报，打印有条形码标识的发放表一式两份，领导签字，单位盖章后提交计财处会计室直接办理发放手续，再也不需要计财处任何环节的审签。

（四）适时发放，及时公布

各部门提交会计室后就可立即发放，发放数据经账务处后及时在财务综合服务平台发布，向职工发送短信通知到账。职工可随时上网查询明细，加强了内控和监督。

五、几点启示

（一）心系师生，换位思考是做好工作的前提

只有正确了解师生的需求，才能有的放矢，践行“管理即服务”的理念，切实解决工作中存在的问题，提高工作效率。

（二）勇于创新是做好工作的关键

工作需要创新的勇气，也许不能做得特别完美，但只要勇于开始，就会逐渐完善。我们使用年终奖模块发放业绩津贴在陕教育部直属高校中属首家，没有任何经验可借鉴，是固守现有的模式一成不变，还是在明知可能出现未知情况的前提下还勇往直前？我们选择勇于突破。

（三）集体的力量是做好工作的有力保障

2016 年业绩津贴发放全处 13 个科室中有 11 个科室参与，充分展现了计财处的团结协作精神和强大的凝聚力，群策群力保证了该项工作圆满完成。

（执笔：吴明珍）

增强意识　强化责任　全面保障校园夜间安全

保　卫　处

一、背景与目标

保卫处南校区校卫队现有夜巡班队员 15 名，配备 110 巡逻汽车 1 辆、电瓶巡逻车 3 辆。夜巡队主要承担的任务是保障南校区夜间校园内的安全，保护师生人身财产安全、学校集体财物安全。每天夜晚，在南校区约 14.3 万平方米的范围内来回反复地巡查，及时发现各类安全问题，迅速排查处理，提升师生夜间的安全感，为校园安全筑起了一道坚实的屏障。

二、工作举措

（一）坚持各种制度，以制度促提高

夜巡工作严格按照队部指导安排，坚持一周一会的工作例会，每周一召集队员对上周的工作进行回顾，对发现的问题及时总结消化处理，特殊情况当即上报。并组织队员经常性学习保卫处下发的工作条例和各项规章制度，培养队伍形成认真严谨、条理有序的工作作风，不断强化队员的责任意识，提高工作服务水平。

（二）坚持严字当头，把“安全重于一切”时常挂在心头

夜巡工作颠倒正常作息时间，非常辛苦，但巡逻队员克服种种困难，调整好休息时间，保证上班时精神状态良好。每到夜晚，巡逻队员按时到岗签字分组展开工作。四辆巡逻车闪烁着警灯在校园内各区域路段巡查，防范和杜绝一切不法行为案件的发生。一轮巡逻结束后，按照要求，每一组队员就自己巡逻结果都做详细的记录。当校园师生正常休息的时候，在校园内不间断地巡逻已成为队员们的常态。

（三）面对复杂多变的情况，变被动为主动，通过阶段性检查使校园内的安全环境大有改变

如2016年春季，夜巡队配合校卫队对夜间出入南校区东大门与北门的摩托车进行盘查，阻止非本校人员进入校园，有效地减少了外来车辆夜间进入校园，也增强了师生的安全防范意识，形成群防群治联手共建平安校园的良好态势。

（四）积极完成保卫处和校卫队安排的其他临时任务

除正常巡逻外，还积极完成其他重大任务的执勤以及各种突发事件的处理。两年来，夜巡队员完成了李岚清素描艺术展的夜间护卫任务，连续两届出色完成了杨凌国际马拉松西农赛段的夜间清障安全巡查任务，完成外专公寓接待中央首长外围安全保卫任务，以及一年一度研究生考试押送试题和保密室试题的看护值班等。2016年暑期期间，几次突降暴雨，校园多处路段被淹，井盖都被掀开，为了师生的安全，巡逻队员在路口设置警戒线，提醒师生，用巡逻车护送被困的学生，暴雨退去后，又及时将井盖一一装回原处。还有一次暴雨中，行政中心楼顶漏雨，多名队员及时赶到，协助后勤中心人员及时清除积水，受到校领导和后勤管理处领导的肯定。

三、工作成效

几年来，夜巡队协助破获各类盗窃治安案件几十余起，捡到各类师生证件、钱包数百个，受到夜巡队员帮助的师生也有百余人，收到师生送来的锦旗、感谢信几十余件，为校园的平安和谐做出了应有的贡献。在这些成绩的背后，是夜巡队员平凡、默默的付出。

夜巡工作是平凡的，日复一日，年复一年。夜巡队员们身处一线，昼伏夜出，守卫着校园的平安，他们所面对的服务对象是校内师生，小到一串钥匙，一张身份证、学生卡，钱包等，大到电脑、摩托车、自行车等，但正是有了他们，我们的校园才更加平安和谐。在今后的工作中，校卫队将不断探索，提升工作能力和服务水平，为学校的安全贡献自己的力量。

（执笔人：赵晓生）

帮扶送温暖　真情暖人心

工　会

一、工作背景

近年来,校工会认真学习党的十八大、十九大精神,深入贯彻落实校党委关于做好职工关爱帮扶工作的要求,充分发挥工会职工之家的作用,以健全困难职工档案为基础,以工会组织为渠道,创新活动形式,完善帮扶体系,深入开展帮扶解困送温暖活动,为学校教学科研工作创造良好氛围,对稳定学校大局、构建和谐校园发挥积极的保障和促进作用。

二、工作举措

(一)树立正确理念,理清工作思路

1. 坚持"主动帮扶、真情关怀、以情暖人"的帮扶理念,主动深入困难职工家庭,主动关注他们的疾苦,主动帮助解决实际困难,以实际行动做到暖人心、稳人心、聚人心。

2. 坚持点面结合,多方面、多层次、全覆盖的关爱帮扶思路,保证所有职工特别是病困职工精神上得到慰藉,生活上得到帮助,让职工深切感受到组织的温暖。

3. 坚持细致入微、精准有效的工作方法,对病困职工信息做到了如指掌,心中有数,帮扶形式和策略要创新、多样、务实、有情,做到第一时间能向病困职工伸出援助之手,确保帮扶取得实效。

(二)规范管理,完善制度

1. 建立病困职工信息库。病困职工是工会帮扶送温暖工作的重点群体,对病困职工的了解是精准帮扶的基础。为了更为准确地掌握困难职工的信息,校工会坚持通过校院两级工会组织,每年集中对全校患病和困难职工情况进行一次摸底调查，对每一位困难职工的家庭、收入、困难现状等实际情况进行深入细致的了解，分类登记建档，并结合平时的信息变化，随时进行内容更新，以保证关爱帮扶的精准度、针对性，目前我们已经建立病困职工信息库人员300人。

2. 实施大病救助项目。工会主要负责对在职职工大病的救助工作。近年来，每年都有个别职工患大病或疑难病，不仅给患者带来沉重的经济负担，而且带来巨大的精神压力。校工会从实际出发，坚持第一时间发现，第一时间慰问，第一时间研究帮扶对策，第一时间进行资金帮扶和精神抚慰。具体程序上，一是及时掌握患重病大病职工基本情况，深入了解病情、困难程度、医疗费用等情况，召开工会主席会议综合研究确定资助额度；二是由工会负责人带队到医院或家中慰问并送上大病救助金；三是全年进行跟踪关注，随时了解病情。近三年工会先后对患重大病的职工给予了1万~2万不等额度的救助，帮助解决燃眉之急。

3. 建立职工去世慰问制度。每年全校离退休职工、在职职工去世近百人。他们为学校的事业曾做出过重要贡献。做好对他们去世后的吊唁和家属的慰问是对逝者的尊重，也是对家属的安慰，更是体现工会组织职工之家的重要形式。校工会建立明确吊唁慰问制度，明确规定职工去世后工会负责人要及时前往家里吊唁慰问，明确了慰问金标准，在职职工3 000元、退休职工1 000元；要求工会负责人必须参加去世职工的追悼会，送逝者最后一程。该制度的实施，深深地温暖了职工的心。

4. 开展元旦、春节双节病困职工送温暖慰问活动。每年在元旦、春节双节来临之际，工会都要坚持集中在全校范围内开展双节病困职工送温暖活动。主要做法：一是根据病困职工信息库结合部门工会进一步摸底报送情况，确定慰问人员范围。二是根据病困人员病困程度，分三类确定不同的慰问标准。一类为职工本人、配偶或子女患重大疾病人员，慰问金3 000元；二类为职工本人患一般疾病或重大疾病时间较长或亲属患重大疾病人员，慰问金2 000元；三类为职工本人是工勤人员，收入低，配偶无固定职业，孩子上学，双方父母需要照顾，家庭经济拮据人员以及家庭经济困难的职工遗属，慰问金1 000元。三是分层次由校工会负责人或部门工会主席分头带队进行慰问、送上慰问金。近三年来，每年慰问病困职工200人左右，发放慰问金近100万元。

5. 做好职工重要节日福利发放。职工福利是体现单位人文关怀的重要载体。学校高度重视职工的福利发放工作，教代会还专门成立福利工作委员会。校工会在充分调研其他高校做法的基础上，向党委提交报告，使学校把节日慰问金作为专项经费列入每年的预算，而且标准不断提高，从最初的每位职工一桶油到目前的每年职工福利金每人 1 000 元，分两次发放，两个时间节点为教师节、元旦。由工会会同人事处、财务处负责发放。工会高度重视，细致审核发放范围、按时发放，并发送温馨的节日慰问短信。普惠性的福利发放，凝聚了人心，增加了爱校归属感。

6. 积极争取上级工会组织的帮扶支持。陕西省总工会、陕西省教育工会每年都有不同形式的帮扶政策，如职工困难补助、金秋助学活动等，我们坚持积极汇报沟通，细致摸排我校符合受助人员情况，认真确认资助人员名单，仔细准备申请材料，确保最大限度地争取到资助款。

7. 积极策划暖人心的精品项目。近几年来，工会还积极探索拓展关爱职工暖人心的活动项目。一是开展年度职工退休离岗欢送活动。工会每年组织对前一年全校退休的职工开展一次简朴而隆重的欢送活动。活动包括举行隆重的欢送仪式、观看演出、登上活动、送上精美的纪念品，以表达他们在职期间对学校做出的贡献，送上退休后的生活祝福。二是开展职工子弟高考志愿填报指导活动，邀请专家和学校招生处长做指导报告，向高考子弟赠送高考志愿填报书。两项活动已经成为工会常态化的经典关爱项目，深受广大职工的欢迎和好评。

三、工作成效和经验

1. 工会深入开展职工帮扶送温暖活动，通过一系列精准、有效的活动形式，有效地使病困职工得到及时帮助，实现了全覆盖，不遗漏。近三年，日常看望慰问职工近 200 人次，发放大病救助金 20 余人次近 30 万元，向全校职工发放双节慰问金近 1 000 万元。职工深切感受到组织的关怀和温暖，达到了为党委解忧、为职工解困的目的；有效地推动了和谐温馨校园建设，通过一系列点面结合、形式多样的活动，工会职工之家功能得到了充分发挥，凝聚了人心，促进了校园和谐发展，也提升了职工对工会组织的信赖。

2. 学校党委高度重视和支持是做好职工帮扶送温暖工作的根本保障。几年来，学校高度关注病困职工生活和工作，校党委曾多次指示工会要切实做好病困职工的帮扶解困送温暖工作，把学校对教职工的关怀真正落到实处。同时，学校在帮扶经费上不断加大支持力度，为做好帮扶工作奠定了基础。

3. 真情关爱、主动关怀、形式有效是做好职工帮扶送温暖工作的关键。在开展帮扶工作上，工会积极树立全心全意为职工服务的理念，深入基层、真情关怀、热心帮助,做职工的知心人,特别是对待病困职工要做到态度热情和蔼、说话耐心入微,尊重隐私,关爱形式行之有效。例如,在开展病困职工双节慰问金发放过程中,从2011年起开始改革方式,从过去的个人申请、基层审核、工会发放、个人领取,改革为基层工会主动了解,工会组织填表报送,校工会核实审批,基层工会亲自送至职工手中。这样把工作做到职工心坎上,让职工切实体会到组织的关怀和温暖。

4. 提高工会干部服务职工的理念和能力是做好职工帮扶送温暖的基础。作为工会工作者,首先要具备良好的理论修养和思想素质,要有良好的职业道德和业务水平,才能充分认识到关爱职工送温暖工作的重要意义,才能有智慧创新工作方式和方法,才能把握好正确的方向。工会干部要把政治理论学习放在第一位。通过学习树立正确的政治立场,打牢服务职工的意识,用先进的思想指导自己的行为;努力学习工会相关法律法规,提高工会工作本领,随时关注和落实国家相关政策,保证工作的前瞻性,不断熟悉工会业务,提高理论水平。

5. 工会帮扶送温暖工作的开展,也有效地推动了工会工作作风的改变,实践教育和推动了工会工作重心下移,工作主动性、责任意识和为职工服务意识得到不断增强。

(执笔人:黎登寨)

夯实网络安全 助力“智慧校园”

网络与教育技术中心

一、背景及目标

随着互联网技术的蓬勃发展，网络应用日益广泛，“互联网 +”上升至国家战略层面，高校信息化进程从“数字校园”迈入“智慧校园”时代。我校全面开展数字校园建设以来，信息化建设得到长足发展，网络规模与用户数量持续扩大，建成网站 130 多个、应用系统 40 多个，已全面覆盖教学科研、校务管理和后勤服务工作，网络信息安全责任日益重大，面临的问题也日益突出。教育部、陕西省教育厅对高校网络安全高度重视，逐年加大网络信息安全检查、通报力度。针对这些问题，网教中心以“智慧校园”理念为牵引，积极推进网络安全工作，通过加强技术防护，优化资源配置，完善安全制度，在网络安全方面取得了明显成效。根据 Web 防火墙记录，自 2015 年 6 月以来，站群系统遭到攻击 5 000 余次，但一直保持网站安全“零”事故。为助力“智慧校园”建设，推进学校“双一流”建设保驾护航。

二、工作举措

（一）建立健全技术防护体系，增配防护工具

为加强网络安全技术防护，在我校网络的关键节点增设了出口防火墙，Web 应用防火墙，网页防窜改工具、漏洞扫工具和内网审计系统（如图 1 所示），进一步健全了网络信息安全技术防护体系，具体举措如下：

一是在学校数据中心机房配备视频监控设施，实行安全值班和门禁系统刷卡制、操作登记制度，有效防范盗窃，防破坏、雷击、火灾、水灾等发生，配备温湿度控制、延时电源及备用电力供应等措施，保证专业化机房运行环境。

二是网络边界部署防火墙、访问控制设备等，并定期更新检测规则库，新增

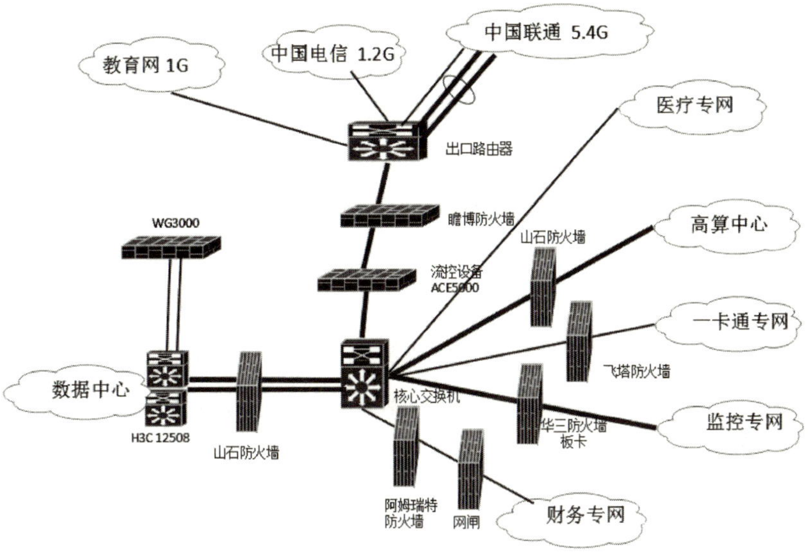

图 1　我校网络安全拓扑结构图

内网审计系统,防范来自内网的攻击;增配漏扫工具,对服务器、网络设备和信息系统等定期进行安全漏洞扫描,增强防御主动性。

三是加强检查,督促技术人员及时更新服务器操作系统和数据库补丁,配置服务器口令策略,保证服务器口令强度和更新频度。

四是重要信息系统建立专网,与校园网物理隔离;部署多重防护措施(部署 Web 应用防火墙、防窜改工具,网站页面采取静态化、抗拒绝服务攻击等),提高网站整体防御能力。

五是配备数据备份软件对重要信息和数据进行定期备份,并建有灾备中心。

(二)加强和完善网络信息安全相关规范和制度

为进一步完善我校网络安全相关的规范和制度,学校制定了《数据安全管理办法》《网站管理办法》《信息应用系统管理办法》《信息化基础设施管理办法》《网络与信息安全突发事件应急预案》等 7 个规章制度及相关技术规范,进一步规范了校园网设施与信息系统(网站)安全管理和日常维护操作。各系统(网站)使用单位落实管理制度,明确责任人,日常维护操作较规范,定期备份数据,定期查看安全日志等,随时掌握系统(网站)状态,保证系统正常平稳运行。

(三)全力推进我校等级保护工作

等级保护制度成为一项基本国策。为全力推进我校等级保护工作,由网教中心牵头召开了“网络信息安全与等级保护”专项信息化工作会议，以安排和落实等级保护工作。邀请安全评测机构对信息系统进行等级保护评测，完成等级备案22个，测评15个，等级保护工作在西北地区高校中名列第一，在教育部部属高校也名列前茅。

（四）构建网站群系统平台，提升网站整体安全性

近年来高校网站受到了境内外黑客越来越多的关注，网站安全事件频繁发生，教育行业也因此成了全国网络信息安全的重灾区。网站安全风险的主要原因是：数量庞大，管理分散，设计、管理水平参差不齐。因此，网教中心通过构建站群系统平台，对校内各类网站进行技术整改，提升网站整体安全性。一是构建3套站群管理系统和一套个人主页系统，对校内一、二、三级网站和教工个人主页进行分类部署，统一后台管理，提高网站建设管理整体水平；二是将分散的76个二、三级网站分批迁入站群系统平台，集中配置Web防火墙和网页防窜改工具，采取网页静态化、内容管理和发布内外网分离等技术手段，多方位保障网站安全。经统计，在网站迁入站群前，我校2013—2015年分别发生网站安全事故10起、10起和3起，在2015年6月迁入站群后的两年内时间内网站安全事故发生为零。

（五）坚持技术培训，不断提高安全意识与技术能力

为提高我校师生网络安全意识和技术能力，网教中心组织了校内各单位信息化工作分管领导与网管员的网络安全培训，邀请陕西省教育厅信息化工作领导做“网络安全与等级保护”主题报告。每年开展全校范围网络安全周系列活动，通过校长寄语、报告会、座谈会、签名活动等，提高师生网络安全意识。

三、深化网络安全工作的启示

通过坚持不懈的努力，我校网络安全工作取得明显进步，各项制度逐步完善，管理科学化水平显著提高；等级保护工作有序开展，成绩斐然；网教中心各部门凝心聚力做好网络安全工作，网络安全工作不断推进。

1.2017年6月1日，《中华人民共和国网络安全法》正式颁布实施，有关网络安全的各项工作变得有法可依，尚需在此法律框架下为进一步制定我校网络安全与之对应的规范和制度。

2.随着智能终端的普及和对互联网的依赖，移动互联网迅猛发展，移动互联网安全问题日益凸显，需要重视和加强移动互联网的安全防护工作。

值此我校全力以赴迎接本科教学评估和“双一流”建设两项大考之际，在“智慧校园”建设的环境下，扎实稳健地推进网络安全工作，将为我校迎接大考保驾护航。

（执笔人：周兆永）

为“双一流”建设提供高效的办公自动化服务

党委校长办公室

一、背景及目标

“双一流”建设对我校各项工作的开展提出了更新、更高的要求，而公文管理是高校办公室的一项重要工作，公文处理质量和效率直接体现着学校各单位的工作作风和办事效率。2016 年以来，学校收到的外来函件数量比往年增加一倍，这对办公室公文管理工作的高效运转提出新的挑战。因此，我校根据中办、国办联合下发的《党政机关公文处理工作条例》文件精神，结合实际，全面推进电子政务办公自动化系统，不断规范公文管理操作标准，为促进学校公文的有效运转，提高学校工作效率提供服务。

二、具体举措

为全面推进学校办公自动化系统各项功能的使用，党校办机要科从以下几个方面着手开展工作：

（一）加强公文规范化意识，提高公文规范化要求

1. 公文的写作质量及制发程序是实现办公自动化服务的基础。办公室的相关工作人员要不断加强公文写作规范化意识，重视相应的公文写作规范检查，保证公文的严肃性及权威性。

2. 落实写作规范化要求方面，以《党政机关公文处理工作条例》为依据，结合学校修订的《西北农林科技大学公文处理工作办法》，在实际工作中，加强公文审核，并提出了诸如发文目的明确、主题突出、结构合理、文字格式规范等公文写作要求，以增强公文说服力度，保证信息的准确传递。

3. 为确保学校公文制发程序严肃、严格、严谨，学校制定了严格的公文处理程序，健全公文处理制度，从制度上约束发文的每个环节，避免越级发文或发文顺序“倒流”的现象。

（二）培养办公自动化系统专业人员，提高办公室人员综合素质

1. 重视专业人员的培养，使系统与实际应用很好地结合起来。由于办公自动化涉及多个功能模块，在实际操作中需要专业人员的开发、维护，因此，办公室工作人员不断学习提升专业知识，为电子政务的高效运转提供后台支撑。

2. 注重提高办公室人员的操作技能。在办公自动化系统中，人是核心的因素。人员的素质、态度，人与系统的关系等非技术因素对系统能否正常运行等影响很大。在电子政务推行过程中，党校办机要科与各部门加强沟通，听取部门意见，积极改进系统中存在的问题，并做好操作指导。

3. 加强工作人员的培训。办公自动化建设中不仅需要专业技术人员，还需要既懂技术又懂管理的复合型人才。由于系统用户多元化，包括校级领导、部门领导、公文秘书、普通人员等多角色，要对不同的用户做好培训工作，针对每类用户的不同需求分别编写使用流程。

（三）积极为办公自动化创造物质条件，倡导无纸化办公

1. 做好配套设备机器的提供与更新服务。出于工作以及信息处理和组织需要，要专门为办公室配备计算机、扫描仪、多媒体、数码相机等自动化仪器，并要求由专人保管且要熟练使用。

2. 在日常工作中，除了涉密文件外，要求向上级上报的文件、学校下发的文件、通知公告、外来函件、学校内部请示或报告、部门间工作交流，一律从办公自动化系统签发、批阅、转办，逐步实行无纸化办公。

（四）维护办公自动化的系统安全

1. 在开发办公自动化系统中，结合我校实际情况，选择合适的开发公司和技术支撑团队。

2. 在物理环境上保护路由器、交换机、工作站等硬件实体和通信链路免受自然灾害、人为破坏和搭线窃听攻击，确保网络设备有一个良好的电磁兼容工作环境。

3. 在服务器与校园网的连接处设置防火墙，防止非法用户的频繁登录、猜测系统密码，对服务器的开放端口进行限制。

4. 从制度上加强办公自动化系统的保护作用。具体措施有：制定系统安全目标和具体的管理制度，对办公自动化系统使用及其信息的浏览，设置不同角色不同的访问权限，涉密信息不得在系统里进行加工、存储和传递等。

三、工作成效

（一）工作保密性进一步增强

安全保密是公文处理工作的基本要求，除了确保上级单位下发的涉密文件绝不失密、漏密外，还要确保校内文件不外传。电子政务的实施，可以将传统的纸质文本替换为电子文件，通过对公文的类别、签发、批阅、办理情况反馈、文件的归档管理等各流程进行规范，大大降低了学校内部文件外传的概率。

（二）工作效率进一步提高

办公自动化的实施，一是减少了公文运转层次，使公文的传递和办理效率得到提高；二是明确规定了办文时限，可以随时掌握文件及事项的办理进程、承办部门办理情况的反馈；三是现代化的公文处理方法、科学的公文处理工作程序，使办文工作忙而不乱，秩序井然，在工作中更加讲求效率。

（三）节约办公成本

无纸质化办公，使得办公室和其他各部门在办文过程中的纸张使用大量减少，节约了笔墨、印刷、装订等办公费用开支，体现了“绿色办公”的理念。此外，电子文件和电子邮箱的使用，不仅提高了文件传输速度、准确性和安全性，还减少了部门工作人员到党校办机要科领取纸质文件，节约工作人员时间。

（四）为督办工作提供有效支撑

全新的公文管理制度，整合了通知公告、会议纪要、发文管理、收文管理、督办管理等各个模块，并且通过系统角色设置划分各部门在公文处理过程中的职责范围、工作任务，便于办公室集中掌握文件处理情况。在督办功能完善后，掌握办理现状，便于及时督促公文承办部门的工作进展，能够保证各项工作及时处理，实现了公文处理制度化、规范化、科学化、高效化。

四、经验体会

（一）增强工作人员责任心

办公自动化实施后，要求各部门公文秘书适时查看电子政务文件，并及时转办，避免延误，同时需要督促部门内相关工作人员及时反馈办理情况，增强了办公人员责任心。

（二）调动工作人员积极性

办公自动化系统中各项功能的使用，都要求工作人员必须更细心、谨慎。拟文做到用词精准，问题指向明确，避免照本宣科、照抄照转；发布前要对内容和格式仔细校对；发文后要切实监督公文实施情况，各个环节，都要求工作人员必须积极主动，不断学习，切实提高公文写作质量。

（三）避免文件的遗漏遗失

办公自动化服务的最大特点，就是办公效率得到显著提高。经济高效的网络传输，减少了纸质文件在各部门、各层级之间的传递，通过电子邮件这种方式传递信息，不仅高效可靠，还避免了纸质文件交接过程中的遗漏遗失、泄密等问题。

（四）办公形式更加便捷、灵活

传统的纸质化办公受到时间、地点等外界环境的限制，在办公自动化背景下，随时随地办公成为可能。办公软件逐渐完善，智能化程度不断提高，经过简单学习就能掌握基本的操作方法，实用性非常强，为办公自动化的实施，提供了强有力的支撑条件。党校办正在开发手机办公，借助互联网的便捷性，办公形式将更灵活。

（五）信息沟通更顺畅

实行办公室自动化后，办公室人员可以快速地将收集的大量信息进行录入、分类、整理和分析，向校院领导反映反馈意见，为决策提供依据，发挥好参谋助手作用。另外，可以利用信息资源共享，协调好学校各单位之间的工作，实现高效的信息沟通。

（执笔人：李文静）

多措并举　推动哲学社会科学繁荣发展

科学技术发展研究院

一、背景与目标

近年来，我校在“人才强校战略”引领下，科学研究工作取得长足发展，哲学社会科学也取得较大发展，2016 年获批国家社科基金数量和教育部人文社科一般项目数量均达到历史新高，立项率也远远高于全国平均水平。但是，从整体上来讲，我校哲学社会科学研究与国内兄弟院校相比仍存在很大差距，远不能满足创建世界一流农业大学办学目标的要求。当前，哲学社会科学日益受到国家的重视，加快推进哲学社会科学发展，不仅能为党和人民述学立论、建言献策，为民族复兴提供思想理论支撑，也关乎学校改革发展大计。因此，作为学校哲学社会科学领域科研项目管理人员，有责任在总结分析我校存在问题的基础上，采取多种有效举措，全力推动我校哲学社会科学繁荣发展。

二、主要做法

研究基础相对薄弱，高层次人才缺乏，青年科研骨干不足，是我校哲学社会科学研究领域存在的突出问题。三年来，通过青年骨干培养、重大项目策划、研究基地培育等有效举措，积极推动社科发展。

（一）多途径着力培养青年科研骨干

“十二五”期间，学校新增加哲学社会科学科教人员 63 人，其中具有博士学位 54 人，具有硕士学位 9 人。为使他们尽快适应学校科研工作需求，尽快进入工作状态，研究院多方邀请国内知名专家来校做形势政策宣讲、学术前沿解读等，帮助青年教师开阔视野，尽早确定自己的研究方向。

从 2010 年开始，学校陆续设立基本科研业务费人文社科项目和软科学研究项目，专项支持哲学社会科学研究和人才培养。2017 年，在继续做好人文社科项目基础上，增设思想政治理论研究专项，主要支持中国特色社会主义理论体系研究、马克思主义理论研究、大学生思想政治理论教育和管理研究等。通过一系列校内项目的实施，提高中青年科技人员的研究能力，为申请国家社会科学基金、教育部人文社科以及省级项目奠定基础。

（二）精心组织，积极申报各类科研项目

一是针对社科项目种类繁多、主管部门分散的实际，密切关注各类项目主管部门申报公告，及时在校园网发布，积极拓宽申报渠道；二是通过基本科研业务费支持、科研奖励等措施，调动科教人员申报热情，提高申报项目数量；三是通过组织项目申报辅导、评审、形式审查等，不断提高资助率；四是通过鼓励、引导和配合，提高横向项目数量。

（三）周密谋划，积极申报研究基地

结合学校优势特色与陕西省战略发展需要，研究院提前谋划研究基地申报相关事宜。主管部门申报指南印发后，一方面主动向基地主管部门汇报我们的筹备情况，推介我们的研究特色、研究优势以及取得的研究成果，使主管部门对我校的基本情况有所了解，争取主管部门对我校的支持；另一方面我们积极组织校内相关学院研究申报指南，认真撰写申报材料，同时邀请校外相关领域专家，对申报材料进行研讨，进一步完善申报材料。在相关学院的积极配合与共同努力下，2015、2016 年我校分别成功申报到 1 个陕西省哲学社会科学重点研究基地。

（四）充分发挥智库作用，积极建言献策

结合学校研究优势和地域特色，围绕土地制度改革、农村金融、移民搬迁、精准扶贫等社会热点、难点问题，组织相关专家开展调查研究，充分发挥高校智库作用，积极为各级政府建言献策，不断扩大“西农声音”。组织专家通过《中国旱区农业技术发展报告》《中国农业产业投资报告》《中国西部地区生态文明发展报告》等报告编撰和发布，进一步扩大我校影响，提升我校声誉。

三、取得成效

在广大科教人员的共同努力和学校的大力支持下，3 年来，学校社科工作取得一定成效，虽然与中国农业大学、南京农业大学、华中农业大学等兄弟院校相比，在高层次人才、重大项目、标志性成果等方面尚有一定差距，但在其他方面的差距在不断缩小，在某些方面甚至实现了“弯道超车”。2017 年，我校国家社科基金项目获批数量位列全国农林高校第 3 位，仅次于华中农业大学和华南农业大学;教育部项目获批数量位列全国农林高校第2位,仅次于华中农业大学。

(一)获批项目持续增多,到位经费持续增加

2013年获批社科项目68项,2016年获批121项,增幅78%;2013年到位科研经费510万元,2015年首次突破1 000万元,2016年到位科研经费1 168万元,增幅129%。

(二)国家社科基金重大项目实现突破

2015年我校赵敏娟教授主持申报的“生态文明建设背景下自然资源治理体系构建:全价值评估与多中心途径”项目获批,经费80万元,这是我校获批的首个国家社科基金重大项目。

(三)陕西省重点研究基地实现突破

2015年我校申报的陕西省哲学社会科学重点研究基地“陕西现代农业与农村发展协同创新基地”顺利获批,这也是我校获批的首个省委宣传部重点研究基地。2016年我校申报的“陕西省乡村治理与社会建设协同创新研究中心”再次获批。

(四)智库作用成效显著

不断强化社会服务功能,积极为党和政府决策提供思想理论支撑。通过西部发展研究院建设、软科学项目资助等引导,仅2016年我校就收到国务院、中央农村工作领导小组办公室、全国人民代表大会农业与农村委员会、陕西省政府、陕西省政协等相关领导批示的《关于加大对农村产权抵押金融试验政策支持力度的建议》《关于加快农村金融立法的建议》《进一步加强我省农村法治建设的若干建议》等政策建议7份。

(执笔人:刘旭)

关爱人才　甘于奉献

高层次人才工作办公室

一、工作背景

人才是学校发展的核心要素和第一资源，是创建世界一流农业大学的根本保障。自2004年以来，学校持续深入实施“人才强校”战略，并取得显著成效，人才队伍建设规模不断扩大，人才结构逐渐优化，国家级标志性人才数量取得重大突破和进展，农业科学、植物学与动物学、工程学等6个学科进入ESI前1%，学校实现了快速发展。但对照创建世界一流农业大学的奋斗目标，学校仍存在着学术领军人才严重匮乏、青年拔尖人才奇缺、中青年学术骨干后继乏力等突出问题，人才队伍建设依然面临着严峻挑战，任务异常艰巨。作为从事人才工作的一线工作人员，面对学校事业快速发展对人才的迫切需求以及区位劣势和行业劣势所造成的引人难、留人难等诸多困难，我丝毫不敢懈怠，在各级领导的带领及同事的支持下，甘于奉献，不断开拓思路，创新工作方法，以满腔热情，全身心投入到工作中，并取得一定成效。

二、主要工作举措

（一）以高度的责任感，全力以赴做好人才工作

1. 加强学习，把握政策，完善人才工作新机制

近年来，随着国家、陕西省及学校对人才的高度重视，各级各类人才政策、文件层出不穷，加班加点借助网络、期刊等媒体平台及时关注人才工作新动向，认真学习、研读并领会各级人才政策和文件精神，以在工作中贯彻落实。同时，积极主动向做得好的其他兄弟院校请教，将搜集来的多所其他高校人才工作信息比如科研经费、薪酬发放、住房待遇及人才服务方式等进行分析对比，从中找出我校人才工作存在的问题，主动向领导汇报交流，提出合理的建议，不断优化

和完善我校相关政策，增强吸引力，使我校人才政策一直走在国内前列。

2. 广开思路，全方位做好人才宣传工作

面临当前人才竞争趋于白热化局面，以及我校引进人才难度大等问题，广开思路，想方设法做好人才引进动员和宣传工作，最大限度获取人才资源。除在校园网、人才办网站、学术界关注度较高的科学网以及海外留学生关注的留学网进行宣传外，还要创新举措，拓宽渠道广泛宣传和动员：一是主动与国际处联合，组建了500余人的海外留学人员信息库，邀请他们借助在外的人脉关系为学校进行宣传，并将其作为目标人才进行跟踪。二是制作包括人才政策、学校宣传片、引进程序及所填表格在内的人才引进工具包，借助QQ、微信等新媒体平台，及时推送给学院、专家及海外留学生，使我校人才政策在短时间内扩散发布。三是通过网络资源及专家推荐，建立了180人国家重点人才资源信息库，掌握人才新动向，深度挖掘人才资源。四是主动与学校侨联学者联谊会联络，充分发挥侨联成员的"桥梁纽带"作用，为海外优秀人才加盟我校铺路搭桥。

3. 勇于探索，努力做好人才评价工作

为客观评判人才学术水平，积极出谋划策，逐步完善人才评价制度，按照二级学科重点发展方向，挖掘学科带头人和专家力量，负责建立了百余名国内权威专家信息库，为实现同行专家学术评价及人才分类评价奠定良好基础。同时，经多方咨询，2014年与爱思唯尔公司合作，尝试依托第三方专业评估机构对人才进行学术评价，为准确判断人才学术水平提供充分依据，并且该评价方式也受到陕西省人才工作部门的好评。

4. 注重总结，善于研究，积极参与人才政策修订工作

为使我校各项人才政策适应当前人才工作新形势和新要求，满足学校发展需求，在领导的带领下，我积极参与人才政策研究，执笔起草了《高端人才及团队引进计划实施办法》《青年英才引进计划实施办法》（校人发〔2015〕148号）。同时，注重总结经验，不断改进工作。执笔起草的《坚持引育并举，扎实推进人才强校战略》2014年获机关党委十佳优秀工作案例。

（二）以情感人，树立人才工作新形象，全心全意做好人才服务工作

1. 关爱人才，树立人才工作新形象

作为一名人才工作者，主要服务对象是来自全球各地学历层次高、长期从事科研工作、具有一定个性的专家和人才。面对这些人才，由于地域风情、思维方式的差异，稍不留意，一个细节上的疏漏，一句不经意的话语，就会造成对方不满，影响学校的声誉。为此，我牢固树立"尊重知识，关爱人才"的思想，能够

不厌其烦地耐心接听电话，详细解答对方疑问。并且，考虑到应聘者大多都在海外，存在时差，为了保证与所有应聘者取得联系，坚持手机 24 小时开机，不管午休还是深夜，随时接听应聘者咨询，尽全力为人才提供热情周到的服务。

面对刚来校工作的引进人才，人生地不熟，不管是工作、生活上遇到各种问题和困难，都在第一时间向我求助或发泄。如不清楚学校各部门的办事流程、相关规定和要求，过渡房的下水堵塞、钥匙被锁到房屋、工资卡丢失等诸如此类的琐碎小事，更有甚者是遇到困难，自己不能解决大发雷霆等等，我都能毫无怨言地欣然接受，耐心解释，尽力解决，决不讲条件，推卸责任或回避问题。坚持做到解释细心、有耐心，时时处处传播学校的热情、细致、周到的良好服务形象。为此，受到引进人才的大力称赞。

2. 转变观念，服务前置，及时为人才落实各项待遇

为使引进人才来校后尽快适应环境，全身心投入工作，我树立“主动服务，工作前置，全天候 24 小时”服务理念，从点滴小事做起，协调相关部门，及时为各类人才做好科研经费划拨、实验平台搭建、工资津贴发放、住房安置、子女入学(托)等各项服务工作。努力做到“三不让”：不让办事的人才在我这里受冷落，不让待遇的落实在我这里受耽搁，不让部门的形象在我这里受损害。

据统计，2014—2015 年共负责为 87 名引进人才、240 余名校内人才落实科研经费、工作津贴、安家费等相关待遇共计 1.2 亿元，办理绿卡、多次往返签证、特约医疗证等 23 件，为各类人才在校潜心研究、安心工作、舒心生活提供保障。同时，积极开展节日、生日送祝福活动，使人才早日对学生产生归属感和认同感。

(三) 爱岗敬业，甘于奉献，为他人树立良好榜样

1. 以大局为重，积极主动分担各项工作

作为本部门唯一一名老兵，面对新来工作不久的同事，一些棘手的具体事务处理，领导虽未给自己分配任务，考虑到同事经验不足，主动帮同事一起出谋划策、解决问题。同时，遇到同事生病不在岗，为使前来办事人员顺利办妥事项，不顾个人任务繁重，积极主动承担起同事的分管工作，为本部门赢得良好声誉。

2. 爱岗敬业，以身作则，为他人树立良好榜样

人才引进工作是一项看似简单却又烦琐的工作，白天 8 小时工作时间，仅是查收、回复邮件、接打电话将近占去三分之一时间，要将人才工作做好，正常工作时间根本不能保质保量完成所有工作。作为科室负责人，早上班晚下班、

节假日或周末加班已成为工作常态。考虑到本科室的同事年纪轻，孩子小，责任重，我从不计个人得失，加班时要做的很多工作都由自己承担。也正因此，自己和同事的关系相处得非常融洽，工作配合得也非常默契，以自己的实际行动为他人树立良好榜样。

三、取得的主要成效

近三年来，在校领导的高度重视、部门领导的带领以及同事们的帮助下，凭着自己对工作的满腔热情和勤奋努力，使我个人得以历练和成长，从一个初涉人才工作的普通人员成长为一个模块负责人。并且其扎实的工作作风赢得了领导和同志们的一致好评，2014 年度考核获得“优秀”，并被评为校级先进工作者，2015 年度被评为“工会先进工作者”，2016 年度被评为机关党委优秀党员，2017 年度被评为陕西省人才工作先进个人。

同时，在工作中，始终保持积极向上的态度，认真做好领导交办的各项工作，对所负责的工作提前部署，精心策划。周密组织安排每一次的人才面试考察、人才上会研究以及国家重点人才项目推荐上报。三年来，共安排人才来校面试考察 82 人次，组织推荐申报国家千人计划系列人才项目 45 人次，使人才引进工作取得良好成效。近 3 年，从美国、加拿大、澳大利亚等海外知名高校和科研机构共全职引进副教授及以上各类高层次人才 63 人，其中国家“千人计划”特聘专家、“青年千人”、“长江学者”特聘教授等国家级标志性高层次人才共计 12 人。值得一提的是经过精心组织推荐，“青年千人计划”和“外专千人计划”入选者自 2014 年实现“零”的突破，仅 3 年时间，共 8 人入选国家“青年千人计划”。这些高层次人才的引进，为学校事业发展注入了新鲜血液，提供了智力支撑和保证。

（执笔人：陈小燕）

研究生指导教师培训需求问卷调查的管理应用

研究生院

一、工作背景

研究生导师队伍的建设与发展决定了研究生培养质量的高低，随着研究生教育改革的不断深入，研究生导师队伍规模逐步扩大、新进导师不断增加。研究生教育的不断改革和发展对导师的指导能力提出了新的要求和挑战，导师对于培训服务的需求日趋增加，以往自上而下、指令性、一过性的导师培训已不能满足导师能力提升的需求。针对这些问题，需要管理服务部门从导师的需求出发，结合学校的实际，在导师培训组织、管理方面进行改革，以期通过导师培训的改革提高导师队伍的指导水平。

二、工作思路

为提高研究生指导教师的指导能力，使新增导师尽快投入研究生培养工作中，我校自 2000 年开始，开展过 16 次新增导师培训工作。经过多年的实践和总结，导师培训计划相对稳定和成熟，但在培训内容、方式等方面需要不断提升和完善，为此，2017 年 5—6 月，研究生院学位处设计了导师需求调查问卷（附件），从培训内容、培训方式、时间安排、效果评价等多个维度设计了 13 个问题，通过导师座谈会或委托研究生秘书分发给各个学院的相关导师填写。希望通过本次问卷分析，对导师在指导研究生方面密切关注和迫切需要了解的问题进行梳理，为制订合理的导师培训方案，采取有效措施，加强导师指导能力建设提供依据。

三、实施过程

（一）问卷调查概况

本次调查发放问卷共计 450 份，回收 413 份，回收率 92%。其中，博导 149

人(36%)、硕导 264 人(64%)。

(二)相关问题的分析

通过调查问卷分析,导师们认为:导师培训工作十分必要,可以每学年开学初开展为期一天培训,采取主题研讨、系列讲座、培养基地观摩、网络学习等形式;在培训内容方面,导师们最想了解国内外指导研究生的成功做法、研究生教育动态和先进教育理念、研究生教育政策解读、学术道德问题、如何提高管理能力等方面。同时,导师们建议聘请国内外优秀的博、硕士生导师做报告,希望管理部门对导师权责、培养、招生、研究生教育管理、毕业与学位授予、奖助体系和学籍管理等方面政策予以重点解读,在研究生培养过程中,开展导师专题研讨、沙龙等活动。

四、主要成效

通过本次调研,在相对集中的时间内,及时征集到了导师的需求和关注点,对服务导师、满足研究生培养需要方面具有针对性的指引,搜集到了操作性的建议;对开展导师培训、相关政策制定、导师指导能力提升建设等方面提供了依据。

(一)为制定导师培训方案提供了有针对性的建议

2017 年 9 月在学位管理处制订导师培训方案是充分吸取了导师们的建议,拟从六个方面提供有针对性的培训:一是组织新增导师学习国家及学校有关研究生培养的法律、法规和办法;二是聘请校外著名高校的院士或指导的博士生已获全国优秀百篇博士论文荣誉称号的博导做如何指导研究生的专题讲座;三是聘请校内在研究生培养方面有突出成绩的导师传授培养经验;四是进行分组讨论,深入探讨,交流心得体会;五是系统梳理导师关注的政策热点,加入了政策解读的培训内容;六是拟与相关企业联系,为导师提供在线学习相关研究生教育管理视频。

(二)为编写《导师手册》提供了依据

通过对导师最需要了解的相关管理政策、导师认为新任导师欠缺的方面等问题的调研,为编著《导师手册》提供了依据,拟就导师关心的相关问题,通过《导师手册》的方式予以解答和宣讲。学位处自 2017 年 6 月起启动了《导师手册》编著工作,手册中包含了国家、教育部有关规定,学校规定两部分。第一部分包括从《高等教育法》《学位条例》到研究生质量保障体系建设等内容,第二部分从招生、培养、学位、研究生教育管理等方面整理出学校正在执行的管理规定、制度及政策。使导师能够在最短的时间内掌握核心工作要点，保证导师能够按照相关规定培养研究生。

相关调研结果也为起草《研究生指导教师岗位职责与管理办法》提供了思路，拟进一步明确导师在学生管理等方面的职责。

附件：研究生指导教师培训需求问卷

研究生导师培训需求调查问卷

亲爱的各位导师：

您好！非常感谢您能抽出时间参与本次问卷调查。此项调查旨在了解各位导师对于指导能力培训的需求，进一步提高导师培训的针对性和参与性，保证培训效果，问卷采取不记名方式填写，请根据您的实际想法进行回答。

请您在最符合自己的选项上打“√”，如有其他请在画线部分填写。

一、您的基本情况

A1 导师类别：

□ 博导　　□ 硕导

A2 您获得相应导师指导资格的年度：

□ 2013 年及以前　　□ 2014　　□ 2015　　□ 2016

A3 您的年龄：

□ 35 岁及以下　　□36 ~ 40 岁　　□ 41 ~ 45 岁　　□ 46 ~ 50 岁

□51 岁及以上

A4 您的职称：

□ 教授（研究员）　　□ 副教授（副研究员）　　□中级及其他

A5 您是否参加过研究生导师的专门培训：　□是　□否

A6 您是否参加过其他相关的培训（可多选）：

□ 校教发中心组织的入职培训　□ 校内相关讲座（培训）活动

□ 校外相关的讲座（培训）活动

其他：____________________

二、调查问题：

1. 您觉得导师培训是否有必要？

□ 非常必要　　□ 必要　　□ 一般　　□ 没必要

2. 您是否对导师培训有兴趣？

☐ 兴趣强烈，非常想　　☐ 有一定兴趣　　☐ 没有兴趣

3. 您认为在指导研究生过程中面临的难题有哪些？（可多选）

☐ 研究生忙于个人事情，疏于学习，不知道如何管理

☐ 研究生就业难

☐ 研究生的论文难以指导

☐ 教学与科研占用的时间和精力多，指导研究生的时间和精力少

☐ 本团队导师的合作和支持不够

☐ 对研究生管理相关规章制度了解不够

☐ 研究生团队协作不足

☐ 研究生的科研基础差，需要投入大量精力培训

4. 您认为导师培训最需要提供哪些方面的培训？（限选 6 项）

☐ 对培养制度和管理政策的解读

☐ 课程教学

☐ 教育理论

☐ 现代教育技术

☐ 学术道德

☐ 国内外指导研究生的成功做法

☐ 国内外研究生教育动态和先进教育理念

☐ 把握研究生的心理状态，提高管理能力

☐ 指导学生做科研

☐ 指导学生就业、创业

☐ 指导学生科研写作和发表科研论文

5. 您最需要了解的相关管理政策有哪些方面？（可多选）

☐ 导师权责☐ 招生政策 ☐ 培养过程相关政策

☐ 奖助体系政策 ☐ 学籍管理政策

☐研究生教育管理相关政策☐毕业与学位授予相关政策

其他：____________

6. 您认为导师培训应聘请哪些类型的专家？（可多选）

☐ 国内外优秀的博士生、硕士生导师

☐ 优秀的研究生教育管理者

☐ 熟悉研究生教育趋势和培养政策的上级部门的专家及领导

☐ 科研造诣深、熟悉科研申请的知名专家

☐ 就业指导专家

☐ 学生心理健康教育专家

☐ 其他专家：____________

7. 您认为导师培训应该采取哪些形式？（可多选）

☐ 系列讲座　　☐ 主题研讨

☐ 网络学习（课程）　☐ 培养基地观摩

☐ 其他形式：____________

8. 您认为导师培训比较适宜的时间段有哪些？（可多选）

☐开学初　☐学期末

☐学期间　☐学期间的周末

☐寒假　☐暑假

9. 您认为一次培训多长时间为宜？

☐半天　☐一天　☐2～3天　☐3～5天　☐5天以上

10. 您觉得专题研讨的导师规模在多少人比较合适？

☐10人以下　☐10～20人　☐20～30人　☐30～40人　☐40人以上

11. 您认为一次讲座多长时间为宜？

☐1小时以内　☐1～2小时　☐ 2～3小时

12. 您认为导师培训的效果主要体现在哪些方面？

☐ 培训的次数　☐ 培训参与的人数　☐ 宣传情况

☐ 培训的内容及质量　☐相关领导参与的情况

13. 您认为新任导师欠缺的方面是：（限选3项）

☐ 指导学生做科研的能力

☐ 指导学生科研写作和发表科研论文的能力

☐ 把握研究生的思想状况与心理状态的能力

☐ 管理研究生的能力

☐ 对相关政策的把握和指导学生的能力

☐ 严守学术道德

☐ 指导学生职业规划与就业创业能力

（执笔人：王彩绒）

立足四个方面 用“互联网+”促进学生成长成才

学生工作处

一、背景及目标

当前,互联网对人们的生产、生活、学习方式产生深刻影响,尤其是现在的95后一代,是伴随着互联网成长起来的。传统的教育理念及教学模式正在面临巨大挑战,教育综合改革势在必行。

易班(www.yiban.cn)是集思想教育、教育教学、生活服务和文化娱乐为一体的实名制综合性学生网络互动社区。目前易班已覆盖上海所有高校,并在四川、福建、广西、广东、陕西等16个省区及厦门大学、中南大学、重庆大学等全国300余所高校进行推广。2014年11月22—23日,中央网信办、教育部在上海联合召开了“易班建设经验推广会暨创新网络思想政治教育工作会议”。会上正式成立了“教育部易班发展中心”,下发了教育部办公厅、国信办秘书局《关于印发“易班”推广行动计划和中国大学生在线引领工程实施方案》(教思政厅函〔2014〕42号)文件,对易班全国共建做了明确部署。

我校是陕西省首所易班共建高校。两年来,学校立足先进性、实效性、普及性、服务性四个要求,着手思想引领、学风建设、心理健康、网络文化四个方面,深入拓展易班网络育人功能,通过“移动、互动、大数据”的信息化教育方式引导大学生走向德才兼备、又红又专、全面发展。

二、工作举措

(一)立足先进性,加强思想引领

注重队伍建设,设立专人专岗,在学校成立易班发展中心,在学院设立易班指导教师,将网络思政工作纳入业务能力考核和职称评定,鼓励辅导员等学工干部利用轻博客写好思想政治教育大文章,将思政教育传统优势向网络延伸。

把握时间节点，弘扬主旋律，先后开展“模拟长征”活动、纪念建党95周年党建知识竞赛、“两学一做”线上知识竞答等活动，开辟“两学一做”学习专栏，发布党建、长征、“九一八”等系列推文。

（二）立足实效性，促进学风建设

利用网络新技术，开发“易考勤”系统，开展二维码扫码签到，破解课堂考勤费时费事难题，配合大数据分析，智能筛选重点关注对象，促使教育从总体上的“漫灌”向因人而异的“滴灌”转变。开设迎新专栏，前置入学教育，提前端正学生学习态度、专业思想等。依托优课平台，推广学历教育、职业素养、资格认证、语言学习等相关课程，同时对接学校教育资源和精品课程库，鼓励学生利用微时间获得大收益。利用“题库”举办“校规校纪考试”“‘两学一做’知识竞赛”“网络安全知识竞赛”“食品安全进校园知识竞赛”等活动，通过以考带练、以赛带学鼓励学生拓展学习知识面。

（三）立足普及性，关注心理健康

研发“心灵驿站”应用，内置“焦虑自评量表”“抑郁自评量表”“大学生人际关系综合诊断量表”等7个常用心理学量表，帮助学生自我认识、自我学习、自我疏导。开通线上心理咨询预约，让咨询师与咨询时段一目了然，为咨询师与学生搭建一座沟通桥梁。开设线上心理自助学习，包括压力管理、缓解焦虑、走出抑郁、心理书籍等学习内容，打造有深度有温度的心理知识普及媒介。针对学生需求，线上开放“大学生心理健康与发展”“心理学与生活”“心理影视欣赏”等课程，充分利用线上时间开展心理健康教育。举办“光影心播客”系统活动，线上报名线下体验，让学生在观影中获得心理上的成长。

（四）立足服务性，建设网络文化

传播优质文化，开设“熊出没”专题报道，以易班熊的视角报道大学生最关心的校园事件，创作《茜茜上学记》系列漫画讲述新生入校的趣闻轶事，在易班熊与茜茜的互动中传递社会正能量。开展轻应用大赛，学生自主研发特色应用，培育一批学生研发团队，将易班打造成学生技术创新平台。提供优质的网络服务，推出了“易抢票”“网薪大卖场”“易人·易书·易悦读”“易享”等系列活动，让学生“喜爱上、离不了、有收获”。

三、工作成效

经过一年发展，以“互联网+”为核心的易班已成为我校发布学生信息的重要渠道、回应学生诉求的重要窗口、增进师生感情的互动空间、提升管理效率的重要抓手、丰富校园文化的重要平台、便利学生生活的重要载体。截至 2017 年 6 月，我校认证用户 28 596 人，关注人数 32 158 人，开设辅导员、班主任、名家名师等公共号 146 个，建立网络班级、党团支部、社团等 1 031 个，发布时事热点话题 3 000 余篇。2015 年，我校荣获“易班全国共建工作示范单位”荣誉称号；2016 年，我校易班指导教师荣获“2016 年度全国十佳易班指导教师”。2016 年 1 月，《中国教育报》以“易班串起智慧校园点滴事”为题介绍了我校易班建设工作情况。2016 年 11 月，《中国科学报》以“当‘点名’遇上‘互联网 +’”为题报道了我校“西农点名系统”。

（执笔人：陈忱）

推陈出新　主动服务

计划财务处

一、背景及目标

在计财处“以服务师生为宗旨”的要求下，为及时解决广大师生在预约报账过程中遇到的各种问题，减少共性问题被重复咨询的现象，同时也为了总结在报账过程中可能存在的其他问题，在原来和单个报账师生联系的基础上创立了师生报账咨询 QQ 群，并总结了部分报账老师好的经验与方法与其他师生共享，以便更加方便快捷地为报账师生服务。

二、工作举措

1. 以群公告的形式推送新的政策法规，同时标记出重点内容以提醒大家，并用通俗的语言进行解读。

2. 把日常咨询及电话咨询等 3 次以上同类型或相似方面的问题予以总结，整理出答案发布群公告。

3. 把差旅费管理办法、日常报销管理办法、公务接待相关规定等政策法规办法及通知进行整理并分批作为群公告公布，让广大报账师生可以随时随地查询相关标准，比如不同人员的住宿标准、乘坐飞机火车高铁等标准。

4. 整理并汇总相关制度及标准的电子版，以方便接单和报账时随时查阅，这种方式比查阅纸质文件更方便，也能随身携带，随时随地给报账师生答疑解惑。

5. 对于用语言不能详细表达的内容可以通过拍照片、图片及小视频的方式予以交流，比如如何预约、如何修改、如何认领经费、如何设置经费的额度、会议预算、邀请外国专家的预算做得是否合理。也可以把我们整理票据的要求及标准拍成照片或小视频的方式予以推送。

三、经验分享

在注重政策宣传的基础上也更注重借鉴平时报账过程中发现部分报账师生值得推广的好经验和好办法。

事例1:有的老师每次报账都拿个本子记着几号交的预约单,交在几号窗口,那个预约单报了多少钱,给哪家转了多少钱,差旅补助应该多少,补助转给了谁,都非常清楚,这就避免了后期的反复查询。

事例2:有的大课题组,有专人负责报账,上一届同学会亲自带下一届的同学过来报账,详细交代报账过程中应该注意的细节和应该注意的事项,手把手教他们如何整理票据,所以在接收他们预约单时快速又准确,几乎不用退单。

这些方法和模式非常好,值得其他老师和课题组借鉴。在前台审核中,我曾把这些方法和模式向别的课题组日常报账的人员进行了推荐,有效减少了退单的次数,降低了事后对不上账反复查询的概率,大大提高了我接单报账的效率。

四、效果及体会

在实际工作过程中采取以上做法以后,取得了很好的服务效果。既解决了一些老师们的实际问题,还宣传了会计制度政策法规,在解读政策的时候也会解释为什么这么要求,让报账师生更容易接受我们的新制度新规定,没有抵触情绪;在师生到达报账点之前就把报账单据实质性地预审了一遍,提高了我们的工作质量和效率,为报账师生节约了大量宝贵的时间,也提高了我们的工作满意度。

今后,我依然会立足于做好自己的本职工作,心怀全校师生,把工作做在问题的前面,在工作中不断地学习钻研总结提高,更好地为广大师生服务,为学校财务管理工作做出自己的贡献。

（执笔人:李延转）

从严从实锻造合格的组织工作部门

党委组织部

一、背景和目标

党的十八大以来，以习近平同志为核心的党中央，坚持党要管党、全面从严治党的原则，坚持思想建党和制度建党紧密结合，提出了一系列管党治党的新思想、新理念、新举措，建立健全了一批务实管用的管党治党新规定新制度新政策。把这些学习好、贯彻好、落实好，重要的前提就是，党委组织部门必须坚决贯彻习近平总书记关于建设“讲政治、重公道、业务精、作风好”的重要指示精神，牢固树立“打铁还需自身硬”的思想意识，坚持从严从实，着力强化部门的政治、思想、作风和业务能力建设，努力把自身打造成为政治素质过硬、工作作风优良和业务能力强的合格组织工作部门。

二、主要举措

（一）努力增强组工部门的政治意识

坚持政治建部的首要原则，把讲政治作为部门建设和工作的第一标准，牢固树立组织部门是政治机关、讲政治是天经地义的意识，明确要求部门全体干部在服务大局、做好各项工作中，要善于从政治上大局上观察、分析、解决问题，自觉锤炼对党绝对忠诚的政治品质，自觉绷紧讲政治之“弦”，时刻校准讲政治之“标”，主动落实讲政治之“责”，努力做政治上的明白人。

（二）持续加强组工干部的思想建设

坚持将思想建设作为部门补钙铸魂、强筋健骨的“良方”，建立常态学习机制，积极优化学习载体和形式，努力形成勤于学习、善于学习、乐于学习的良好风气。

1. 坚持依托党支部“三会一课”、部务会等制度平台，紧紧围绕提高政治意识、增强政策运用、强化拒腐防变等要求，开展集中学习研讨，努力加强部门干部党性修养，促进组工干部理论知识和业务能力不断提升。

2. 建设业务学习“小书架”，结合部门工作的性质和特点，订阅党建类刊物 10 余种，购买党建党史类和工作实务类书籍 100 余册，为部门干部强化业务学习提供有力支撑。

3. 创建网上“精神家园”，先后依托 QQ、微信建立了“组工之家”“组工一家人”等工作学习交流群，第一时间传递理论声音、政策动态等，有力促进部门干部间的交流学习。

（三）从严抓好组工部门的纪律作风建设

坚持将纪律规矩作为部门的“顶梁柱”，坚决把纪律要求挺在前面。

1. 以开展党的群众路线实践教育活动、“三严三实”专题教育、“两学一做”学习教育等党内重大专项教育为契机，组织部门干部认真对照党章规定，对照廉洁自律准则 8 条规范和党纪处分条例 6 项纪律，对照正反面典型，开展专题学习和警示教育，引导部门干部自警自励、修身正己。

2. 将纪律作风建设融于日常，见人见事见思想，把抓工作同抓管理结合起来，把管事与管思想管作风管纪律贯通起来，教育引导部门干部把严的要求、实的作风融入思想、融入工作、融入言行。

3. 积极改进工作作风，深化工作首问首办负责制，切实将每一项工作责任到人，努力强化部门服务意识和责任意识，进一步提高工作效率和群众满意度。

（四）努力提升组工干部的能力建设

坚持树立“质量是组工工作的生命线”意识，积极培育部门干部“安专迷”精神，努力使每位同志成为组织工作的“专门家”和“政策通”。

1. 教育部门干部要心无旁骛，能够“坐得住冷板凳”，自觉做到安于本职、挡住诱惑、耐住寂寞。

2. 积极发扬部门“传帮带”工作传统，坚持以老带新，坚持实践领悟，并结合干部个人特点，有计划规划成长路径，努力在较短时间将每位干部培养成为业务工作的行家里手。

3. 培养部门干部强烈的责任感，教育引导同志们正确认识工作，积极钻研工作，主动适应工作；每当面临“艰”“难”“急”“重”工作任务之时，部门领导率先带头，将“白加黑”“5 +2”作为常态，始终保持积极进取的状态和昂扬向上的激情，在坚持不懈中高质量完成各项任务。

三、主要成效

组织部门在校党委的正确领导下，通过不断强化自身建设，有效完成了校党委交办的各项任务，使学校党的建设沿着全面从严治党要求不断走向深入。

（执笔人：唐勇）

打造“西农团委”微平台
做好青年学生的网上思想引领

团　委

一、背景及目标

2016 年 12 月 7—8 日，全国高校思想政治工作会议在北京胜利召开，在会上中共中央总书记、国家主席、中央军委主席习近平指出，做好高校思想政治工作，要因事而化、因时而进、因势而新。要运用新媒体新技术使工作活起来，推动思想政治工作传统优势同信息技术高度融合，增强时代感和吸引力。由此可知在新媒体环境下，新媒体凭借传播对象广泛、传播形式灵活、信息到达率高的优势，成为高校思想政治教育的新途径和新思路。

二、工作举措

（一）健全运营团队，师生共同参与

扩充现有运营队伍，充分利用学校各方面资源，吸纳学校优秀撰稿作者、专业技术人才加入，收集具有学校特色的思想政治教育素材，充实思想政治教育相关稿件来源，提高思想政治教育相关稿件的吸引力。

在运营队伍建设方面，在现有的学生组织直接运营、一名老师进行指导的模式下加以扩充，要求学校党委宣传部宣传人员、思政部教师、学生工作处教师以及校史馆老师加入撰稿队伍中来，鼓励学校创业团队、相关技术人才加入运营编辑团队，提高运营团队的新媒体素养以及业务水平。通过定期开展集中培训、集体学习等方式，逐步加强运营团队编辑撰写思想政治教育类相关稿件的能力。

在稿件内容方面，以时事政治为基本，通过运营学生的编辑，再加上相关老师的升华与审核，最终能够迎合新媒体特点，使学生乐于接受，从而达到思想政

治教育的目的；以校史英雄人物为基点，通过深度挖掘，结合当下热点进行编辑创作，与读者拉近距离，引发读者共鸣；以学生当下关注热点为出发点，加以深度解读，提炼正确的价值观，通过学生及相关老师共同分析，加强突发事件相关的思想政治教育。

在稿件形式方面，摆脱以往说教图文的单一形式，开辟其他更适合青年学子接受的形式。以漫画的形式，将思想政治教育内容通过漫画故事的形式展现在学生面前，激发学生的兴趣；以 H5 新形式，将教育内容与网络技术结合，设计诸如点亮火炬、接力转发等类似的薪火传递活动，扩大教育内容的传播范围；以小游戏的形式，呈现思想政治教育内容，让学生在玩耍的过程中学习，加深学生的印象，吸引学生的注意力；以街头采访、短视频等当下热门的形式，对高校老师、同学加以采访记录，展现同辈学子的优秀品质，依靠榜样的力量，鼓励学生向优秀的同学看齐；以视频直播的方式，对思想政治教育进行网络呈现，打破空间与时间的限制，结合弹幕等功能，充分讨论相关教育内容，提升思想政治教育的效果。

（二）建立监管机制，同学互相引导

除了主动宣扬正能量之外，团委也需要对学子能接触的网络环境进行有效监督，确保网络空间清朗，积极向上。

对于官方媒体编辑发布的稿件，严格审查转载方，实时监控转载方的发布内容，避免内容被消解；筛选评论，选择积极向上、正确表达教育内容的见解，及时删除不正当言论，避免错误思想进行传播；发动团学干部为第二发言人，在朋友圈等个人社交媒体发表自己的正当言论，创造清朗网络空间，营造青春正能量的网络氛围。

对于学生发表的观点见解，鼓励采用青年之声、网络社区等已有的网络平台，充分发挥新媒体的交互性，将大家的学习体会整理汇总到同一话题贴，便于同学之间互相交流讨论，也便于实时了解学生的学习进度以及理解程度，进而合理安排下一步的学习教育。同时，老师也可对学生的学习见解进行一一指导，在指导交流中进一步提高学生对学习内容的认识。

除此之外，建立合理的奖惩措施，鼓励同学对于不正当言论的举报，同时奖励积极参与思想政治学习并且有积极观点的同学。以团支部为最小单位，团支书担任班级网络监督员，及时发现班级同学所接触的不正当言论加以汇总并上报学院团工委，及时处理，监督网络环境。

（三）联合线上线下，充分调动资源

由于网络自身虚拟化的特点，只利用新媒体在网络中进行思想政治教育远远不够，当然，只利用传统的讲座课堂式的教育也远不能够适应当今大学生的思想政治需求，唯有线上线下相结合，充分发挥网络不受时间和空间限制的灵活性优势，结合线下活动更能加深学生印象的独有特点，使得思想政治教育能够覆盖更多的青年学子，提高思想政治教育的效果。

依靠学校官方新媒体平台的相关教育类稿件，对学生进行潜移默化影响；监管学生所能涉及的网络舆论环境，宣扬正确价值观，培育学生良好的道德规范；结合线下社会实践活动，将所学习到的思想观念、政治观点、道德规范进行实践应用，加深对思想政治教育内容的理解，充实思想政治教育。

三、经验启示

回首过去，西农团委公众号仿佛一颗种子经历了从萌芽、抽叶、开花，再到结果的沉淀，这风雨兼程的旅途，有迷惘，有压力，有信念，有坚持。在过往参与的活动中，我们不断积累经验，吸取教训，有以下几点经验：

（一）明晰自我定位，强化服务功能

西农团委微信公众号主要实现四大功能：其一，信息发布和传达；其二，搭建学校与师生之间的桥梁，拉近两者之间的距离；其三，听取同学心声，服务同学，化解矛盾；其四，危机监测、预警和快速公关，稳定学生情绪，及时辟谣。

（二）贴近学生生活，加强监管

由主管新媒体的老师担任审核编辑。专人专栏，及时回复评论和私信，开辟品牌栏目，如《西农青年说》《深度调查》《吐槽》等，从普通大学生的角度出发，关注大学生日常感兴趣的话题，互动互补，放低姿态，从学生中来到学生中去。引导好全校的舆论导向，帮助学生树立正确的社会主义核心价值观。

（三）打造品牌活动，彰显特色

与人为善，助人为乐；甄别信息，把好内容质量关；力争原创，保持信息的灵敏度和触觉；坚持特色，打造品牌栏目和品牌活动；笑对批评，有错就改，道歉及时，树立负责任的形象。

（执笔人：高媛）

以人为本　服务校园无线网络建设

网络与教育技术中心

随着移动互联网时代的到来，智能手机、平板、笔记本电脑等设备在高校校园里快速普及，多媒体教学、网络授课在校园里广为流行。传统的有线网络远远不能满足高校师生生活以及教学的需求。校园无线以其构建灵活、终端移动灵活、节约成本等特点受到各大高校的青睐。西北农林科技大学搭乘无线新技术的快车，快速筹建部署校园无线网络，基本上完成了校园无线网的全覆盖工作，为广大师生生活、教学提供了方便。作为西北农林科技大学网教中心一名职工，负责校园无线建设与维护，目前已完成了校园无线一期建设，校园二期建设已进入了试运行阶段。

一、背景及目标

自 2015 年起，校园网一期建设启动，按照最新技术标准在学生公寓和主要教学楼宇建设了 1 800 个高质量 AP。随着我校教学以及科研能力的日益强大，我校校园网个人注册用户已超过 4 万户，现有的无线布局已不能满足广大师生的需求。不断有师生通过给校长信箱写信或打电话到网教中心等方式反映无线网的不完善制约了教学以及科研工作，提出了完善无线网的迫切需求。因此，完善校园无线网，为用户提供高速稳定的无线网络环境，更好地支撑教学、科研、管理工作成为当务之急。

本着以人为本、以学校发展为己任的原则，根据师生提出的建议，兼顾远期发展目标，在一期项目的基础上，开展校园无线二期建设，建设高效稳定的网络，保证平台安全稳定和高效运行，为学校师生提供优质高效的网络服务。具体目标如下：

1. 利用无线网络技术进一步扩展校园网的覆盖范围，使全校师生能够随时随地、方便高效地使用校园网络。

2. 针对现有的校园无线网进行优化调整，主要优化无线信号覆盖较弱的区域和无线上网用户密集的区域，通过优化提高用户体验。

3. 提升校园网络环境，提高管理水平和效率，推动学校信息化建设。

4. 覆盖部分原来没有有线网的空间。

二、工作内容及过程

（一）主要工作内容

西北农林科技大学无线网络二期建设将完成主要办公和科研楼、一期未覆盖的学生公寓以及教学楼等地域的无线覆盖，是一期的补充和扩展，以实现在教学区等公共区域的校园无线网络全覆盖。

具体无线覆盖区域如下：

1. 南区：共 8 栋楼宇，包括林学院行政楼、国际交流中心、科研楼、第二食堂、南苑食堂、清真食堂、农科楼、南绣山。

2. 北区：共 10 栋楼宇，包括人文学院、新机电学院、理科楼、北绣山、信息学院、老水建学院、3 号食堂、4 号食堂、六灶、八灶、食品楼。

3. 学生公寓：部分宿舍楼（增补一期中未能覆盖区域）。

4. 教学楼：北校区 1 号教学楼、北校区 6B 教学楼、北校区 7 号教学楼、北校区 8 号教学楼（增补一期中未能覆盖区域）、南校区 1 号教学楼（增补一期中未能覆盖区域）、南校区 3 号教学楼（增补一期中未能覆盖区域）。

（二）工作实施过程

校园无线网络（二期）建设项目合同于 2016 年 10 月 10 日签订。作为校园无线建设的一线职工，我根据计划安排开始进行校园无线二期建设的现场实际勘测工作，以保证每个安装楼宇的 Wi-Fi 覆盖强度，随后进行校园无线网络的综合布线。待设备到货后，开始陆续安装设备，至 2016 年底无线网具体施工结束，并进行统一调试。本次无线网升级范围内，已零散安装有 100 多颗锐捷和 2 000多颗 H3C 的无线接入点。办公楼宇采用廊道部署 AP 为主，部分办公室按照结构需要室内布点（功分），新的大教室采用室内布点。具体部署方式如下：

1. 核心层：在学校信息中心部署 1 台 H3C S10510 无线网核心交换机，在核心交换机上部署 2 块高性能的无线控制器 AC 插卡，给每个无线控制器 AC 插卡配置多个无线 AP 管理授权许可，实现 1 +1 冗余，保证无线网络的高效可用。

2. 汇聚层：采用学校现有的楼宇汇聚交换机，减少维护工作量。

3. 接入层：根据无线 AP 的不同分布，接入层 POE 交换机分别采用 24 口和

8 口交换机为 AP 进行远程供电。

由于核心割接时间与研究生考试时间冲突，为保证研究生考试的顺利进行，割接时间推至 2017 年元月中旬，后续进入试运行阶段。试运行期间随机选取了某天的日在线人数报表。

表 1　某天日在线人数报表统计结果

	00	01	02	03	04	05	06	07	08	09	10	11
有线1X接入	2334	1604	1308	1202	1148	1124	1163	1456	3549	5909	7394	7738
有线WebPortal接入	3	3	1	1	1	1	1	2	13	18	19	18
无线1X接入	0	0	0	0	0	0	0	0	0	0	0	0
无线WebPortal接入	0	0	0	0	0	0	0	0	0	0	0	0
IPOE WEB接入	0	0	0	0	0	0	0	0	0	0	0	0
IPOE WEB接入	0	0	0	0	0	0	0	0	0	0	0	0
智能终端1X接入	0	0	0	0	0	0	0	0	0	0	0	0
MAC快速接入	0	0	0	0	0	0	0	0	0	0	0	0
无线标准Portal接入	20505	18961	2431	1837	1794	1856	2253	5352	11223	14880	17541	19096
有线标准Portal接入	35	32	28	30	28	27	26	27	25	26	27	28
Web纯准出接入	0	0	0	0	0	0	0	0	0	0	0	0
VPN拨号接入	13	9	9	8	8	9	10	11	17	23	30	32
通用认证接入	0	0	0	0	0	0	0	0	0	0	0	0
总在线人数	22890	20609	3777	3078	2979	3017	3453	6848	14827	20856	25011	26912

	12	13	14	15	16	17	18	19	20	21	22	23
有线1X接入	7670	7859	7619	8517	9027	9102	8038	7694	7937	8054	7978	5216
有线WebPortal接入	12	10	16	20	22	23	18	14	13	13	10	7
无线1X接入	0	0	0	0	0	0	0	0	0	0	0	0
无线WebPortal接入	0	0	0	0	0	0	0	0	0	0	0	0
IPOE WEB接入	0	0	0	0	0	0	0	0	0	0	0	0
IPOE WEB接入	0	0	0	0	0	0	0	0	0	0	0	0
智能终端1X接入	0	0	0	0	0	0	0	0	0	0	0	0
MAC快速接入	0	0	0	0	0	0	0	0	0	0	0	0
无线标准Portal接入	20241	21697	22094	21626	20434	19313	18903	18883	18932	18450	18268	18540
有线标准Portal接入	28	29	27	26	26	28	31	28	29	32	33	37
Web纯准出接入	0	0	0	0	0	0	0	0	0	0	0	0
VPN拨号接入	28	25	26	29	35	33	29	26	27	26	23	19
通用认证接入	0	0	0	0	0	0	0	0	0	0	0	0
总在线人数	27979	29620	29782	30218	29544	28499	27019	26645	26938	26575	26312	23819

由表 1 可以看出，当天最高在线总人数为 30 218 用户，网络状况良好，用网高峰时段集中在上午 9 点至凌晨 1 点。

下图为某天的有线在线人数和无线在线人数对比曲线。

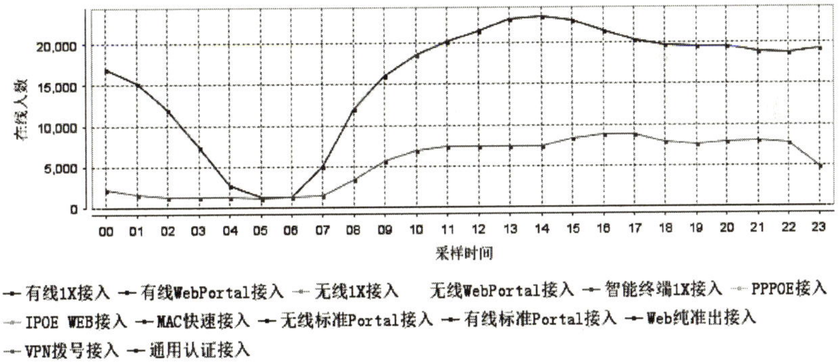

图 1　有线接入量与无线接入量对比曲线图

从图中可以看出，同一时段无线用户数明显高于有线用户数，只有在早上 5 点到 6 点这段时间，两种方式的用户数量近似相同。

为期三个月的无线二期建设顺利完成。作为一线职工，以人为本、服务至上是对我这项工作最恰当的诠释。

由于网络工作的特殊性，一些割接、检修工作需要断网，为不影响师生正常上网，这些工作会放在下班以后，甚至是凌晨以后，在线用户数最低阶段进行。凌晨加班、夜深人静但机房却灯火通明、机器运转的嗡嗡声于我来讲已是常态。想想自己微小的付出能保证上万师生的正常工作和学习，嘴角便会扬起一丝微笑,感到莫大的自豪与充实。

(三)存在问题及解决办法

校园无线网运行过程中,部分用户反映个别宿舍信号差、难寻找,Wi-Fi 自动掉线等问题。为方便师生及时反映问题,我中心建立了 ZWSUAF－Wi-Fi 问题反映群,群号 591496016。针对反映的问题,技术中心会及时排查故障,优化无线网络。

1. 宿舍内 Wi-Fi 信号差

经过抽查,13 号楼发现 AP 点位过少,造成每层两边宿舍 AP 距离太远,宿舍内信号差,基本在－70db 以下,无法正常使用。抽查 14 号楼发现,由于该楼的墙体原因,3～6 层最西北两间宿舍内信号差,网速在－70db 左右,不能正常使用。

针对此问题有如下解决办法:调整 AP 点位,每层需要增加一个点位,使 AP 放置更加合理。另外,14 号楼 3～6 层在最西边增加一个点位,使 AP 点位放置更加合理,保证校园网稳定、高效运行。

2. 校园网自动掉线

校园网出现自动掉线的现象有以下几个原因:

(1)我校校园无线设置了移动端设备 4 小时流量小于 5MB 时,系统会默认用户不在线,自动踢下线。

(2)部分用户手机由于手机设置的原因,手机在息屏状态下,Wi-Fi 断掉,使用时再重新连接(不需要再次认证)。

将出现的问题认真分析,并和 H3C 公司技术部门协商解决办法,在实践经验和理论技术的基础上,抓住问题本质,短时间内给出解决方案。

三、工作成效

本着"诚朴勇毅"的校训,遵循追求卓越、争创一流的目标,校园无线网二期建设如期、保质保量完成,实现了对校园的全面覆盖,为学校师生教学、科研、办公及学习、生活和交流提供了高效快捷、安全稳定的无线网络环境,同时也实现了对无线网络的灵活管理配置,提高了网络维护效率。

1. 本次无线校园网建设从无线网管、无线运维、全网漫游、认证计费等方面完成了和一期无线校园网的兼容性需求。将无线网核心融为一体,实现了无线有线的一体化部署,完成了对校园无线网二期所有室内外 AP 的统一管理,同时也减少了网络拓扑上的故障点。

2. 考虑室内无线网络的不同情况和特点以及目前手提电脑用户数量日益增多的情况，实现了室内无线网络的合理分布，对校园无线覆盖过的区域进行优化，并对没有无线信号的区域进行 Wi-Fi 全覆盖，提高了人员密集区域的接入容量。

3. 本次无线建设全部采用最新的 802.11ac 系列标准，为未来校园无线快速发展奠定了基础。

本次无线二期建设实现了对校园主要楼宇以及活动场所的无缝覆盖，为学校师生以及科研团队安全高效上网提供了保障，希望能给学校实现追求卓越、争创一流的目标添砖加瓦，这一举措也必定会有助于推进学校“双一流”建设。

（执笔人：王洋）

追求卓越　点滴汇聚高校科教文化宣传力量

博　览　园

一、背景及目标

高校博物馆作为我国博物馆体系的重要组成部分，是重要的专业教育和素质教育基地，承担着收藏、研究和教育三大职能，其育人功能的发挥对于履行大学文化传承与创新职能，推动文化繁荣发展具有重要意义。按照国家《教育规划纲要》要求，积极承担科学普及和学生素质培养的社会教育功能。在我校创建“世界一流农业大学”之际，我们要用争创一流的责任感和使命感，建设一流的高校博物馆。

近年来，长期坚持以“走出去”和“引进来”齐头并进的科普战略，集学校优势学科研究大成，建设农林特色鲜明科教基地，在科普教育方面做出了一系列显著成绩，先后获评 13 项国家、省市基地荣誉，累计接待参观者近百万人次，成为系统、全面展现生命科学、环境科学、农业科学和历史文化科学发展的重要成果与辉煌成就，探索出了一条“溯农源、彰农本、兴农学、践农行”的优秀农业文化和民族精神的新路子，在国内大学博物馆中享有很高的声誉。积淀了中华优秀农耕文化的精神气质，形成了优秀农耕文化的整体对外表达，集聚了弘扬优秀农耕文化的强大正能量。

二、工作举措

我作为博览园宣教部具体负责科普主题活动宣传、策划的项目负责人，从事科普宣教工作已有六年时间，对此进行了深入的思考和实践。

（一）加强理论学习，提升思想认识

宣教部作为博览园核心部门，宣传、科普、研学各项事务繁多，部门人少，工作担子重，尽管如此，我也没有停歇学习。尤其是“两学一做”学习教育活动开展以来，作为党员，加强政治理论学习成为每日必修课，提升思想觉悟。每日浏览《陕西日报》、腾讯网、新华网等时政要闻，关注国家、省级国土资源、科协等科普网站最新行业动态信息、热点科普资讯。学习《实用公文写作》《创新之路青少年研究性学习资料汇编》等书籍，深刻研习、解读《秦晋豫冀四省博物馆理论与实践研究会论文选》《讲述秦岭与黄河对话背后的故事》等研究材料，拓宽思维眼界，提升知识理论认知。

（二）多方求教，全面学习提升

工作虽有分工安排，但学习远没有止境。我不是新闻传媒专业的科班人员，大学期间，在自身财务专业基础上，自修了新闻专业相关课程并考核加入校宣传部学生记者团，参与校园新闻采编、校报编辑等工作。但是仅仅依靠这些经验，想要在工作中独当一面，显然是远远不够的。除了自我加班啃资料学习外，还向学校宣传部、《陕西日报》等行业资深老师学习、探究新闻写作规范标准；向杨凌电视台等入园活动追踪媒体学习热点新闻资讯采集方法，创新传媒视角的宣传技巧；向时尚火热的自媒体人学习新媒体传播思路和方式；与社会团体、校团委、学生学习他们具有创意的活动策划。2015 年函授取得法学学士学位。虚心求教，多方学习，一点一滴分析归纳，为我在宣教部媒体宣传工作提供了源源不断的力量积蓄。

（三）身体力行，以实践指导创新改革

纸上得来终觉浅，绝知此事要躬行。作为科普主题活动宣传、策划的项目负责人，我深知实践出真知的道理，日常工作中，怎样实现每一项主题活动环节的无缝连接，执行顺畅？怎样开发策划最具需求性，目标定位明显的研学旅行活动？媒体宣传如何打破常规，创新提亮？为此，我从日常工作的每一项细节着手，从活动物料的采集、宣传海报的设计制作、每一个环节的实际预演、人员分工、活动环节具体到每一分钟的预算，我总是身体力行，确保活动策划方案的可行性。参与研学旅行接待工作始末，与中小学校师生座谈了解研学课程需求，与时俱进调整研学行程规划设计。跟拍活动照片，研究摄影技巧，选择最佳摄影、取材角度，采访活动受众感观认识体会，从活动纪实选择新闻宣传亮点。躬行一线，为科普主题活动宣传、策划奠定了强有力的实践基础。

三、工作措施

近年来，在国家省市科普部门的支持和学校领导的关怀和指导下，博览园全体员工上下同心围绕科普工作重心，对内服务教学科研、对外科普教育工作取得了显著成效，成为学校品牌文化建设的精品工程。

（一）服务教学科研，以主题活动助推校园文化建设

作为学校品牌文化建设的精品工程，紧密结合农林学科资源优势，依托学校科教资源的技术支撑。日常工作中，积极推进科普树德育人发展，致力科普志愿者平台建设，塑造高校科普阵营。通过提供锻炼展示平台、专业培训指导、激励机制等多项举措和形式多样的科普活动带动，科普志愿者团队除了参与公益科普大篷车进校园巡展巡讲系列活动，讲解接待工作，展馆改造、项目建设、科普展品的设计研发外，我们还联合各个学院优势资源力量先后开展“世界土壤日”主题宣传活动、二维码“身份证”悬挂活动、“我给小鸟筑个巢”环保公益活动、“绿色家园·生物多样性保护”全民公益植树活动、“你好，地球——码上知天下”、生态公益、筑梦使者团等系列主题活动，形成有质有形、有声有色的直观生动的教育功能。2017 年在联合资环学院开展“游”你来说、“园”你之梦“博览杯”导游大赛基础上，以博览园昆虫博物馆和文创商品为平台，与植保学院团工委共同策划组织昆虫艺术品设计大赛，征集作品涵盖标本、手工、手绘、摄影四大类，活动历时一个多月，先后报名参赛学生超 2 000 人次，涌现出一批优秀设计人才和艺术作品，为大学生自主创业注入新鲜活力，得到广大师生们的广泛关注与认可，成为第十八届“校园之春”文化艺术节重点项目之一。

（二）深化研学基地内涵，创新改革研学主题产品

根据国家《教育规划纲要》和最新研学旅行专项课程要求中对于中小学研学旅行的目标定义，我们通过研学旅行高峰论坛，社会行业动态考察，博览园科普研学现状分析，创新改革研学旅行接待方案。首先，围绕五大主题展馆及室外种质资源，分类打造科普探秘之旅、文化传承之旅、自然生态之旅、奇趣生命之旅等多元化主题研学线路，单项线路内增设超微观察实验课堂和识花认树等辅助课程环节，并配套与主题相对应的研学体验产品；其次，联合区内创新园现代生态农业与天和生物食用菌进行资源整合，战略合作；最后，争取政府引导和研学政策扶持政策，印制专项科普研学宣传资料，通过教育行政部门、教育中介机构、旅行社等环节加大推介宣传力度，综合提升完善研学旅行目的地建设。2016 年策划提出“生物创客”概念，“识花认树”“我的植物日记”等夏令营活动环节广受教育界普遍好评。顺利完成 2017 年陕西省中小学优秀传统文化教育社会实践基地申报和港澳青少年游学基地审查认定，实现高校博物馆社会功效和一流高水平研学旅行目的地高度认可。

（三）聚焦社会热点，传承高校科教文化资源

发挥农业高校博物馆资源优势，弘扬和传承中华优秀农耕文化，紧跟时代潮流发展机遇。近年来，在陕西省旅游局倡导主办的“5·19”中国旅游日“秦岭与黄河对话”主题活动号召下，联合学校农耕文化研究及现代设施农业专家策划组织开展旅游日杨凌分会场现代生态农业与传统农耕文化对话，利用区位优势打造杨凌旅游，构筑陕西旅游第四大板块——农耕文化科普休闲游。2017 年为积极响应国家“一带一路”倡议，发挥高校博物馆、科普教育基地文化传播职能，弘扬中华传统农耕文明，进一步传承好丝路文化、弘扬好丝路文明和丝路精神，依托农业高新产业示范区区位优势和农业院校学科资源，立足学校“丝绸之路农业教育科技创新联盟”，杨凌自贸区建设发展策划开展“一带一路”与中华农耕文明访谈活动。同时，联合我校中国昆虫学会蝴蝶分会和蚕桑所共同设立“一带一路”主题科普展，助推第五届蝴蝶文化季活动，并作为国际博物馆日、中国旅游日、全国科技活动周重点项目之一。

（四）与时俱进，发挥新媒体传播力量

为适应“微时代”发展带来的新情况、新挑战，不断增强高校博物馆科学普及、文化传承的影响力和凝聚力，日常运营过程中广泛应用微博、微信等新锐媒体实现矩阵强力推广。目前已在新浪、腾讯上注册了西北农林科技大学博览园、杨凌农林博览园、昆虫博物馆、动物博物馆、土壤博物馆、植物博物馆、中国农业历史博物馆、蝴蝶园等用户名，形成微博宣传矩阵。全年累计在新浪、腾讯微博及微信等新媒体发布信息 2 000 余条。在官方网站、华商网教育频道、陕西省青少年服务网开辟“自然科普大讲堂”文化专题互动栏目。同时，日常主题活动策划中“线上”“线下”部分相结合，其中，“新春科普吉祥年”系列活动线下“教授陪你过大年”，线上“寻找最美全家福”“原创春联征集”。此外，在品牌“每日异花”专题栏目基础上，围绕四季专题以及行业重点主题宣传活动开设“农业科普大讲堂”“蝴蝶文化”“昆虫文化”“科技之春”“世界地球日”“全国科技活动周”等主题板块。

四、工作成效

在多方努力下，博览园也取得了一定的成绩。校园文化精品工程成果卓著，2015 年学校申报的“弘扬农耕文化　传播生态文明——依托博览园弘扬优秀农耕文化传播生态文明理念的探索与实践”获教育部“第八届高校校园文化建设优秀成果一等奖”，依托博览园申报的“实践基地共建与科普进校园”获

“全国高校博物馆育人联盟第三次会员大会一等奖”。2016年博览园荣获全国科技活动周先进单位、陕西省全国科普日活动优秀组织单位、第二十四届“科技之春”宣传月活动先进单位，宣教部被校宣传部评为学校“新闻宣传工作先进单位”，被校宣传部评为“新媒体平台优秀奖”。

我先后撰写500余篇科普类纪实活动新闻报道，刊登于博览园、学校新闻网，被省内外多家网站刊载，其中国家级、省级以上主流媒体超过300篇；先后策划、撰写整合汇编大型专题营销推广文案，总结项目材料累计20余项；参与策划、组织、执行园区各类大小主题活动百余场。两次获评博览园年度“先进个人”，被推荐为杨凌视线通讯员，撰写的《博览园多举措发挥“职工书屋”正能量》荣获2015年度机关优秀新闻稿件二等奖、《博览园观摩与分享结合创新“两学一做”学习方式》获评2016年优秀新闻稿件评选一等奖、《用行动践行党性光辉》获评“立足本职岗位　做合格党员”微故事评选一等奖、《不忘初心做合格党员　用个人梦想助推中国梦》荣获“践行党章党规　做合格党员”主题征文评选优秀奖。

2016年策划生物创客夏令营，通过系列创新参与体验项目，将“被动”式知识喂养转化为“主动”式求知探索，感受“创客”魅力，让“创造”的种子在思想中生根发芽，获得教育机构、科技机构、旅行社的全方位综合认可。“生物创客”也一度成为2016时下最热搜的夏令营话题。其中，“识花认树”“植物日记”活动内容成为重点项目被杨凌示范区纳入“探索植物体验农耕”现代农业夏令营行程，并为西安市杨凌示范区植物辨认大赛提供实践基础和理论依据。

2017年全方位策划主导“一带一路”与中华农耕文明访谈，从幕后主题定位、嘉宾确立、环节设置安排到访谈文化主线的贯穿、现场活动主持以及前后媒体宣传报道，活动取得完满成功，获得校内外领导嘉宾及媒体广泛关注和认可。杨凌电视台现场连线《陕西日报》、西北旅游网、华商网、腾讯大秦、凤凰网、西部网、中国媒体新闻网等数十家媒体刊发《中国旅游日杨凌聚焦：“一带一路”与农耕文明》《西农大博览园旅游日开讲“一带一路”与农耕文明》等专题报道，学校知名度和博览园文化旅游品牌形象显著提升。

五、经验体会

我作为博览园宣教部具体负责科普主题活动宣传、策划的项目负责人，肩负科普宣教、媒体宣传，发挥博物馆科普育人和文化传承重要使命，深知责任的重大。多年的工作经历，虽然摸索出一些经验，取得一定成绩，但是我深刻认识到高校博物馆的发展离不开学校学术依托和师资力量的大力支持。目前，我们要在高校博物馆行业取得长足的发展和广泛认可，一是要结合学校农业大学特色，打造“西农”主题特色的科教研学特色属性；二是依托各个学院优势资源力量联合开展主题活动，提升研学旅行学术支撑和专业支持；三是建设长效媒体合作机制，多视角、全方位构筑媒体矩阵；四是提升宣教部科教工作人员培养机制，加大师资队伍建设、团队激励政策、专业培训学习计划等，从制度上保障科普宣教工作的长久发展。

今后的工作中，我将继续努力完善自我，追求卓越，以强烈的事业心和高度的责任感鞭挞自我，爱岗敬业，发挥“螺丝钉”精神，率先垂范，充分发挥示范引领作用，点滴汇聚高校科教文化宣传力量。

（执笔人：杨蓓蓓）

勤学苦练 提高技能 做好服务为师生

研究生院

一、背景及目标

研究生教育作为整个教育链的最高端,是汇聚和造就优秀人才,产生更多更好的科研成果的推动器,在学校“双一流”建设的大背景下,如何充分发挥研究生培养工作的引领、助力和创新作用,保障研究生培养工作顺利开展,助推学校各项工作再上新台阶,成为研究生培养工作的重要内容。为此,研究生院培养处深入学习贯彻习近平总书记系列重要讲话精神,落实中央和上级有关部门关于切实加强研究生培养工作要求,在学校各部门的大力支持下,作为一名新入职的工作人员,认真履行岗位职责,勇挑研究生教务运行工作岗位重担,勤学苦练,提高技能,做好服务为师生,努力为研究生培养事业发展提供有力支撑。

二、工作举措

研究生教学课程安排不同于本科教学安排。相对于本科班级专业课程设置较为整体的特点,研究生选课具有灵活性大、差异性高、个性突出等特点。同时,教师通常优先承担本科教学工作,在时间不冲突的情况下,再承担研究生教学,造成研究生教学安排高度的复杂性。作为教务运行工作人员,着力在以下几个方面提升自己,快速提高个人综合素质,圆满完成有关工作任务。

(一)努力学习岗位知识,不断提升工作技能

入职以来,经常利用晚上、周末时间学习、充电,琢磨和钻研如何做到熟练使用“研究生综合管理服务系统”,迅速而又精准地解决师生询问的各种问题。这是一个靠时间和积累才能做好的工作。半年来,经过刻苦学习,已成为能够迅速解决系统使用存在问题的合格教务运行管理人员。

(二)虚心请教同事,认真撰写笔记

入职以来,在工作中积极向研究生院相关处室同志、学院研究生秘书请教工作经验、处理事务方法，将处室同志和学院秘书的经验、方法相结合，以多角度理解问题，以完善的视角更好地解决问题。工作中，桌面时刻摆放一个手写本，养成随手记录工作诀窍、方法，及时撰写工作笔记的好习惯。

（三）服务课程学习大局，为教师授课、学生学习做最佳安排

在课程安排上，针对授课教师时间有限、不同专业研究生上课时间交叉，我不断征求教学团队负责人、教学团队成员、学院秘书和有关专业学生意见，在时间和空间上尽可能满足各方要求，为教师授课和学生学习做最佳的时间和空间安排。

（四）工作态度和蔼，平心静气服务

教务运行岗位涉及数万名研究生和数千名任课教师，常常在个人诉求得不到满足时，对培养处工作不理解时，打电话或者来培养处发脾气、说风凉话、向上级领导告状的情况时有发生，我始终保持着和蔼的态度、平心静气，用淡淡的笑容、真诚的态度、积极的行为、专业的服务解决问题，融化了同学、老师心中的坚冰。

（五）与人随和，积极营造办公室良好工作氛围

工作中，我热心与研究生院同人交往，虚心向各位前辈请教，赢得较好的口碑。作为一名年轻党员，在研究生支部学习、活动中，积极肯干，关心老同志，做好服务保障工作，积极承担培养处日常管理和业务考核的工作。

（六）勤于思考、善于总结，以报告推动工作

在研究生教务运行岗位工作半年以来，针对教务运行中存在的问题，撰写了《2016—2017 学年第二学期 2—7 周各学院（系、所）教学检查情况通报》和《2016—2017 学年第二学期 8—17 周教学检查情况通报》，将问题以书面形式反馈学院，督促学院进一步将教学管理制度落到实处。针对有关研究生培养文件中存在的问题，在认真学习教育部有关文件和我校相关研究生培养制度的基础上，牵头对《西北农林科技大学研究生课程学习管理规定》《西北农林科技大学研究生课程考核管理规定》和《西北农林科技大学研究生考试违纪与作弊处理实施细则》进行修改完善。

三、工作成效

研究生院研究生培养处是学校专门负责研究生教学运行、研究生培养方案制定、研究生课程建设、研究生创新实践活动、研究生国际化推进、专业学位研究生教育的部门，直接服务于万名在校研究生的培养工作。

研究生教务运行是一个平凡而又十分重要的工作岗位,它保障和维持着全校研究生培养最基本的秩序,这是一个由 9 120 名研究生、846 名研究生课程授课教师(教学团队负责人),1 000 多门次课程、69 672 学时构成的庞大体系。入职以来,我对工作一丝不苟、认真负责,有效保障了研究生培养计划、分班、教学任务、课程安排、授课质量评价等工作均顺利开展。同时,积极参加研究生分类培养改革,全面深化教育教学改革,努力提升研究生培养质量。

研究生教务运行面对课程安排、授课督查、考试组织、成绩管理等海量碎片化的工作,要求岗位人员具有严谨、细致的态度,我就是将这些海量碎片化工作连接成一副完美连续构图,勤学业务、刻苦钻研、认真服务的研究生工作践行者和代表者。

(执笔人:尹会鹏)

实验室里显微镜中聚焦“西农精神”

旱区作物逆境生物学国家重点实验室

一、背景和目标

“立足本职,爱岗敬业,无私奉献”是每一代西农人不变的格言,“追求卓越、争创一流”是当前深入推动“两学一做”学习教育常态化、制度化,持续推进机关作风建设的要求。

我校旱区作物逆境生物学国家重点实验室显微测试平台建于 2005 年,承担了我校电子显微、激光共聚焦显微及部分荧光显微镜的实验任务,建设成为开放共享、服务优良的校级测试平台,为我校科研工作提供优良的技术支撑是我们的目标。

二、工作举措

我自 2005 年 10 月至今在现单位(旱区作物逆境生物学国家重点实验室)工作,主要负责显微测试平台扫描电子显微镜的操作与管理。

显微测试平台建起初期,平台仪器多,人员少。我同韩青梅同志负责了包括扫描、透射、激光共聚焦和数十台光学显微镜的操作、维护及前样品制备工作,承担了全校的电镜实验和部分光学显微镜的实验任务。实验前期,我们热情、耐心地接待前来咨询的学生,做好电镜实验前的相关咨询与指导,并对学生提前做好仪器的操作培训,减少学生因实验设计、仪器操作而造成的实验失败。实验开始后,我们安排同期实验的学生相对集中制样,全程指导,有好多重点易出错环节,我们更是亲自操作。实验后,我们再帮助学生对大量的繁杂数据进行整理与分析。总之,始终做到以最大的耐心与热忱为我校广大师生提供服务。

作为全校的电镜实验平台,实验人数多,工作任务重,针对有些老师、学生的实验结果要得比较急，我们利用晚上、周末加班为他们赶做实验。每年的寒暑假前是学生毕业论文设计研究的高峰期，也是显微测试平台实验的高峰期，我们采用歇人不歇机、电镜连轴转的办法，为老师学生加班加点，为学生顺利毕业赢得时间。

三、工作成效

数十年来，我所负责的仪器累计为我校 18 个学院提供了 1 万多人次的电镜服务，开机时间达 2.5 万小时，制备、观测样品 3.7 万个，得到了广大师生、原实验室管理处一致的好评。我所负责的扫描电镜测试机组从运行时间、设备利用率、用户满意度上在我校大型仪器测试机组中一直名列前茅，在 2012 年度我校大型仪器共享工作中被评为优秀机组，另外还多次被学校授予学校先进工作者、大型仪器设备共享仪器操作突出个人、实验室工作先进个人等荣誉称号。

在仪器的维修维护、保养上，通过不断研究、摸索，形成了一套自己的扫描电镜灯丝维护措施，即将钨灯丝扫描电镜的灯丝寿命从正常 80 小时延长到了 1 000小时以上，不但节省了耗材，还大大增加了仪器的有效运行机时。另外，透射电镜和场发射扫描电镜的样品移动轨迹球每套 2 万元，寿命 2 ~ 3 年，到达年限后，经过仔细研究，大胆探索，我对相关部件进行了仔细打磨，后来仪器恢复正常使用，不但为学校节约维修经费 4 万元以上，更节约了大量维修等待时间，确保了仪器的高效运行。

在实验技术工作创新方面，我对透射电镜超薄切片的染色方法不断改进，设计开发了一套透射电镜超薄切片染色的新装置，使透射电镜超薄切片的染色效率更高，质量更好，并获得两个国家实用新型专利授权［一种超薄切片的染色辅助装置（专利号：ZL 2014 2 0757781.4）和一种染色液量可调节的超薄切片的染色辅助装置（专利号：ZL 2014 2 0754530.0）］。

在繁忙的工作之余，在《电子显微学报》发表了多篇实验仪器开发及实验技术改进方面的论文，不断总结自己在工作上的研究探索及成功经验，并就仪器开发及实验技术改进方面的研究与经验积极与外界同行交流，不断提高自己的实验技能。在这个平凡的岗位上，我尽到了一个实验技术人员的职责，做到了让学生带着希望而来，带着满意而去；做到了不断学习，不断创新，爱岗敬业，无私奉献；做到了全心全意为师生服务！

（执笔人：张国云）

“亡羊而补牢　未为迟也”

保　卫　处

一、工作背景

2015 年 11 月 27 日,保卫处收到校领导批示的研究生工作部《关于资环学院研究生李志聪发生车祸的报告》批办单。根据校、处领导批示,治安科立即召开会议进行工作布置,分析车祸发生原因,排查校园安全隐患。

二、案件经过

2015 年 11 月 25 日下午 14 点 30 分左右,资环学院研究生李志聪骑摩托车与我校档案馆职工张小军所驾白色别克牌轿车在南校区 11 号楼十字路口相撞。学生坠地昏迷,被立即送往杨凌示范区医院抢救。校领导要求各部门处理好此次案件,保卫处就此事排查校园安全隐患。

三、案件分析

治安科接到通知后,立即召开会议,安排部署此项工作,决定先去车祸现场侦查,看能否找出事故的起因。经过现场查看分析,发现此案件发生的主要原因在于司机视野受阻挡,司机不容易看到从 11 号楼方向转过来的车辆、行人,造成了交通事故的发生。

为了防止其他地方发生类似案件,治安科会同校卫队对校园内的道路重新进行了一次安全排查,发现北校区 4 号楼拐角处与此处类似,也易发生交通事故。

四、采取措施

1. 针对案发现场这种视野阻挡现象,保卫处召开专题会议进行了讨论。会上大家各抒己见，有人提出将路口的树木进行裁剪或移植，一劳永逸；也有人认为这种做法涉及其他部门，处理起来比较麻烦。最后，保卫处决定在路口加装反光镜的方法解决视野受阻问题；同时在路口安装减速带，降低行车速度，减少事故发生。方案确立后，治安科立即行动，在以上区域加装了反光镜 2 面、减速带 8 条，保障了该区域的交通安全。

2. 针对部分师生交通安全意识不强的问题，保卫处于 2016 年元月为全校师生发送了《校园交通安全告知书》，并于 6 月份联合杨凌示范区公安局交警支队对校内车辆开展集中整治。

五、工作成效

自从易发生事故路段安装了反光镜与减速带后，情况明显好转，至今这些路段再未发生交通事故。通过全校师生的共同努力，校园交通整治也初见成效。

“亡羊而补牢，未为迟也。”出现问题只要全面分析，认真排查安全隐患，就能及时解决问题，防止类似案件再发生。

（执笔人：何梅荣）

DUIBIAOYILIU
MAIXIANGZHUOYUE

党建工作类

从严从实 落细落小 “两学一做”见成效

机关党委

目前，学校有32个基层党委，机关党委所属有35个机关处级部门，相对于其他基层党委，机关党委有其自身的特点，党员集中、干部集中、权力集中，其工作内容覆盖高校管理工作的各个方面，丰富庞杂，因此，机关“两学一做”学习教育开展的情况是全校“两学一做”学习教育开展情况的集中体现。

一、背景、目标和要求

办好中国的事情，关键在党，关键在党要管党，从严治党。党的十八大以来，以习近平同志为核心的党中央站在全局和战略的高度，科学运用马克思主义基本原理，准确把握世情、国情、党情，认真谋划，精心部署，扎实推进党的建设工作。全面从严治党是党中央做出的重大战略部署，是“四个全面”战略布局的重要组成部分，是全面建成小康社会、全面深化改革、全面依法治国顺利推进的根本保证。

“两学一做”学习教育是全面从严治党的关键一招，是落实党章关于加强党员教育管理要求、面向全体党员深化党内教育的重要实践，是巩固拓展党的群众路线教育实践活动和“三严三实”专题教育成果。推动党内教育从“关键少数”向广大党员拓展、从集中性教育向经常性教育延伸的重要举措，是加强党的思想政治建设的重要部署，对于推动全面从严治党向基层延伸、保持发展党的先进性和纯洁性具有重大意义。

开展“两学一做”学习教育，基础在学，关键在做。把党的思想建设放在首位，以尊崇党章、遵守党规为基本要求，以习近平总书记系列重要讲话精神武装全党为根本任务，教育引导广大党员干部自觉按照党员标准规范言行。坚持正面教育为主，用科学理论武装头脑；坚持学用结合，知行合一；坚持问题导向，注重实效；坚持带头，以上率下；坚持从实际出发，分类指导。着力解决一些党员理想信念模糊动摇的问题；着力解决一些党员党的意识淡化的问题；着力解决一些党员宗旨观念淡薄的问题；着力解决一些党员精神不振的问题；着力解决一些党员道德行为不端的问题。进一步坚定理想信念，提高党性觉悟；进一步增强政治意识、大局意识、核心意识、看齐意识，坚定正确政治方向；进一步树立清风正气，严守政治纪律政治规矩；进一步强化宗旨观念，勇于担当作为，在生产、工作、学习和社会生活中起先锋模范作用。

“两学一做”学习教育不是一次活动，突出日常教育，体现把党的思想政治建设抓在日常、严在经常，把全面从严治党要求落实到每个党支部、每名党员。要以党支部为基本单位，以“三会一课”等党的组织生活为基本形式，以落实党员教育管理制度为基本依托，发挥党支部自我净化、自我提高的主动性，力戒形式主义，务求取得实效。

机关党委认真贯彻落实“两学一做”学习教育精神，按照校党委的要求，切实发挥政治核心作用，自觉履行机关党建工作的主体责任，从严从实，落细落小，在机关全体党员中认真开展“两学一做”学习教育。

二、工作举措

（一）强组织，明责任，保障学习教育

夯实基层基础，落实党建责任，是“两学一做”学习教育取得成效的前提。机关党委目前共有 35 个处级单位，430 名党员，成立了 25 个党支部。按照《中国共产党普通高等学校组织工作条例》有关规定，通过换届选举选好配强支委班子。目前机关 25 个党支部中有 23 个党支部书记，由部门党员负责人担任，另外 2 个部门负责人为非党员的支部也由部门主要副职来担任。明确规定，支部书记为“两学一做”学习教育的第一责任人；严格要求，要求支部书记要认真履行一岗双责，确保学习教育的有效开展。

（二）定方案，做计划，规范学习教育

按照校党委要求，制定了机关党委“两学一做”学习教育实施方案，进一步推进机关下半年“两学一做”学习教育安排。各支部制定了学习教育落实工作方案，党员个人制定了详细具体的学习计划。建立机关党委委员联系支部制度，加强督促指导，对所有党支部学习教育进行全覆盖、全过程指导。

（三）边学习，边研讨，引领学习教育

“两学一做”学习教育开展以来，先后 7 次召开机关党委委员、各支部书记会议，其中学习研讨 5 次，学习了《党章》《中国共产党纪律处分条例》《中国共产党廉洁自律准则》《党委会的工作方法》《中国共产党问责条例》《中国共产党党内监督条例》、习近平总书记在庆祝中国共产党成立95周年大会上的讲话、在纪念红军长征胜利80周年大会上的讲话、十八届六中全会精神及审议通过的《准则》和《条例》。20名处级干部围绕研讨主题,结合部门工作,做了研讨发言;各支部定期召开全体党员会,认真学习党章党规、学习系列讲话。

(四)多举措,多形式,确保学习教育

在联合支部和支部党员人数较多办公地点分散的支部设立党小组,有8个支部设立了19个党小组,有利于党员学习研讨,开展活动;为每个党员购买发放学习材料和笔记本各400余本;开展"两学一做"知识答题、"践行党章党规,做合格党员"主题征文及撰写心得体会等系列活动,促进学习;创新党课形式,制作4期党课课件发给各支部,帮助支部上好党课;组织编辑"两学一做"学习教育简报4期,加强交流,营造良好学习氛围;开展向李保国、王辉教授学习活动,通过"微故事"征集,展现机关党员工作学习的闪光点,使党员学有榜样,做有标杆。开展重温入党誓词,学党史、知党情、听党话、跟党走教育活动,各支部先后组织党员赴延安、富平、照金爱国主义教育基地参观学习;机关23个党支部积极与学院教工支部结对子,处级干部参加联系支部学习活动124人次;深入学生课堂听课126人次,204学时;深入学生食堂就餐181人次,征求意见建议312条,提出意见建议184条。

(五)抓关键,带好头,书记讲授党课

机关党委书记刘新胜为机关党委委员、各支部书记讲党课2次;各部门领导干部认真聆听了李兴旺书记讲党课;各支部书记先后为支部党员讲党课。通过讲党课听党课,加强对党章党纪党规的全面学习和理解,进一步强化广大党员在党言党、在党爱党、在党为党、在党护党的自觉性。

(六)真查摆,深剖析,抓好整改落实

在"两学一做"学习教育中,机关党委要求支部及党员个人认真查摆梳理在党性、工作中存在的问题,带着问题学,针对问题改,并制定整改措施,抓好整改落实,为召开专题组织生活会、党员民主评议会打下良好基础。

三、工作成效

(一)注重规范化,坚持制度化,呈现科学化,机关党建工作水平不断提高

机关党委充分把握"两学一做"学习教育的契机,根据《党章》《普通高校基层党组织工作条例》和有关文件规定,新出台了《西北农林科技大学机关党支部工作细则》和《西北农林科技大学机关党支部十项制度》，并建立了机关党委委员联系支部制度。规范组织设置、规范党员教育、规范民主监督、规范组织指导，坚持机关党委会制度、坚持报告制度、坚持“三会一课”制度等等。目前机关35个党支部组织健全、职责明晰，机关党委中心学习组、机关各党支部严格按照党内制度规定开展工作，“三会一课”制度、民主生活会制度、组织生活会制度、民主评议党员制度等基本的组织生活正常化。

（二）逐步解决了支部党建工作弱化、淡化、虚化、边缘化问题，强化了党支部的政治核心功能，发挥了党员的先锋模范作用

“两学一做”学习教育的要求就是以党支部为基本单位，以“三会一课”等党的组织生活为基本形式，以落实党员教育管理制度为基本依托，把全面从严治党要求落实到每个党支部、每名党员。在“两学一做”学习教育中，各支部认真组织，丰富学习内容，创新工作方法，把党建的点点滴滴渗透到业务工作中，推进部门业务工作与党建工作有效融合，切实发挥了党支部的政治核心作用和战斗堡垒任用。党员领导干部以上率下，带头学习、讲党课、做交流，切实发挥了党员的先锋模范作用。通过“两学一做”学习教育的有效开展，全面提升了支部思想政治工作水平，全面提高了机关全体党员的党性觉悟，增强了政治意识、大局意识、核心意识、看齐意识，坚定不移维护以习近平总书记为核心的党中央权威和党中央的集中统一领导，明确了正确的政治方向，坚定了共产主义远大理想。

（三）学风劲，气氛浓，真学真用、善思善行的学习型党组织建设进一步加强

“两学一做”学习教育基础在学。以思想自觉引领行动自觉，机关各党支部积极引导党员把“真学实学”作为第一位的任务，把“学而懂、学而信、学而用”作为衡量学习教育的基本标尺，“两学”贯通；积极引导党员学习中共中央国务院印发的《关于加强和改进新形势下高校思想政治工作的意见》，严格落实执行每周三下午的职工学习制度，做到有主题、有要求、有计划、有安排。通过“两学一做”学习教育常态化制度化的开展，在全体机关党员干部群众中，自觉学习、集中学习、调查研究、总结交流等多种学习形式已形成良好氛围，已成为机关党建工作新常态，学习型基层党组织的建设进一步加强。

（四）实行“查、访、评”，落实“五单制”，机关作风进一步转变，党风廉政建设有效推进

作风建设没有休止符，永远在路上，作风建设是机关党建工作永远的主题。机关党委以“两学一做”学习教育为契机，多举措多形式，深入推进机关作风建设。实行“查、访、评”(即:检查、随访和暗访、评议员评议和满意度测评),检查监督,考核激励;落实“五单制”(即:问题清单、意见建议清单、表扬清单、反馈清单和整改清单),扎实整改,跟踪问效。以机关作风带学风领教风树校风,大力促进全校作风建设工作。以党风带政风,机关党风廉政建设有效推进。机关作风建设的有效开展强化干部作风,提升管理服务水平,师生满意度逐年提升,为学校的改革发展和“双一流”建设汇聚了强大正能量。

(执笔人:赵阿兰)

推进“两学一做”学习教育常态化制度化的几点做法

场站管理中心党委

一、背景与目标

场站管理中心在推进“两学一做”学习教育常态化制度化的过程中，认真贯彻校党委的安排和部署，结合场站实际，拓展学习渠道，创新教育方式，扎实落实“基础在学，重点在做”的要求，取得了良好的效果。

推进“两学一做”学习教育常态化制度化的目标，一是政治理论学习常态化；二是党内政治生活常态化；三是党的理想信念教育常态化；四是认真落实党章党规和“三会一课”制度、民主评议党员制度、专题组织（民主）生活会制度；五是不断增强党员的政治意识、大局意识、核心意识和看齐意识，引导党员按照“四讲四有”标准做合格党员，爱岗敬业，奋发有为，为推动场站事业发展提供坚强的思想和组织保证。

二、工作举措

（一）坚持正面教育为主，用科学理论武装头脑

1. 研究制订了《场站管理中心推进“两学一做”学习教育常态化制度化实施方案》《场站管理中心党委中心组理论学习计划》和《场站管理中心职工政治理论学习安排》，分别对党委中心组和各场站党总支（直属党支部）两级党组织的学习内容、目标、方式方法和时间等方面进行了详细部署，并提出了具体要求。编印学习资料，党委结合党章党规和习近平系列重要讲话的学习内容，整理编写了《党章应知应会知识点》《党规应知应会知识点》和《习近平系列重要讲话应知应会知识点》，发放到每一位党员手中，以支部为单位组织学习讨论，便于记忆，保证效果。

2. 以高质量的党课培训为契机，大力加强党的理论、路线、方针政策的学习。党课内容丰富，抓住了“两学一做”学习教育的重点。第一次党课突出了学深悟透《“两学一做”学习教育方案》，做到“三个搞清楚”和抓住关键环节，做到重点突破等三个方面的内容，着力阐明了开展“两学一做”学习教育的背景、对象、要求、解决的问题和怎样做合格党员；重点培训了学习教育开展的方法、步骤和环节，如何组织学习讨论、如何开展专题组织生活会和如何进行党员民主评议等。第二次、三次党课重点讲解了中国梦、中国特色社会主义道路和建设中国特色社会主义总体布局、党内制度等内容。提高了党员对党的理论路线方针政策的理解和认识。

（二）坚持学用结合，知行合一

党委中心组把理论学习与研讨工作相结合，进一步提高班子成员的政策水平和解决实际问题的能力。一是党委中心组每月开展一次学习研讨，每一次的学习研讨都要进行充分准备，明确讨论主题，安排重点发言人，确保学习研讨效果；二是学用结合，推进工作，把理论学习研讨与研究部署重点工作结合起来，努力做到一起研究、同时部署、全面落实，以党建促进场站事业发展。各场站党总支（直属党支部）把学习研讨与提高服务保障能力相结合，充分发挥党员的先锋模范作用。一是坚持佩戴党徽，亮明党员身份，接受群众监督；二是细化合格党员标准，召开党委会，专题研究了创建“共产党员示范岗”活动，针对党员示范岗位工作标准进行了深入讨论，将合格党员的要求与场站实际相结合，并对“四讲、四有”的内容进行了细化，将共产党员的示范作用划分为六个方面，为全面创建共产党员示范岗树起了标杆。三是亮牌上岗，示范先行。“共产党员示范岗”覆盖了场站全部重点工作领域，从“三夏”服务、学生实习、科教工作、离退休管理服务、国资管理到“平安场站”建设等方面，从场站主任、书记到基层场站长、支部书记和普通党员。有15名党员进入了示范岗位，他们亮牌上岗，示范先行，爱岗敬业，为场站全体党员发挥先锋模范作用做榜样，带好头。

（三）坚持问题导向，注重实效

中心党委坚持学做结合，把查找解决问题作为推进“两学一做”学习教育常态化制度化的重要抓手，持续地抓好整改落实。

1. 中心党委层面：重点查找是否落实全面从严治党主体责任。一是针对班子成员落实“一岗双责”情况进行查找问题；二是班子执行学校和场站制度是否到位；三是对科级干部的管理是否存在宽、松、软。逐项查找，进行整改。

2. 党总支（直属党支部）层面：一是每年是否召开了专题组织生活会；二是

在党员组织生活中是否认真落实了“三会一课”制度；三是党员学习教育活动是否正常开展；四是各场站党支部结合实际开展了“不作为、乱作为”“慵懒散软”专项治理活动，充分发挥党支部的政治核心作用。

3. 党员层面：着重对照《场站管理中心党员“两学一做”学习教育查找问题清单》，从理想信念、政治觉悟、思想、行动方面进行认真分析，从党员意识、组织纪律、发挥作用等方面查找问题，主动整改。

（四）坚持领导带头，以上率下

1. 中心领导带头，认真落实

班子成员都制订了个人学习计划，7 名党委委员带头手写计划，并认真学习马列原著和习近平系列讲话，认真撰写读书笔记和心得体会。2016 年至 2017 年 6 月，党委中心组按照《场站管理中心“两学一做”学习教育实施方案》《场站管理中心“两学一做”学习研讨具体方案》和《场站管理中心推进“两学一做”学习教育常态化制度化实施方案》要求组织了 11 次集中学习。班子成员都能学在前，为全体党员带好头。

2. 带头做合格党员、合格领导干部

一是带头讲政治，坚决拥护以习近平同志为核心的党中央，在政治思想行动上与党中央保持高度一致，不断提高政治敏锐性；二是认真践行“三严三实”要求，深入基层，认真调研，以忠诚干净担当的精神谋事创业；三是带头严格执行中央八项规定精神，自觉遵守《中国共产党廉洁自律准则》《中国共产党纪律处分条例》和干部“约法六条”；四是自觉坚持联系基层党支部制度，努力为基层党员职工解难事、办实事。

3. 带头严肃党内政治生活

按照《关于新形势下党内政治生活若干准则》的要求，一是主动以普通党员身份过好双重组织生活；二是每年“七一”前，为联系党支部讲党课 1 次；三是每年年底组织召开领导班子民主生活会 1 次，开展批评与自我批评；四是每年与分管场站党支部书记谈话谈心 1 ~2 次。

4. 带头强化责任落实

中心党委以检查监督与考核相结合的办法落实全面从严治党的主体责任。一是每年对班子成员学习情况开展 1 ~2 次的检查；二是对各场站党支部党建工作责任制进行检查考核，不断完善基层党支部党建工作的考核评价制度；三是对班子成员“一岗双责”完成情况进行专项检查，并纳入班子成员年度考核之中，用制度夯实责任。

三、工作成效

（一）进一步坚定了每一位党员的理想信念，增强了党员的“四个意识”和用行动践行“四个合格”的动力

从党员的学习笔记、心得体会和座谈交流中，无不展现了“信仰的力量”，统一了思想认识，凝聚了力量，促进了工作。

（二）提高了党员干部的理论素养

党章知识测试，80%的党员达到了85分以上；在党规知识答题活动中，全体党员都能认真查阅资料，独立作答；在党员干部应知应会知识学习讨论中，大家都积极思考，踊跃发言；在学校举办的“两学一做”学习教育征文比赛中，斗口试验站的霍卫平撰写的《不忘初心跟党走，服务人民不动摇》的文章获一等奖。

（三）规范了党内政治生活

班子成员都以普通党员身份认真参加所在支部的学习研讨，履行党员职责，还主动深入基层场站，指导分管党支部的学习研讨和支部活动，取得较好的效果。各基层党支部都能按有关要求，认真落实“三会一课”制度和民主评议党员制度，规范了党员的组织生活。

（四）营造了争做合格党员的氛围

创建“共产党员示范岗”活动开展一年来，在重点工作领域中涌现出了2名校级优秀党员和8名场站党委评选的优秀党员；斗口试验站党总支、咸阳试验站党总支结合工作实际，组建了党员服务队等，党支部的战斗堡垒作用进一步加强，学先进、争做合格党员的氛围已逐步形成。

（五）推动了场站工作台阶

近两年来，场站管理中心结合推进“两学一做”学习教育常态化制度化，持续开展了“管理改革”年、“美丽场站”和“平安场站”建设等活动，对基层场站的外部环境、基础设施设备等进行了更新，实施“美化、亮化、净化、硬化和绿化”工程，大大改善了基层场站的科研、办公和生活条件，站容站貌发生了巨大改善。在这些重大任务实施中，党员干部都能积极参加，干在前面，处处起到了表率作用，使共产党员的先锋模范作用在岗位上、在重大工作任务上、在推进场站事业发展上得到展现，推进了场站各项工作上台阶。

（执笔人：王倩　孙安礼）

创新培训形式　提升党务能力

——党校组织举办基层党支部书记井冈山培训班

党　校

一、背景及目标

2017 年初，中共中央办公厅印发了《关于推进“两学一做”学习教育常态化制度化的意见》。《意见》明确指出：党支部是党最基本的组织，是党全部工作和战斗力的基础。要树立党的一切工作到支部的鲜明导向，注重把思想政治工作落到支部，把从严教育管理党员落到支部，把群众工作落到支部。《意见》强调，要加强对党支部书记的培训，帮助其提高党务工作能力。

2017 年 8 月 6—10 日，党校在 2016 年赴井冈山举办党支部书记培训班的基础上，继续举办基层党支部书记培训班。旨在借助井冈山红色文化独特丰富的教育资源，让基层党支部书记重温井冈山斗争史，接受井冈山精神熏陶，进一步加强党性修养和作风养成，切实掌握开展思想政治工作、群众工作的高超方法和艺术，推动支部工作实起来、活起来、强起来，确保党的组织充分履行职能、发挥核心作用，确保党员领导干部忠诚干净担当、发挥表率作用，确保广大党员党性坚强，发挥先锋模范作用。

二、工作举措

（一）遴选参训学员，名额向基层一线倾斜

2017 年 7 月初，党校发布通知，由各单位推荐优秀党支部书记参加井冈山暑期培训班。在名额分配中，给予机关各党支部 1 个名额，给予各院系基层党支部 2 ~3 个名额。

（二）完善组织架构，组建临时党支部和班委会，设置党小组

经各单位推荐，共有 69 名党支部书记参加井冈山培训班。为使培训顺利

开展，培训班成立了临时党支部和班委会，由两名党性强、威望高、组织管理能力突出的处级领导分别担任临时党支部书记和班长。临时党支部将参训学员分为5个小组，分别设置了1名组长、1名副组长和1名联络员。7月13日下午，党校组织召开了学校基层党支部书记暑期井冈山培训行前教育会。校党委常务副书记、党校校长赵忠同志出席会议并讲话。党校负责人就培训组织、培训任务、时间安排和注意事项等进行了说明。井冈山培训班临时党支部书记对培训期间可能遇到的困难和问题进行了强调，并代表全体学员进行了表态发言。

（三）策划内容方式，提升教育效果

短短5天时间，学员们在井冈山共接受了18场教学培训，其中2场专题教学、14场现场教学、1场体验式教学和1场访谈教学。培训环节紧凑、内容充实、形式多样，专题教学、现场教学、体验式教学及访谈教学体系式布局，再现了井冈山峥嵘岁月，展现了革命先辈伟大的革命情怀。同时，培训将井冈精神浓缩在各种形式的学习中，寓教于“景”，寓教于“行”，使每位学员的心灵受到一次前所未有的洗礼。

置身置心于革命圣地井冈山，静心聆听井冈山斗争及井冈山精神和红色文化资源与高校人才培养专题教育；踏寻革命先辈的足迹，接受体验式党性锻炼和党性教育；与红军后代面对面，感悟老一辈无产阶级革命家的博大胸怀和高尚品格；身临黄洋界、主席故居，瞻仰革命历史纪念碑等，接受革命传统和理想信念现场教育。心灵接受洗礼，情感受到震撼，党性得到锻炼，信念愈加坚定。

1. 专题教学集萃精华，伏笔引领

井冈山大学原校长张泰城的“红色文化资源与高校人才培养”专题讲座，讲述了红色文化资源蕴含学生成长成才的深刻教育内涵、教育特质以及课程融入、教学设计，并利用实例讲述融入的切入点、关键点及教育的环节，为高校人才培养、思政课讲授、党课教学提供了新的路径。团中央井冈山教育基地教研处处长滕永琛从井冈山革命斗争的历程、历史地位、内涵要义等，全貌性地讲授了井冈山精神内涵和时代价值，为此次整体培训各场专题教育点了睛、伏了笔，也为学员身临教育现场更为全面地把握井冈山精神奠定了坚实的基础。

2. 现场教学情景再现，洗涤心灵

黄洋界哨口浮现了军民浴血奋战的场景，鲜活展现革命先驱浴血奋战、不怕牺牲、勇往直前的革命精神和责任担当；茨坪毛泽东故居、大井朱毛旧居展现先辈艰苦奋斗、沥血革命和运筹帷幄的身影，孕育了人民军队的诞生；小井红军烈士墓130余名烈士的英灵,低吟诉说着那段艰苦卓绝的历史和革命必胜的刚毅信念;三湾改编确立了人民军队的建军思想和治军方略,稳固和加强了党对人民军队的绝对领导;井冈山革命烈士陵园、井冈山革命博物馆、雕塑园的瞻仰,一草一木、一人一物均生动回放那段惊天地泣鬼神的神圣历史,展现井冈山革命斗争的伟大精神。

3. 体验教学置身处地,升华情感

身着红军军装,头戴红军军帽,入境入心:"挑粮小道上的挥汗如雨,胜过书本上的千言万语;挑粮小道上的满头大汗,胜过教科书上的千千万万。"沿着先辈走过的道路,1公里、2公里……肩挑粮担10米、20米……衣襟尽湿、步履蹒跚,前进的路上,比肩前行,而心境渐进:艰苦奋斗、执着信念、责任担当、创业守业……炽热的革命情怀、坚毅的革命信念、扎实的革命作风、鲜明的党性本色……丝丝入心,环绕、固化。

4. 访谈教学对面交流,提升品格

"死后不开追悼会;不举行遗体告别仪式……遗体送医院解剖,有用的留下,没用的火化;骨灰一部分埋在井冈山一棵树下当肥料……决不要搞什么仪式,静悄悄的,三个月后再发讣告,只发消息,不写生平……"这是老红军战士、无产阶级革命家曾志在生命临别时刻的嘱托。她,为了革命,将刚出生的儿子送了人;她,身为高官,却让自己的亲生儿子干了一辈子的护林员;她,将所有工资全部捐给贫困地区;她,用对信仰一生的守候带给我们最深层的感动和最深刻的思考。当曾志的儿子与学员面对面讲述那些往事时,革命先辈们其心大我的高风亮节和高尚品格,使大家热泪盈眶。

(四)总结凝练提升,反哺推动工作

培训班要求每名学员结合"两学一做"学习教育,结合党支部工作实际,结合参训感受和收获,撰写不少于1 500字的培训心得。党校将择优整理编辑,结集出版,并将以此进行广泛深入的宣传教育。

三、工作成效

(一)重温了历史,坚定了信念

在培训之前,学员们对九十年前发生在井冈山的那段艰苦卓绝的斗争岁月只是从媒体中略有知晓。此次培训,通过现场教学,大家身临其境,对那一段可歌可泣的历史有了更清晰的了解和更深刻的认知。井冈山时期是革命的低潮时期,敌我力量对比悬殊,环境也艰苦到了极致。在这样的情况下,如果没有坚定的信念做支撑,革命胜利只能是天方夜谭。"革命理想高于天",理想信念是共产党人的政治灵魂,是思想和行动的"总开关"。在当今各种思潮交流交融交锋的复杂形势下,面对前进道路上的各种风险和考验,更需要大力弘扬井冈山精神,牢牢守住我们的"精神家园"。作为一名党支部书记,更要把坚定理想信念摆到更加突出的位置,不断用科学理论武装头脑,坚守政治品格,坚守党性原则,不断增强"四个自信",做到任何时候任何情况下都坚持理想信念不动摇、革命意志不涣散、奋斗精神不懈怠。

(二)激发了情感,震撼了心灵

在井冈山,老一辈无产阶级革命家给了学员们太多的心灵震撼,他们用鲜血乃至生命以及当代人无法体验的巨大牺牲,树立起了共产党人的光辉形象,他们战胜了常人无法想象的巨大困难才铸造了无与伦比的丰功伟绩。条件之艰苦,环境之恶劣,形势之险恶,任务之艰巨,难以想象。然而他们正是依靠对马克思主义理想的坚定信念,踏平了重重坎坷,战胜了无数困难。简陋的土房,可以生长马列主义;贫瘠的土地上,可以培育无数的胜利;艰苦的环境,可以创造不平凡的业绩。可以说,此次培训是一次灵魂的洗礼,让学员们深深地感受到了一种脱胎换骨、一份刻骨铭心。

(三)增强了党性,启迪了思想

井冈山独特的历史地位和井冈山斗争时期形成的宝贵经验使学员们深刻认识到:理想信念是战胜一切困难的精神支柱;党的领导始终是我们取得胜利的法宝;实事求是是马克思主义的精髓、毛泽东思想的灵魂;勇于创新是中国革命成功之路;依靠群众是成就伟大事业的基石;艰苦奋斗是我们党的光荣传统。当前,我校面临攻坚克难、爬坡过坎的关键阶段,这些宝贵的经验和认识都是开展党建工作、推动学校事业发展的鲜活思想方法,具有深刻的方法论意义。

(四)鼓舞了斗志,明确了方向

学员们普遍认识到,当前学校事业发展进入了深水期、攻坚期,"双一流"建设、本科教学审核评估、校院两级改革的深化,都需要党员干部继承和发扬井冈山精神,积极担当作为,矢志艰苦奋斗,努力实现学校二次腾飞的华丽转身。每位党支部书记都要成为一面旗帜,敢于攻坚、敢于吃苦、敢于奋斗,保证"上井冈山洗涤心灵,下井冈山不忘初心"。

(执笔人:王勇胜　刘铂　彭爱菊)

以学促做　切实解决支部党建“灯下黑”

党委校长办公室党支部

一、背景及目标

2016年9月，习近平总书记在听取中央巡视情况汇报时指出，中央和国家机关党员教育存在“灯下黑”“重业务、轻党建”现象。为解决党员干部学习教育“灯下黑”的问题，党校办支部按照“学得更多一些、更深一些，更严一些、更高一些”的要求，把握“严”的尺度，制定“实”的标准，从严从实抓好支部党员的学习教育。

作为学校综合协调的中枢部门，党校办支部认真按照“两学一做”常态化制度化要求，带头创新学习模式，加强政治理论学习；带头示范引领，严肃和规范组织生活；带头担当作为，实现党建工作与日常工作同频共振，切实解决支部党建中的“灯下黑”问题。

二、工作举措

（一）积极探索学习新模式，强化理论武装，扫除“思想黑点”

1.“灯下黑”产生的内在原因在于党员干部自身对学习教育的本质认识不深刻，理解不到位，思想上不够重视

党校办党支部结合工作头绪多、事务繁杂等特点，充分运用互联网思维，统筹“线上”和“线下”，建立了党校办支部微信群、QQ群，围绕在线学习、在线交流、信息共享、在线讨论等形式，收集整理学习内容、时事要点，经常性通过办公室讨论群群发、办公室网站转发，积极开展“微教育”“微讨论”“微展播”“微交流”，做到“支部建在群里、党员连在线上”。

2.健全支部制度建设，推进政治理论学习制度化、规范化

党委校长办公室制定《党委校长办公室学习制度》，规范单周开展党日活

动、支部组织生活、政治理论学习，双周开展业务学习。每次都做到有学习方案、学习记录、签到记录。采用“支部书记讲党课与普通党员讲党课相结合”“理论学习与考察交流相结合”“一人讲、大家议、书记评”等形式，结合主题党日、专题讨论、民主评议等活动，讲解有关党章、党规、党纪、党史、历史知识等内容，发动党员交流学习心得、展示学习成果、探讨工作难题，营造出相互鼓励、赶超进位的浓厚氛围。

3. 搭建党支部学习平台，创建学习型党支部

一是在党委校长办公室网站开辟“两学一做”学习教育专栏和“学习园地”专栏，发布“两学一做”文件讲话、图片等，丰富党员的学习模式。二是牢固树立“党建+”理念，引导党员坚守红色基因的氛围，在各项工作学习之中，把学习教育内容延伸到工作中去，将学习教育平台内化于心，让学习成果外化于形。党校办支部还利用学校周边“红色教育”资源打造学习平台，带领党员同志进行学习参观，利用红色资源上党课。

（二）坚持以上率下，率先垂范，点亮“榜样明灯”

“人不率，则不从；身不先，则不信。”党校办党支部负责同志深刻认识到，党要管党必须从党内组织生活管起，从严治党必须从党内组织生活严起，而党支部书记则是落实管党治党的第一责任人，是这个榜样明灯的“灯芯”。同时，党员领导干部则是党支部“两学一做”的部署者和执行者，不能只做要求的提出者，更应当成为“两学一做”的排头兵，坚决做到“正人先正己”，坚决杜绝“手电筒照人不照己”现象。按照党内组织生活制度有关要求，党校办支部突出机关党支部的政治属性，结合自身特点，创新组织生活载体，充分发挥党员领导干部的示范引领作用，在落实“三会一课”制度中，对党员领导干部提出更高标准和更严要求。李兴旺书记带头以普通党员身份为支部党员讲党课，支部书记孙马同志带头讲党课，积极开好党员领导干部专题民主生活会和党支部专题组织生活会，严格民主评议党员活动；推行固定党日制度，结合实际组织开展党员学习教育活动，每次活动都有专人负责组织、专人做好会议记录，带头严肃和规范党支部组织生活。

（三）坚持党建围着日常转，日常支持党建强，积极实现“双促进”

作为学校党委、行政工作的“司令部”“指挥所”和“后勤部”，党校办支部紧紧抓住“围绕”“服务”“保障”三个词，把党建工作与日常工作放在一起统筹考虑，坚持党建工作与日常工作同频共振，达到“七个同步”：思想同步深化、机构同步设置、任务同步部署、制度同步完善、知识同步学习、工作同步点评、绩效同

步考核。党校办的日常工作推进到哪里，党建工作就覆盖到哪里，有效治愈了机关党支部普遍存在的“两张皮”现象。在实际工作中，党校办支部紧密结合学校中心工作和重大改革发展任务，把“三严三实”、“两学一做”学习教育与深化校院两级管理体制改革、推动“双一流”建设、本科教学审核评估以及中央专项巡视等工作有机结合，统一思想、提高认识，周密部署、积极推进，用严肃的纪律、严明的规矩、严格的党内组织生活，带头整顿学习氛围不浓、工作作风不实、纪律要求不严等“机关病”，有力地保障了学校各项改革发展任务的顺利推进。

三、工作成效

（一）党校办支部坚持以学促做，营造了“处处有课堂、时时在教育”的良好氛围

支部坚持引导党员随时随地进行政治理论学习，切实增强了支部党员同志的政治意识、核心意识、大局意识、看齐意识，深入理解和领会大党建格局，明确了学习教育重点，牢记合格党员标准，用心用力，在学上下功夫，在做上见实效，永葆自身思想的先进性和纯洁性。

（二）改进学习方式，完善支部和办公室制度建设

自学校开展政治理论学习以来，党校办支部连续开展13周政治理论学习，并坚持集体学习和自主学习相结合，理论学习和业务学习相结合，校内学习和校外学习相结合，理论培训和实践交流相结合，传统学习和网络教育相结合，每次支部学习中请党员同志互相交流，分享学习经验和成果，促进党员同志共同进步。党委校长办公室还制定了《党委校长办公室例会制度》《党委校长办公室学习制度》《党委校长办公室活动制度》，进一步加强支部和办公室制度建设，推进政治理论、业务知识学习制度化、规范化。

（三）不断加强支部党建，切实促进业务工作

一是党校办支部多次开展专题组织生活及民主评议党员，党员同志逐一对照检查，开展经常性的批评与自我批评及党员互评，每位党员同志结合实际工作，从党性、作风等方面剖析个人存在的问题，并提出整改措施，极大地促进办公室日常工作的改进与创新。二是党委校长办公室作为学校党委和行政的综合部门，应对学校的重要工作、各项制度有整体性和全局性的把握，党校办支部把学校的重要工作、各项制度和重要讲话作为支部学习的重点内容，在丰富学习内容的同时提高了党员同志的综合业务水平和服务水平。三是党校办支部和党委校长办公室业务工作实行“七个同步”，进一步完善了党校办支部党建和办公室业务工作的双向目标管理,支部党建和业务工作都做到了年初有计划、年中有检查、年终有考评,支部考评指标与业务考评指标互相借鉴、互相补充,在提高党员综合素质的同时,不断加强支部党建,切实促进办公室业务工作。

（执笔人:许叶）

把政治理论学习融入日常抓在经常

组织统战党校联合党支部

一、背景及目标

习近平总书记指出,“学习是成长进步的阶梯”。党章规定,组织党员认真学习马克思列宁主义、毛泽东思想、邓小平理论、“三个代表”重要思想和科学发展观,学习党的路线、方针、政策和决议,学习党的基本知识,学习科学、文化、法律和业务知识,是基层组织的一项基本任务。

组织统战支部由组织部、统战部、党校三个部门党员组成,政治理论水平对支部成员具有特殊重要性。支部以“两学一做”学习教育为契机,把政治理论学习作为重点工作任务,融入日常,抓在经常,取得了实实在在的效果。

二、工作举措

(一)紧贴实际,把政治理论学习融入日常

在完成上级“规定动作”的同时,组织统战支部注重结合部门实际,把政治理论学习融入日常工作和生活。

1. 以部门为单位成立党小组,使学习更贴近实际

2017 年开始,支部以所辖部门为单元分别设立 3 个党小组,除了每月一次的支部集中学习,其余时间的集体学习以党小组为单位进行,避免了因党员人数多而发言交流机会少的不足,能更好地结合实际把学习融入日常工作。各党小组既承担了学习小组的职责,又发挥了研讨部门工作的讨论小组作用,紧扣学习主题,围绕中心工作,有效地将党员的学习融入部门的日常工作中。

2. 结合工作任务设计学习内容,使学习更有针对性

常务副书记赵忠在参加支部组织生活时提出,支部政治理论学习要立足于解决问题。无论支部集中学习,还是小组分开学习,组织统战支部都强调学习

的针对性。支部学习中，针对陕西省十三次党代会代表候选人推荐工作，安排学习了组织工作条例和有关通知精神；针对民主评议党员工作，重点学习了“四讲四有”方面的内容；针对筹备召开学校思想政治工作会议，请赵忠同志专题讲解了全国高校思想政治工作会议精神。小组学习中，组织小组结合干部选任、党的建设、党管人才等工作，重点学习了干部选任有关文件、学校党建规划、总书记关于人才工作和组织工作的重要讲话等内容；统战小组重点学习了总书记“3·4”讲话内容、俞正声在全国统战部长会上的讲话等内容；党校小组重点学习了总书记全国党校工作会议讲话、全国思想政治工作会议精神等内容。

3. 针对支部特点灵活学习形式，使学习更有操作性

组织统战支部在学习形式上注重灵活，探索出了专题讲解、小组讨论、在线学习、实地考察、撰写体会等丰富多样的形式。2017 年以来，累计安排常务副书记赵忠、组织部长郑英宁等专题讲解 3 次，累计安排党小组研讨学习 5 次，利用干部在线平台集中学习 1 次。目前，支部已经初步确定“七一”赴马栏实地考察学习。后期，支部还将探索利用 QQ 群互动交流、党员撰写个人心得等形式，进一步丰富学习形式，紧贴工作实际。

（二）细化安排，把政治理论学习抓在经常

政治理论学习安排得如何，直接影响着计划的实施和学习的效果。为了更好地贯彻落实校党委、机关党委职工政治理论学习制度，组织统战支部制订了《组织统战支部 2017 年政治理论学习计划》，从学习内容、学习形式、时间安排、有关要求等方面进一步细化了政治理论学习安排，特别在时间安排、具体要求上做了进一步细化。

时间安排上，从党支部、党小组、党员个人三个层面做好安排。规定党支部坚持每月一次集中学习（假期除外），党小组每周一次学习（党支部集体学习时除外）。并要求党员干部把习近平总书记“党员干部要挤时间学习”的要求当作人生的一个座右铭，利用业余时间经常学习，使政治理论学习成为个人工作和生活的一部分。

学习要求上，从党支部、党小组、党员个人三个层面提出了“四个有”的要求，即有计划、有记录、有时间、有主题发言和重点交流。要求支部集中学习实行党员干部轮值制度，每期安排两名党员做主题交流，安排三名党员做重点发言，主题交流和重点发言均要有一名处级干部参加。同时把政治理论学习情况作为民主评议党员的一项重要指标来要求。

（三）突出实效，使政治理论学习效果不同寻常

政治理论学习不是空洞的口号，不是形式的需要，而是形势的需要。组织统战支部各部门所承担的工作具有政治性、政策性、理论性、艺术性都很强的特点，只有原原本本抓学习、切切实实贯彻落实，才能增强政治意识、大局意识、核心意识、看齐意识，才能履行好所承担的职责，完成好所肩负的使命。

组织统战支部注重把党员学习的效果与工作的表现、生活的情趣有机结合起来考虑。要求党员干部多学理论，努力做“下笔如有神”的表率；多学党内法规政策，努力做“出口成章”的表率；多学健康向上的文化知识，努力做“脱离低级趣味的人”。

组织部的同志把加强政治理论学习作为“内强素质、外树形象”的一把“金钥匙”，通过不断学习，努力向“高效、务实、廉洁”的组工干部标准看齐。统战部的同志把政治理论学习作为解决“谁影响谁”问题的一大“法宝”，通过不断学习，努力向“政治坚定、业务精通、作风过硬”的统战干部标准看齐。党校的同志把党的政治理论学习当作坚定“党校姓党”原则的“压舱石”，切实把学习马克思主义理论当作“做好一切工作的看家本领”，当作“领导干部必须普遍掌握的工作制胜的看家本领”。

三、工作成效

通过强化政治理论学习，组织统战党校联合党支部的党员干部政治修养进一步强化，理论素养进一步提升，品德涵养进一步深化。在机关部门作风考评中，组织部、统战部、党校的好评率稳步提升，优秀率位居全校机关部门前列。

（执笔人：王家武）

创建学习型党支部　推动宣传思想工作见实效

宣传党支部

一、背景及目标

基础不牢，地动山摇。党的十八大以来，以习近平总书记为核心的党中央高度重视党的基层组织建设。习近平总书记强调，贯彻党要管党、从严治党方针，必须扎实做好抓基层、打基础的工作。只要每个基层党组织和每个共产党员都有强烈的宗旨意识和责任意识，都能发挥战斗堡垒作用、先锋模范作用，我们党就会很有力量，我们国家就会很有力量，我们人民就会很有力量，党的执政基础就能坚如磐石。

在“两学一做”学习教育中，宣传党支部以制度建设为抓手，狠抓学习型党组织建设，党支部战斗堡垒作用和党员先锋模范作用明显、成效显著。

二、工作举措

（一）政治理论学习制度化

2014年8月以来，宣传支部每两周召开一次政治理论集体学习。2017年上半年以来，宣传支部又将政治理论集体学习改两周一次为一周一次，时间固定在每周三下午。除出差和参加学校重大活动外，宣传部全体工作人员一律到会，学习效果得到有效保证。

（二）学习内容紧扣主题

宣传支部政治理论学习始终紧扣主题，围绕党和国家重大方针政策、学校改革发展大局进行。认真学习了习近平总书记治国理政系列重要讲话、每年的中央一号文件、《加强和改进新形势下高校思想政治工作的意见》《进一步加强和改进教育新闻舆论工作实施意见》《中华人民共和国网络安全法》等重要文件精神，以及学校每年工作要点及重要工作部署等，确保工作开展围绕中心、服务大局,弘扬主旋律、体现正能量。

(三)学习形式灵活多样

政治理论学习以个人自学和集体学习为主。集体学习时,除集中学习有关文件和会议精神外,还采取随机问答、共同研讨的形式开展学习交流。此外,每次学习还专门安排一名党员交流个人学习心得,并推荐一篇学习文章。会后,支部及时将有关学习材料和文章上传宣传部 QQ 群,供大家自行下载学习,进一步巩固学习效果。目前,已推荐学习《刘云山:认识中国共产党的几个维度》《学习历史知识的重要性》《如何增强和提升文化自信》《“双一流”建设的有关思考》《决定你人生高度的,是你的学习力》《毛泽东新闻宣传思想》等文章。

(四)主题党日活动内容丰富

宣传党支部从本单位实际出发,按照“服务中心工作、时间相对固定、方便党员活动”的原则,积极开展支部书记上党课、邀请专家教授做专题报告、红色革命基地接受洗礼等内容丰富、形式多样的主题党日活动。支部书记闫祖书为大家上了“提高解决改革发展基本问题的本领——关于科学的思想方法和工作方法”党课,农史专家樊志民教授在我校农业历史博物馆为党员实地讲授了“农业历史与中华文明”,支部组织党员赴照金、马栏、凤县、两当县等地接受了革命历史教育。此外,支部还在“七一”等重要节日开展看望慰问病困老党员等活动,让党员在接受教育的同时感受到党组织的关怀。

三、工作成效

(一)提升了理论水平

通过学习,支部广大党员对马克思主义基本原理、观点、方法,中国共产党的性质、宗旨,“两学一做”学习教育,社会主义核心价值观、中华民族伟大复兴中国梦、习近平总书记治国理政新思想等有了更加明确的认识,理论水平有了明显提升。

(二)增强了党性修养

通过学习,支部广大党员更加强化了“全心全意为人民服务”的根本宗旨,牢固树立了为共产主义事业奋斗终生的理想信念。大家表示,要继承和发扬老一辈的光荣传统和“诚朴勇毅”校训精神,吃苦在前,享乐在后,努力发挥党员的先锋模范作用,为世界一流农业大学建设和中华民族伟大复兴中国梦做出贡献。

（三）推动了工作开展

通过学习，支部广大党员自觉以马克思主义世界观和方法论为指导，结合部门工作实际创造性地开展工作，积极弘扬主旋律、传递正能量，出色完成了意识形态专项巡视整改、《学校意识形态工作责任制实施细则》《进一步加强和改进教职工思想政治工作的实施意见》《学校“十三五”大学文化建设规划》等文件的起草和学校宣传片的制作，学校思想政治工作会议、“三秦楷模”王辉教授先进事迹报告、首届师德师风演讲比赛等重大活动开展，以及丝绸之路农业教育科技论坛、学校第三次党代会等的宣传报道工作，并在《人民日报》《光明日报》、新华网、中央电视台、《中国教育报》《中国科学报》《陕西日报》、陕西电视台等中省媒体刊登，推动工作不断取得新突破、新进展、新跨越。

（执笔人：王学锋）

开展主题党日活动　提升党支部建设水平

纪监审联合党支部

一、背景及目标

纪监审党支部由纪委监察处和审计处两个部门党员组成，现有党员 12 人，党龄均在 10 年以上。在“两学一做”学习教育中，为了进一步强化党员的身份意识，激发党员干事创业内在动力，党支部开展为党员“过政治生日、永葆政治初心”主题党日活动。通过让党员重读本人入党志愿书，促使广大党员更加坚定理想信念，自觉增强党性修养，牢记为民服务宗旨，积极主动发挥先锋模范作用。

二、活动方式

支委班子精心设计主题党日活动方案，在方案设计上既要体现党日活动的严肃性、突出党日活动的“党味”，又要力求活动内容丰富、体现支部活力。支部从档案馆复印了全体党员的入党志愿书，将每位党员入党之日作为其“政治生日”，按时间先后顺序登记造册，建立党员政治生日信息台账，在上半年和下半年分两批为党员集体过“政治生日”。

党日活动一般分为三个环节，一是就近参观革命遗址、名家纪念馆或学校试验示范站，体会先烈、先贤或身边科教专家们的家国情怀和奉献精神。二是在庄严的党旗下，宣读多年未曾谋面的入党志愿书、重温入党誓词、回忆入党场景、重述入党历程、畅谈入党感言。三是党支部向党员赠送一个印有党旗和“不忘初心　砥砺前行”字样的办公水杯作为政治生日礼物，提醒党员时刻不忘党员身份、时刻牢记为民服务宗旨。

活动得到了全体党员的热烈响应和支持拥护，支部内形成三大共识。一是要牢记入党志愿，对党绝对忠诚，努力在维护党的先进性、纯洁性中当先锋做表率。二是要振奋精神状态，落实中央要求，严守纪律规矩，带头廉洁自律。三是立足岗位，履职尽责，努力当好党的“纪律卫士”和“经济卫士”，为学校改革发展创造风清气正的校园氛围。

三、取得成效

（一）进一步促进党员永葆政治初心

过政治生日的党员们手捧具有深刻历史印记的入党志愿书，回顾党的培养历程，讲述自己入党情景和入党故事，牢记自己的庄严承诺，时刻鞭策、激励自己，经常用党员标准要求自己。

“感谢组织上给我们搭建这样一个平台，集体过政治生日，重温那段经历，提醒我不忘入党初心，坚定信念……”回想起自己的入党情形，审计处谭拴良处长颇有些激动，他向组织递交入党申请书是 1995 年，当时还在省农科院棉花所工作，如今重温入党志愿，已经整整相隔 20 多年……

“我 1995 年入党，回想学生时期入党时还有点懵懂，那时在宣誓时还害怕自己达不到党员的标准而忐忑，至今已经 22 年过去了，是党组织的教导伴随我成长，看到了身边优秀党员的努力和付出，对党的绝对忠诚履职和乐于奉献已经成为我的自觉追求……”李小梅深情说道。

“这次给党员过政治生日党日活动，对我来说是一场精神洗礼，感受到党的关怀和关爱，提醒自己第一身份是中国共产党党员，应当自觉履行党员义务，严格遵守党的纪律，工作中要时刻注意发挥党员的先锋模范作用……”审计处刘翰朝同志感慨说道。

（二）进一步提高支部凝聚力、战斗力、创造力

纪监审支部借助主题党日活动，创新思路、改进方法，把基层党支部真正建设成为战斗堡垒，不断激发支部活力。支部党员通过现场参观，实地感受先进人物的价值追求外，在庄严又不失轻松的环境中敞开心扉，深刻剖析自己，结合工作方面的探讨，进行深入的思想交流，达到增强党员归属感、荣誉感、工作责任感，进一步提高支部凝聚力、战斗力。同时党日活动能把理论培训与思想交流紧密结合、把继承传统教育手段与创新教育方式紧密结合、把“规定动作”与“自选动作”紧密结合，既活跃教育形式，又保证教育效果，为党的基础细胞注入了新的活力，支部创造力源源而生。

（三）进一步凝心聚力高效推动部门工作

党日活动对党员的教育激励作用在部门的工作推进中得到了很好诠释和

检验。纪委监察处全体同志在今年中央巡视整改工作中,进一步提高政治站位,以高度的政治责任感和饱满的工作热情投身巡视整改和移交线索的核查工作。在整个暑假,冒着酷暑坚持正常上班,人均休息时间不足一周,保证了整改任务和线索核查任务的保质保量按时完成。审计处在推进今年试行的重点工程全过程跟踪审计工作中,在党员的感召下,全体职工自觉地加强学习,熟悉跟踪审计中的难点和重点,协助基建处加强基本建设资金的管理,规范工程建设行为,合理控制工程造价,提高建设资金使用效益。特别是在材料采购、设计变更等关键环节,项目负责同志甘愿受累、亲上施工现场,及时提醒、纠正不规范之处,很好地发挥了审计监督作用。

纪监审党支部开展集中为党员过政治生日主题党日活动,组织严密,内容丰富,意义深刻,擦亮了党员名片、增强了党员身份意识,为党员精神“补钙”、思想“提神”,同时也提升了党支部建设的水平和质量。在以后的支部活动中,将继续总结经验,不断丰富党日活动内容。拟增加党日活动后的集体谈话或个别谈心环节,倡议每位党员提交一篇书面政治生日感悟,在全体职工会上交流,激励党员自觉发挥先锋模范作用,进而巩固党支部在部门工作中政治堡垒作用的发挥成效。

（执笔人:李小梅）

教务处党支部“三项改革”促发展

教务　教学发展中心联合党支部

一、背景与目标

为了有效地把党的政治教育学习与教务处业务工作相结合，增强学习的实效性，结合今年学校的三项重点工作：中央巡视、本科教学审核评估、“双一流”建设，教务党支部通过开展“三项改革”促进党的政治理论教育学习落细、落小、落实，同时推动教务处业务工作长足发展，确保支部党员思想上不落后，业务上显成效。

二、工作措施

（一）“政治理论学习”改革

1. 支部学习时，改变过去由书记、委员或党员干部进行主讲、其他党员同志“旁听”的模式，实行“翻转式”学习，由支部党员轮流领讲、领学，支部干部再进行点评、讲解。

2. 改变过去党员干部发言后即结束的场面，实行“探讨式”学习，党员干部发言结束后，其他党员要结合自己的认识进行发言，可以是不同意见的探讨、争论，加强了党员之间的学习互动性。

3. 改变过去纯粹的理论学习，建立多样化的学习方式。开展支部书记定期上党课活动，每学期支部书记为党支部全体党员上党课不少于两次；建立党支部“网络学习”空间，支部党员之间可以共享优质的电子学习材料；组织党员到教育教学基地实地学习，如参观扶眉战役烈士纪念馆，领略革命先烈精神和英雄气概，参观张载祠，感悟张载的“四为思想”，传承圣贤优秀文化。

4. 支部改变过去政治学习和业务学习“两张皮”现象，每个党员在政治学习时，应结合自身业务工作谈心得、谈“疗效”，主要谈是学的不足，还是做得不够的问题。用学习理论指导我们的业务工作，用业务工作检验我们的学习成效，从而促进两者融合发展。

（二）“工作作风”改革

1. 加强工作纪律。为切实履行教务处为师生服务职能，教务处确立了“早来十分钟”制度，要求支部党员同志更要以身作则，树立模范，提前十分钟到岗，充分准备，为上课师生提供更好更及时的服务。

2. 强化服务理念。教务处既是行政职能部门，更是一线服务窗口，每天与全校师生进行面对面交流。自“两学一做”教育活动以来，支部党员将学习精神落实到实处，强化全心全意为师生的服务意识，坚持落实“首接制”，切实解决师生的各种疑难问题。

3. 转变工作方法。改变过去“抓大放小”即重视大事、忽视细节的做法，建立“从大处着眼，从小处着手”的工作方法，尤其在面对审核评估前的材料准备工作时，教务处承担了大部分评估材料准备工作，所需材料繁杂，支部全体党员树立“细节决定成败”意识，从细节出发，抱着精益求精的态度，切实做好每件“小事”，确保评估材料数据不出错，工作不拖后腿。

4. 加强教学研究。支部号召党员既要“低头做事”，也要“抬头看路”，不能一味埋头苦干，要多加强对教学规律、教学管理的政策学习研究，加强同外校沟通交流，多走出去学习先进高校经验、参加教学论坛交流活动。

（三）“管理方式”改革

1. 在支部带领下，教务处秉着“务实、开放、和谐、沟通”的管理理念，力求建立工作态度更加务实、科室对师生更加开放、同事间相处更加和谐、工作交流更加畅通的工作氛围。务实使我们工作脚踏实地，更有成效；开放使我们走近师生，服务更直接；和谐使我们更齐心团结，相互协助；沟通使我们更了解教务工作，提升能力。

2. 细化工作分工和明确责任。部分科室曾存在分工粗放、责任不明等问题，导致工作效率不高，推动无力。支部党员支持分工确责，科室日常工作建立了责任清单，清单上明确了每个人工作内容、任务和完成日期。

3. 改变文件精神传达模式，由过去的“转达”变成“直达”。过去文件精神传达常常是由领导口头传达，文件信息在传达时常会出现部分信息“丢失”。建立文件传阅制度，领导科员都需传阅文件并签字确认，从制度上保证了文件信息在传递中的完整，每个传阅人也能得到第一手资料，准确地掌握文件精神和工作要求。

三、工作成效

1. 政治教育学习改革，极大地调动了支部广大党员学习的积极性和主动性，增强了学习的获得感，提高了学习效果，促进了党员之间思想交流，更促进了支部内部的民主和团结；学习方式多样化，一方面增强了党员的学习兴趣，促进了党员学习的成效，另一方面也开阔了眼界，增加了每个党员的见识。

2. 转变工作作风，加强纪律，促使支部党员和教务处全体教师在面对学校三项重点工作时，充满了精气神和紧凑感；强化服务意识，拉近了教务处服务师生的距离，消除了隔阂，在学校机关党委的满意度调研中，教务处整体在服务上得到了师生认可；转变工作方法，加强教学研究，丰富了我们的教务管理经验，提升了管理服务水平，增强了工作的有效度。

3. 管理方式的改革，使教务处形成了良性工作氛围，对外更加开放，对内更加团结和谐；细化分工，让每个同志更加明确自己的任务，主动承担责任，提前谋划，责任感和工作主动性明显得到提升；签字制文件传达，让每个同志更清晰地领会文件精神和工作要求，大大降低了工作失误率，提高了工作成效。

“三项改革”实施，不仅提高了党支部的凝聚力，增强了党员同志教育学习成效，同时也促进了教务处的内涵建设，推动教务处整体业务工作的长足发展，为学校本科教学审核评估、“双一流”建设工作的顺便开展提供了保障。

（执笔人：刘光照）

勤“学”坚定信念　实“做”服务师生

教务支部教学发展中心党小组

一、背景及目标

根据学校“两学一做”学习教育总体安排和部署，教务支部教学发展中心党小组结合实际，精心组织，认真开展“两学一做”学习教育各项工作，把两学一做教育活动与教学发展中心业务工作有机结合起来，积极发挥职能作用。活动开展期间，坚持“学”与“做”两个层面相辅相成，勤“学”——将学习党章党规、学习系列讲话贯穿始终，提升全体党员的党性修养，提高党员干部政治站位，自觉践行“四个意识”；实“做”——将对照党章找到的差距和专项检查反馈的问题进行整改，切实履行到做合格党员行动上，提升党性修养，提高业务水平和服务效能。

二、工作举措

（一）丰富途径“学”出成效，营造氛围提升支部党建

为了保证“学”出成效，支部书记、教发中心党小组组长陈遇春同志主持召开分工动员会，按照党章规定严格执行“三会一课”制度，促进组织生活常态化、制度化、规范化，坚持每周开展一次支部组织生活或政治理论学习。同时明确党小组“两学一做”学习教育工作的具体要求，帮助党员深刻认识新时期“两学一做”学习活动的重要性和紧迫性，讨论专题学习内容范围和具体安排部署，为活动有效开展提供了保障。

1. 政治理论强根本，讲话党章全面学

认真组织党员开展理论学习，抓好党员日常思想教育。系统学习《中国共产党章程》《中国共产党廉洁自律准则》《中国共产党纪律处分条例》《习近平总书记系列重要讲话读本（2016 年版）》等；了解习近平总书记系列重要讲话的基

本精神、党中央治国理政新理念新思想新战略的基本内容；掌握与增强党性修养、践行宗旨观念、涵养道德品格等相关的基本要求等内容，贯穿于教育活动始末，营造良好氛围，鼓励党员在树立新的发展理念、推动全面创新、走内涵发展道路、弘扬延安精神等方面发挥先锋模范作用。

2. 线上线下齐开动，创新形式时时学

党员每人配备专用笔记本，鼓励党员增加自我学习时间，提升自我学习效率，随时将学习内容和心得记录保存下来，帮助党员养成良好的学习习惯。创建QQ群等在线集体学习渠道，无论是工作时间还是下班时间，支部任何党员都可以随时分享最新的理论知识和心得，丰富了党小组理论学习的内容和形式，增大了学习信息量，提高了学习的灵活性。

3. 支部书记讲党课，结合实际带头学

结合学校工作大局和教学发展中心工作的实际，陈遇春同志在主题党课中深入浅出地阐述了“争做合格党员”的重要性、必要性和紧迫性，帮助支部党员牢固树立政治意识、大局意识、核心意识、看齐意识，增强了坚决维护党中央权威的思想自觉、政治自觉和行动自觉，进一步激发出支部党员在服务师生、创新业务、推动发展中的责任感和使命感。

4. 求真务实接地气，结合工作重点学

坚持说实话、谋实事、出实招、求实效，在重要工作开展阶段、重要事件节点，开展专题讨论会，结合岗位实际和服务对象需求，探讨业务工作开展创新思路，提升部门服务水平。在高效优质服务师生的目标指引下，强化支部宗旨意识，践行“四个意识”，把雷厉风行和久久为功有机结合起来，勇于攻坚克难，以钉钉子精神做实做细做好各项工作。

（二）创新方式“做”好本职工作，保持持久服务师生的动力

“做”，就是做合格的共产党员，就要把政治纪律和政治规矩摆在首位，立足岗位做贡献，充分发挥先锋模范作用，做讲政治、有信念，讲规矩、有纪律，讲道德、有品行，讲奉献、有作为的合格党员。中心全体党员自觉向党看齐，努力把党员的先进性表现到工作岗位上，始终把“教师满意”作为工作的出发点和落脚点。

1. 建章立制，营造教师教学发展良好环境

教师的教学发展是一个多主体、多层级、多环节相互联动、有机促进的过程，要不断完善保障制度来规范教师的教学发展，拓展教师教学发展的空间。

中心先后制定了《青年教师教学能力提升暂行办法》《教学名师遴选与支持计划》《“名师工作室”建设实施办法》《新进教师教学能力考核认定办法》和《教师教学评估服务暂行办法》,出台了《优秀青年教师海外教学能力提升计划实施办法》,为教师教学能力发展提供相应依据,形成可持续发展的良好制度环境。

2. 立足校情,匹配研发西农特色培训资源

通过对学校地缘位置、专业特色、教师学缘等校情分析,坚持突出校本特色的自有培训资源建设。将教师教学发展需求的共性特点和校本特色结合起来形成相对固化的课程模块,建成“课堂教学设计”“翻转课堂实施”“有效课堂讨论”“混合式教学设计”等34个专题的培训课程体系;另一方面,以教学过程的主要环节匹配人、主要的教育技术匹配人,遴选本校优秀师资组成培训团队,形成“教学实务”“教育技术”“混合式教学”和“有效教学”4支校本师资培训团队。目前,校本化的培训已成为我校教学发展的有效支撑。

3. 全面覆盖,建立“分层递进,多元混合”教师培训体系

分层递进、多元混合是一种全新的教师教学发展理念和方式。分层递进从教师职称晋升的维度,将教师的教学发展划分为三个阶段,具体包括入职培训,帮助新进教工掌握基本的教学能力,熟知教学的基本环节;副高职称教师的提高性教学培训,主要帮助教师形成教学研究、教学改革的能力;高级职称教师的教学培训,主要帮助教学形成教学建设的基本能力。多元混合主要是教学培训手段方式的混合,学校已经形成了以讲座、沙龙、研修班、教学研习营、教学工作坊等混合的培训体系,基本实现了我校教师教学培训的阶段全覆盖、内容全覆盖。

4. 流畅高效,信息化管理助力精准型培训

主动求变,采用问卷星等在线报名方式,简化了报名程序,节约教师报名时间;建立微信公众号,对每期培训通知进行实时更新,同时在中心网站主页、QQ群等多种互联网渠道进行宣传推送;培训结束后利用问卷星对教师学习效果进行调研,并作为后期课程调整和补充新内容的依据,进而保证教师培训效果,不断提升学习体验。目前,自主研发试运行教师成长档案管理系统,将进一步提升教师发展工作信息化水平。可以预见,在教师培训大数据的支持下,未来我校教师使培训目标更加精准化、培训内容更加个性化、教师发展更加均衡化、培训管理更加精细化、培训决策更加科学化。

三、工作成效

通过开展“两学一做”学习教育，教务支部教发中心党小组的党员干部切实发挥先锋模范作用，敢于担当，勇于作为，聚集务实高效、干事创业的正能量，更好地服务师生、服务发展、服务学校。

（执笔人：王磊）

以"两学一做"学习教育为契机
推动政治理论学习常态化

科学技术发展研究院党支部

一、背景及目标

为进一步提高科研院党员、职工政治理论水平,科研院党支部紧密围绕"两学一做"学习教育要求,始终把政治理论学习作为所有工作的基础,按照学校下发的《西北农林科技大学教职工政治理论学习制度》的有关要求,创新政治理论学习方式,推动政治理论学习常态化,不断提高全体职工的凝聚力和战斗力,为做好本职工作,以及推动科技工作更上新台阶奠定强大的思想基础。

二、主要工作举措

1. 领导班子带头学,坚持以上率下做示范

每周三下午的政治理论学习,坚持由各处处长结合工作实际,轮流领学、解读党中央、国家相关部委、学校的相关文件、政策,以及习近平总书记系列讲话精神,起到很好的示范带头作用。在领导们的带动下,各处工作人员纷纷主动结合自身工作,围绕学习主题,谈自身的学习体会和学习感想,初步形成了"人人皆学、处处可学、时时可学"的浓烈学习氛围。

2. 带着问题、联系实际学,以求实效

每次政治理论学习,都会结合科研院工作实际对党中央、学校的各项政策文件进行深入解读,各位党员和工作人员都会结合各自的工作实际,对如何理解和掌握党中央、学校相关政策的内涵,以及如何理论联系实际,运用到科研管理工作中去进行热烈的讨论和思考,达到学习有实效的目的。

3. 创新学习方式,激发学习兴趣和热情

除了集体学习讨论,科研院还采取多种形式和方法,激发大家的学习兴趣,

达到寓教于乐的目的。例如，科研院组织全体党员和职工赴博览园参观于右任教育思想纪念馆、中国农业历史博物馆，接受爱国教育与历史教育。在活动中，分别邀请陈遇春教授、樊志民教授对于右任先生教育思想、中国农业不同历史时期的特点和特色进行了系统、全面的讲解。通过缅怀先贤爱国为民的先进事迹和深入学习中国农业的灿烂历史，进一步增强了科研院全体职工爱党、爱国、爱校、敬业的意识，增强了使命感和责任感，激发了大家全心全意为学校“双一流”建设服务和工作的热情，取得了预期的效果，得到了大家的一致好评。

三、主要工作成效

“两学一做”基础在“学”，科研院党支部通过集中学习、自学、邀请专家讲课等多种形式，营造了浓厚的学习氛围，进一步加强了支部党员的党性修养、政治修养、道德修养、知识修养，增加了大家的凝聚力和战斗力，提升了大家的服务意识和工作水平，有效地促进了各项工作的开展。

在今后的工作中，科研院党支部将坚持“周周有学习，次次有效果”，始终把学习作为一切工作的基础，在全面提升科研院全体党员和职工的政治理论素养和工作水平的基础上，促进科技管理工作更上新台阶，为学校建设世界一流农业大学的目标贡献自己的力量。

（执笔人：王志刚）

以"两学一做"学习教育为契机推动作风建设

科学技术发展研究院党支部

一、背景和目标

科研院党支部在学校党委、机关党委的正确领导下，深入学习贯彻党的十八大及十八届四中、五中、六中全会，党章党规以及习近平总书记系列重要讲话精神，通过党的"两学一做"学习教育常态化、制度化的深入开展，严格按照党章党规要求，牢固树立全心全意为教职工服务的意识；不断改进工作作风，规范管理程序，提高管理水平，为提升学校科技创新能力和创新水平奠定强有力的基础。

二、工作举措

1. 加强理论学习，不断提高思想认识，为进一步加强作风建设打牢思想基础

一是通过集中与自学相结合的学习方式，坚持每周三下午的政治理论学习。开展以学习贯彻十八大及十八届四中、五中、六中全会精神、《中国共产党廉洁自律准则》《中国共产党纪律处分条例》等党内规章制度以及习近平总书记系列重要讲话精神为主要内容的党性教育，增强党员的责任感和使命感。

二是积极组织党员加强业务学习。通过集中学习交流、印发学习材料、到先进高校调研等多种方式，了解国家、省部级科技发展规划、科技政策、管理办法，把握科技项目支持重点，提升我校申报科研项目的质量和水平，为"十三五"科技工作顺利开展奠定基础。

三是创新学习形式，激发学习热情。先后组织党员及积极分子赴照金、马栏等革命圣地开展红色革命教育活动；组织全体党员和职工赴博览园参观于右任教育思想纪念馆、中国农业历史博物馆，接受爱国教育与历史教育；邀请著名

专家做主题讲座，开阔研究视野，提高职工业务能力和综合素质。

四是通过学校网站、机关党委网站、科研院网站、QQ 群等多种途径，积极宣传“两学一做”学习教育的做法和成效，加强舆论引导，营造良好氛围。

2. 立章建制，加强管理，进一步提高工作效率，提升服务质量水平

一是先后制定了《内部事务管理办法》《工作人员行为规范》《加强劳动纪律管理规定》《关于规范账务报销有关事宜的通知》4 个规章制度，强化内部管理，切实提高服务水平和服务质量。

二是结合国家政策和学校发展实际，修订、完善了学校《科研项目管理办法》《实验室安全管理办法》《科研项目信息公开管理细则》《科研项目绩效考核暂行办法》等文件，竭力做到按规矩办事、按制度办事。

3. 针对作风建设中存在的问题，积极采取措施进行纠正整改

一是针对服务意识还不够、服务质量还不够高的问题，除了重点围绕“迎送热情、把话听完、态度明确、首接负责”的机关工作人员服务准则开展专题学习以外，还通过多种形式加强对工作人员业务素质的培养，提高了服务意识和服务水平。

二是针对工作纪律存在的个别问题，我们加强了对日常工作纪律的检查监督与管理。例如，督查全体工作人员按时上下班；严格禁止工作人员上班期间做任何与工作无关的事情；加强对办公室日常办公用水、用电、用纸等的管理，减少浪费，节约办公经费；加强办公室的环境卫生管理等。针对个别同志的工作纪律问题，科研院领导进行一对一约谈，通过批评教育和思想引导，工作纪律大有改善。

4. 坚持深入基层开展调查研究，征求意见，解决实际问题，不断促进科研工作向前发展

科研院通过深入学院调研、与专家个别交流、电话征求意见等方式，就如何筹划“十三五”重大项目、项目申报与过程管理、科研制度完善、科研机构管理、科研规范管理等事项，开展了一系列调研活动，广泛征求意见和建议。通过调研，我们发现并解决了部分问题，明确了改进目标，促进了管理工作。例如，为鼓励科教人员出高水平、高质量的研究成果，调动广大科教人员的积极性和创造性，提升学校核心竞争力，结合学校分类管理精神，综合考虑学院、学科、专业特点和科技贡献等因素，制定了科学、合理的科研业绩津贴分配办法。

三、工作成效

一方面，通过采取集中学习、自学、邀请专家讲课等多种措施，初步营造了“积极学习，主动学习，热爱学习”的浓厚学习氛围，进一步加强了支部党员的党性修养、政治修养、道德修养、知识修养，增加了大家的凝聚力和战斗力，使大家将提升服务意识和工作能力作为体现自身价值的一项自觉行动，并贯彻到自己的本职工作中去。

另一方面，通过建章立制、深入基层调研等多种途径，充分贯彻党全心全意为人民群众服务的宗旨，进一步加强了作风建设，提高了科研院工作人员的服务水平和素质，为广大师生创造了良好的科研创新氛围和环境。

作风建设永远在路上，永不止步。科研院党支部将坚决贯彻党中央关于“两学一做”学习教育常态化、制度化的有关精神，始终以一名合格党员的标准要求全体党员，始终抓好党支部的基础工作，不断增强党支部的凝聚力和战斗力，全面促进各项工作的开展，为学校建设世界一流农业大学的宏伟目标贡献自己的力量。

（执笔人：姚虎）

研究生院　党委研究生工作部支部“两学一做”促党建

研究生院　党委研究生工作部联合党支部

研究生院和党委研究生工作部支部依据《关于印发〈西北农林科技大学“两学一做”学习安排具体方案〉的通知》（校党发〔2016〕35 号）和《西北农林科技大学推进“两学一做”学习教育常态化制度化实施方案》（校党发〔2017〕37 号）精神，围绕着“两学一做”学习教育活动，结合支部工作实际，开展一系列形式多样、内容丰富的学习教育活动。

一、背景及目标

通过学习教育活动，研究生院和党委研究生工作部支部的广大同志们不断巩固“两学一做”学习教育成果，把“两学一做”学习教育活动制度化、常态化，进一步增强支部党员干部“四个意识”，不断提升工作人员的执行力和执行能力，充分发挥党员先锋模范作用和党支部战斗堡垒作用。

二、工作举措

（一）明确学习纪律，把理论学习制度化、常态化

从 2016 年 8 月起，深入开展“两学一做”学习教育活动，学习党章党规和习近平总书记系列重要讲话精神，深刻领会把握精神要义，明确学校战略思路、奋斗目标和发展任务，把全体干部职工的思想统一到“两学一做”精神上，把力量凝聚到实现学校各项目标任务上，立足岗位做好本职工作，全力推动部门工作，促进学校各项事业新发展。

在此期间，研究生院、研工部支部安排组织生活会 27 场、民主生活会 1 场，每月保证至少 4 场集体学习。重点学习《中国共产党章程》《中国共产党廉洁自律准则》《中国共产党纪律处分条例》《中国共产党党员权利保障条例》《习近平

总书记系列重要讲话读本(2016年版)》《中国共产党地方委员会工作条例》《中国共产党党组工作条例(试行)》《党政领导干部选拔任用工作条例》、习近平总书记“七一”重要讲话精神、学校第三次党代会报告、习近平总书记关于青年成长成才的重要指示精神、党的十八届六中全会精神、纪念红军长征胜利80周年为契机开展“长征精神”宣讲等党内重要法规制度,学习王辉教授先进典型事迹。在学习过程中,研究生院支部精心准备,认真组织,确保每次学习成效,要求每个职工认真撰写学习笔记,制订“两学一做”个人学习计划,在真学实学上下功夫。

(二)创新学习形式,凝聚团队战斗力

为了深化“两学一做”专题教育活动,落实党的群众路线教育实践活动,加强思想建设、作风建设,2017年1月10日下午,研究生院职工开展年末联谊活动。搭建交流平台,让每位职工展示个人才艺,交流工作、生活感想。2017年10月28日,组织支部全体党员到咸阳市旬邑县马栏革命旧址和马栏革命纪念馆参观学习,通过在马栏革命圣地参观学习,要求广大同志们继承和发扬革命先烈的光荣传统,不忘初心,牢记使命,全身心投入到学校研究生教育管理工作中,以优异工作成绩庆祝党的十九大胜利召开。

(三)做好“带头学”,落实支部书记讲党课活动

进一步深化“两学一做”学习教育活动,在“真学实学”上下功夫。2016年10月12日下午,研究生院、研究生工作部支部在会议室召开“两学一做”学习教育,支部书记张静副院长做了“概览‘两学一做’学习教育方案”党课学习报告,全体党员同志参加了党课学习教育,并进行研讨。2017年11月1日下午,研究生院、研究生工作部支部在会议室召开十九大报告解读专题学习会议,支部书记杜永峰同志为全体党员讲了一堂内容丰富的党课,为全体党员深度剖析了十九大报告的精神内涵。

(四)开展“双学双找双比”活动

深入开展学先辈、学先进,找差距、找不足,比成绩、比奉献活动。通过组织观看电影等形式,深学、细照、笃行先辈先进的崇高精神。召开专题座谈会,深入查找自身存在的问题、与先进先辈的差距,明确努力方向,撰写对照检查材料,召开高质量民主生活会。

(五)开展办实事、解难题活动

为践行“两学一做”要求,以联系服务师生“零距离”主题实践活动为载体,对开展党的群众路线教育实践活动情况进行认真梳理汇总,建立问题整改台账，抓好师生反映强烈的热点难点问题的解决。活动期间，每名党员领导干部与“四联系、四开展”活动的园艺学院党委联系，参加职工支部会议，解决一个难题，或办一件实事。

（六）流程再造，规范工作制度，提升工作服务水平

完成“博士研究生招生工作流程图”和“招收研究生教师年度审核工作流程图”两个工作流程优化再造工程，参加机关党委机关部门工作流程优化再造工程评比活动，得到学校相关部门的一致好评。

（七）积极参与“践行党章党规做合格党员”主题征文活动

支部党员熊金苹撰写《践行党章党规，全力提升本职工作水平》、党员王妍稳撰写《肩负光荣使命　为研究生思想领航》两篇稿件，参加机关党委“践行党章党规　做合格党员”主题征文活动。

（八）参加“机关职工身边事”手机摄影比赛

支部党员熊金苹撰写《又是论文盲审时——记研究生院学位管理处秘书杨永政老师》、刘海斌撰写《牢记服务宗旨，认真履职尽责》两篇职工身边事手机摄影作品，参加机关作品比赛。

（九）不断提升党员素质，时刻检视党员个人存在问题和差距

为进一步增强“两学一做”学习教育的针对性、实效性，按照校党委“两学一做”学习教育安排要求，根据做合格党员的要求，认真查找自身存在的问题。研究生院、研工部支部党员从理想信念模糊动摇、党的意识淡化、宗旨观念淡薄、精神不振、道德行为不端五个方面要求全体党员查摆个人问题，填写《党员个人查找问题清单》，通过查摆问题，不断改造自己，提高思想政治觉悟和个人党性修养。

三、主要成效

1. 通过系统学、创新学、带头学，研究生院和党委研究生工作部支部进一步巩固了“两学一做”学习成果，强化党员干部的“四个意识”。把“两学一做”作为“三会一课”基本内容固定下来，坚持下来，切实做好基层支部学习制度的建设。

2. 通过开展形式多样、内容丰富的支部活动，教育广大职工党员，认真履行工作职责，积极发挥工作能动性，以身作则，发挥党员先锋模范作用，为创建世界一流农业大学战略目标提供坚实的组织保障。

3. 通过抓“关键少数”，查摆个人问题，发挥党员先锋模范作用。支部内部坚持问题导向，充分发挥“关键少数”示范带头作用，进一步提升党支部战斗堡垒凝聚力，用制度推动党员、干部以身作则，当好职工表率，带头旗帜鲜明讲政治、带头强化党性修养、带头严格自律，切实做到忠诚干净担当。

“作风建设永远在路上，永远没有休止符”“全党要以此为起点，在从严治党上继续探索、不断前进”，习近平总书记的重要讲话，深刻总结了“两学一做”学习教育活动的成功经验。变化是最扎实的答卷，事实是最有力的证明。通过“两学一做”学习教育实践活动，研究生院支部党员和干部精神上补了“钙”，使党在全体支部成员心目中的威信和形象进一步树立，党心民心进一步凝聚，形成了全面推动我校研究生教育改革的强大正能量。

（执笔人：胡凡）

坚持“三个紧密结合”
在服务大局中发挥党支部战斗堡垒作用

发展改革处党支部

一、背景及目标

支部深入贯彻落实习近平总书记系列重要讲话精神和全国高校思政会精神，坚持“围绕中心抓党建，抓好党建促发展”这一主线，紧密结合学校和部门工作实际，积极开展“两学一做”学习教育，在服务学校发展大局的实践中充分发挥了党支部的战斗堡垒作用，确保党建与业务工作协调推进，取得显著成效。

二、工作举措

（一）坚持政治理论学习与业务研究紧密结合

一方面，始终将政治理论学习放在首要位置，坚持每年认真制定职工政治理论学习计划，累计组织开展支部集中学习30多次，为党员职工讲党课和做专题讲座10余场，建立了支部学习微信群和部门网站支部工作专栏，引导职工加强自学；积极参加交流研讨，通过深入领会党的最新理论成果和重要政策文件精神，进一步强化了政治意识、大局意识、核心意识、看齐意识。另一方面，坚持将业务研究作为职工理论学习的重要组成部分，紧紧围绕学校“双一流”建设、学科布局调整、综合改革、发展规划等中心工作，累计形成50多份专题研究报告，为学校战略决策和政策制定提供了重要参考依据。通过一手抓政治理论学习和一手抓业务研究，坚持以理论学习促进业务研究、以业务研究推动工作创新、以工作创新提升管理服务水平，实现由“管理的研究”向“研究型的管理”转变，取得“1+1>2”的良好效果。

（二）坚持支部专题教育与部门工作调研紧密结合

一是积极开展红色主题教育活动，先后赴照金革命根据地、富平习仲勋故居等爱国主义教育基地参观学习,缅怀革命先烈,重温入党誓词,进一步坚定了共产主义理想信念。二是密切结合支部领导班子成员民主生活会征求意见、处级党员干部联系基层党支部、深入一线听课、到学生食堂就餐等活动,广泛听取师生员工意见和建议,为谋划发展和推动改革提供了重要依据。三是深入学校试验示范站开展实践调研,先后考察了杨凌农业综合试验示范站、曹新庄试验农场、富平现代农业试验示范站、泾阳斗口试验站,与驻站专家进行深入交流和探讨,掌握了大量鲜活的第一手素材。通过开展以上各类专题教育和调研活动,进一步坚定了支部党员的理想信念,深化了对学校发展形势和工作实际的准确理解和把握,充分发挥了党建在武装头脑、指导实践、推动工作方面的重要作用,切实增强了支部活动的吸引力、针对性和实效性。

(三)坚持党员作风建设与部门团队建设紧密结合

支部坚持将党员作风建设与部门团队建设有机融合、相互促进,确保党建工作和业务工作协调推进。一是要求党员率先严格践行机关工作人员服务准则,把“迎送热情、把话听完、态度明确、首接负责”全面融入和运用到实际工作,在机关作风检查评选中多次受到表扬。二是坚持开好支部专题组织生活会,切实加强党规党纪和党风廉政教育,引导党员认真查摆问题,积极开展批评和自我批评,不断增强党性修养。三是在全体党员中组织开展学习“三秦楷模”王辉教授等活动,引导大家向优秀党员学习,鼓励党员之间和同事之间相互学习和共同进步,营造形成良好环境氛围。四是推进民主决策,凡是重大工作和重要决策,坚持相关人员广泛参与。五是重视开展同志间的谈心活动,沟通了思想,加强了理解,化解了矛盾,促进了工作,形成强大的团队凝聚力。

三、主要工作成效

通过支部建设与部门工作的紧密结合,有效解决了基层党建与业务工作“两张皮”问题,打造了一支服从大局、遵循规律、善于谋划、真抓实干、团结进取的工作团队,部门连续多年100%完成全年目标任务,有力推进了学校“双一流”建设方案制定、校院两级管理体制改革、“十三五”规划编制、第四轮学科评估、学科布局优化调整、大型公共学科平台建设等重大任务。2016年,部门荣获校级先进单位和突出贡献单位称号。

(执笔人:姜转宏　郝婷　苏红伟)

学工干部沉下去 服务工作跟上来

学工党支部

一、背景及目标

密切联系群众是党员干部政治立场和政治本色的重要体现。习近平总书记在党的群众路线教育实践活动工作会议上指出,要坚持开门搞活动,一开始就扎下去听取群众意见和建议,每个环节都组织群众有序参与。学生处领导班子认真学习贯彻习近平总书记系列重要讲话精神,专题学习研讨后认为,要做好新时期我校学生教育管理服务工作,不仅要借助新媒体“键对键”引导学生,更要用好土办法“面对面”服务学生,只有实实在在深入学院系、深入到学生中,设身处地地了解学院学生工作中存在的问题,倾听学生的现实需求,掌握第一手资料,才能真正带着感情去为学生成长成才想法子、选路子,相关决策才能更好地贴近学生、服务学生。因此,2015 年以来,为进一步巩固拓展党的群众路线教育实践活动成果,深化以学生为本、为学生服务的工作宗旨,扎实转作风、提效能,学生处有计划、分阶段逐步制定并实施了处内工作人员联系学院(系)、学工干部联系服务学生台账等制度,让处内干部沉下身沉下心,直接联系学院、服务学生,强化与院系学工干部的交流,主动转变学生教育管理方式,及时解决学生反映强烈的突出问题,不断提升我校大学生思想政治教育工作质量和水平。

二、工作举措

结合“三严三实”专题教育和“两学一做”学习教育,按照领导带头、全员参与、注重实效原则,以处工作人员转变作风、联系学院、服务学生为重点,制定了《关于学生处工作人员联系学院(系)的工作安排》等工作制度,对处工作人员直接联系全校 21 个学院系的方式方法、工作内容、次数安排等提出了具体要求,处领导联系学生规模较大的学院,其他工作人员结合学习工作经历和专业特长联系相关院系，积极组织引导处工作人员沉下去、接地气。

（一）加强学习，确保服务学生宗旨意识不断增强

知者行之始，行者知之成。紧密结合处中心工作及95%以上职工为党员的工作实际，以党的群众路线教育实践活动、“三严三实”专题教育及“两学一做”学习教育为契机，组织编印了自十八大以来有关《习近平总书记关于大学生思想政治教育工作讲话汇编》学习培训材料，列入班子、支部和职工政治理论学习计划；为党员配发了《党章》《中国共产党廉洁自律准则》和《中国共产党纪律处分条例》，订阅了《求是》《人民日报》等党报党刊，引导党员根据科室职能、岗位特点及自身实际深化理论学习。围绕“联系谁、谁联系、如何联系”等问题狠抓专题研讨，认真聆听了校党委副书记吕卫东主讲的《延安整风与党的建设伟大工程》专题党课，将学习成果及时转化为推动学生工作，服务学生的指针、理念和动力。同时，用好周边红色资源“活教材”，处领导带队组织职工赴陕甘边照金革命根据地、马栏革命旧址等开展了体验式主题教育活动，多渠道强化干部党性修养和宗旨意识，持续增强联系学院服务学院工作的自觉性和主动性。

（二）畅通渠道，及时有效了解学院工作和学生诉求

坚持领导带头，明确学生处处级干部要在认真落实学校处级以上干部听课和深入学生食堂就餐制度基础上，每月参加各类学生座谈会或走访学生宿舍不少于2次；处工作人员每学期走访所联系院系不少于2次。处领导干部和工作人员在联系服务中走出办公室、走进学院、走入班级宿舍，进一步畅通了及时全面传递校党委有关学生工作新政策新要求的渠道，畅通了面对面听取学院和一线学工干部对做好学生工作的意见建议，畅通了及时妥善处理学院、学生反映问题的渠道。如在落实处级以上干部听课制度中，学生处领导清明节前集中随堂听所带班级课程，既实地掌握班级学风状况，又利用课间休息时间面对面地对学生强调节日期间安全稳定，既掌握了情况，又促进了工作，取得了多赢的效果。同时，注重运用易班、学工在线处长信箱等网络平台，与师生互动交流，连续6年开展了全样本大学生年度思想状况调查，并对调查数据进行了全面分析，形成了分年级的调查报告，全方位听取、了解、回应学院和学生呼声。

（三）搭建平台，健全直接联系服务学生保障机制

为更好地践行“以学生为本、为学生服务”的宗旨，按照便于直接联系学生、更好发挥作用的要求，学生处要求所有工作人员必须在所联系学院系担任学生班主任，列席所联系院系年度学生工作部署会和总结会，经常性深入走访学生宿舍，深入学生工作一线倾心交流沟通，真正弄清楚学生在想什么、要什么、盼什么、我们能做什么等问题，立足实际不断加强和改进班级学生思想政治教育工作，及时为院系和学生处提出意见建议。如针对班级学生，尤其是高年级班级学生教育管理工作中存在的问题，学生处副处长马宁积极探索“互联网＋”时代背景下的学生事务管理新模式，将所带班级的班委选举等工作放在易班网络平台进行，不用在特定时间将学生召集在一起，学生可以充分酝酿，在一定时间范围内、在易班虚拟班级中完成选举投票，选举出最合适的班委。在班级学生心理健康教育工作中，率先开展了“光影心播客”互动式心理健康教育活动，易班发展中心为学生创造舒适惬意的观影环境，心理咨询中心的老师担任现场播客，运用专业知识解读电影细节，让同学们在愉快、轻松的氛围中获得心理上的感悟与成长，以点带面的探索为学院加强班级管理和心理健康教育工作探出了新路子。

（四）上下联动，切实帮助学院和学生解决实际问题

在联系学院工作中，学生处进一步规范了问题收集、梳理分析、分类转办、严格督办等工作程序，建立了工作人员—分管领导—处三级联动、责任明晰的反映问题解决机制。一是对联系学院学生工作中收集到的热点难点问题，处工作人员能够及时解决的要尽快解决，对一时解决不了的要实行一事一记，做好反馈上报工作。二是充分发挥各分管领导、科室间团队作战、协同合作的作用，对工作人员就地难以化解而上报的问题，由分管领导按照职责分工，牵头组织问题相关科室进行专题研究，协同协调解决。三是利用处长办公会、周工作例会等平台，对前两级无法解决的学生工作中的重点问题、突出问题和带普遍性问题，进行集体会诊，妥善解决；对涉及全局性的重大问题及时提交学校研究；对于一时不能解决的要向相关学院、学生做好解释工作，切实做到事事有回音，件件有落实。

如针对座谈中学生反映的对处内各科室的工作服务范围了解不够，办事还不够方便问题，2017 年开学初，在学工楼一楼楼梯醒目位置设置了学生处服务导图，明确了各科室联系电话、办公地点及面向师生的主要服务内容与职责，方便师生高效快捷办理有关事项，受到了广泛好评。又如针对走访院系中收集到的“学生工作任务繁重、辅导员配备不足、工作疲于应付、实效性难以保证”这一突出问题，学生处牵头编制了学生工作月历，内容涵盖了学生处、团委、就业中心全年日常工作中与学院（系）直接相关的主要工作事项。同时，在此基础上进一步拓展服务，2017 年在学工在线网上增设了每周工作预告栏目，将各科室每周主要工作予以公开，促使各学院系能够结合自身实际，及早准备、把握节奏，始终与学校在思想上、目标上、行动上同心同德,同向同行,培育学院学生工作品牌,全力构建彰显特色、百花齐放的学生工作格局。

三、工作成效

学生处在实践中逐步探索出一条目的明确、内容充实、规范高效的联系学院服务学生的有效路径,大大增强了支部凝聚力,提高了学生工作的针对性和实效性,激发了学院学生工作的生机与活力,成效显著。

(一)工作作风转变大

联系学院工作制不仅密切了学生处和各学院系间的关系,将学生处以学生为本、为学生服务的宗旨落到了实处,落到了每名工作人员的肩上,落到了学生工作的第一线,落到了学生心坎上,使联系服务学院、学生的内容、载体、方式更加规范到位,科学有效,达到了作风大转变、服务大提升的效果,有效贯通了服务学生的"最后一公里"。近三年学校机关作风满意度测评中综合得分成绩始终保持在前列。学工党支部获得学校和机关党委 2016 年先进党支部称号。

(二)干部素质提升快

通过经常性、常态化地联系学院、服务学生,学生处工作人员受到了一次又一次很好的党性锻炼,主动服务的意识不断增强,做好学生工作的能力持续提升,先锋模范作用得到有效发挥,取得了推动中心工作与提升干部素质的双赢效果。近三年来,有 2 人获得学校年度先进个人,1 人获优秀党务工作者,1 人获教育部易班发展中心"2016 年度十佳易班指导教师",有 8 名干部得到了进一步提升与发展。

(三)工作亮点频频出

近三年来,在本科生教育管理、资助育人、心理健康、易班建设及招生等工作方面取得了显著成绩。先后制定出台了《西北农林科技大学班主任工作条例》《西北农林科技大学进一步加强辅导员队伍建设的实施意见》《西北农林科技大学学生违纪处分规定》等学生工作相关重要文件 10 个;获全国高校辅导员职业能力大赛三等奖 1 名、陕西省高校辅导员职业能力大赛二等奖 2 名,陕西省高等学校十佳辅导员、优秀辅导员各 2 名,获批教育部高校辅导员工作精品项目 2 项、研究课题 1 项,陕西省辅导员优秀工作案例一等奖 2 项、三等奖 1 项。扎实开展资助育人工作,获得了教育部"学生资助诚信教育主题活动优秀单位",报送的《互联网 + 助推学生资助诚信教育深入发展》获评特色案例,连续第四年获得教育部资助绩效奖励,金额 1 000 万元。持续加强心理健康知识宣传和培训工作，被中国心理卫生协会大学生心理咨询委员会评为“心理健康教育工作优秀机构”，荣获“陕西省大学生心理健康教育先进单位”“陕西高校优秀心理社团最佳组织奖”。高效推进易班工作，荣获“易班全国共建工作示范单位”称号，相关做法和经验受到了《中国教育报》《中国科学报》等主流媒体的关注和报道。认真落实学院和部门分省分区招生宣传工作机制，实现了全国普通本科一批理工类录取分数的“七连增”，学校生源质量持续提升。学生处先后荣获学校2015年先进单位、2016年管理工作创新奖和特别贡献奖，营造出了风清气正、心齐劲足、干事创业的良好学生工作局面。

（执笔人：王博）

建立服务制度　持续转变作风

计划财务处党支部

一、背景及目标

为贯彻落实机关服务制度，规范工作人员行为，进一步增强责任意识、服务意识和效率意识，计财党支部以“两学一做”学习教育为契机，围绕机关作风建设“态度、效率、卓越”主题，制定了《计划财务处服务公约》，从目标、理念、服务承诺、文明服务、首接负责、限时办结等方面做出承诺和规范，要求全体党员率先垂范，带动全处人员持续改进工作作风，提高服务工作满意度。

二、服务公约的主要内容

(一)目标及理念

目标：以人为本，师生满意

理念：诚信规范，主动高效

(二)服务承诺

牢记宗旨，服务师生

诚实守信，不做假账

爱岗敬业，和谐友爱

文明服务，和颜悦色

勤勉尽责，客观公正

节俭廉洁，高效准确

(三)文明服务

1. 不迟到，不早退，不擅离职守；

2. 来有迎声，问有答声，走有送声；

3. 礼貌待人，态度谦和，文明用语；

4. 认真倾听，仔细记录，耐心解释；

5. 坚持原则，方法得当，虚心纳谏；

6. 解释政策准确，答复问题明确，反馈结果及时；

7. 文明办公，环境整洁，文件资料、办公用品放置有序。

（四）首接负责

1. 来人来电办理、咨询业务或反映情况，无论是否属于本岗位、本部门业务范围内的事项，首先被询问到的同志要负责指引、协调和帮助，不得以任何借口推诿搪塞、拒绝或拖延。

2. 首接责任部门或工作人员能当场处理的，要当场解决。不能当场处理或非本部门职责范围的，要向对方说明原因，一次性告知相关的全部事项、所需资料、有关电话号码或办事地点。

3. 答复来人来电提出的问题，既要准确掌握政策，又要实事求是。对于不清楚、掌握不确切的问题及时请示，给予准确解答。对于确实解决（释）不了或不属于财务部门办理或管辖的问题，应耐心向对方说明情况。

4. 建立办公室值班制度。各自然办公室应设立工作值日员，负责办公室当天杂务工作。

（五）限时办结

1. 符合财务会计制度规定、材料齐全、手续齐备的会计业务，必须立即办理，及时办结。现金支付业务应于接单时即时完成；其他支付业务上午接单者当天完成，下午接单者次日上午完成；投递的预约单据、网上业务审核等不迟于三个工作日；查询会计信息的应即时完成；优先办理学生缴费、教师报账、教学科研业务。

2. 工资、奖助学金发放、纳税申报等规律性工作，应准确把握规律时点，遵循“赶前不错后”的原则，避免出现延误和失误。

3. 受理的申请、请示等事项需要经过一定决策过程的，要按照告知、办理、反馈顺序以口头形式告知申请相对人办结预期。做到不推诿，不拖延，不敷衍。

4. 贯彻落实重大决策、政策制度以及领导批示、交办的事项，应当及时部署，准确把握时间节点，每周报告进展，及时办结。需要会商和协调其他部门联合办理的，更要积极主动，在规定时间内办结并反馈结果。

（六）责任追究

1. 凡个人职责范围内能够解决而不解决，上推下卸，不负责任，造成不良影响的，内部给予告诫。

2. 不属于岗位职责范围的事项不请示、不报告，私自办理，造成一定影响的，给予警告，责任人书面进行检查。

3. 经办的事项，有违"公开、公平、公正、廉洁"原则，引起师生强烈不满的，责任人要进行深刻检查，按有关规定进行问责并与工作考核和津贴挂钩。

4. 违反工作制度和组织纪律等，给计财处声誉造成恶劣影响或造成经济损失的，视情节按规定进行问责并与考核和津贴挂钩。

三、工作成效

1. 全心全意服务广大师生、服从学校发展改革的大局观念已经深入人心，责任意识、服务意识和效率意识不断增强。

2. 首问负责制、一次性告知制、限时办结制、服务承诺制，已逐项在日常工作中得到了贯彻和落实。

3. "讲真话、报实情，办实事、求实效"的工作局面正在形成，"讲学习、重细节、求效率、争一流"的学习型组织正在形成。

做对事情是科学，做好事情是艺术。计财党支部激励工作人员以饱满的工作热情，立足岗位，用心做事，尽力做事，真诚服务师生，服务学校发展改革，创成效，出成绩，为建设世界一流农业大学添砖加瓦，贡献力量。

（执笔人：程雯蔚）

立足本职　以“服”促管
着力推进服务型国资党支部建设

国有资产管理党支部

一、背景及目标

十八大以来，党中央将基层党组织建设提到前所未有的高度，倡导基层党组织坚持“围绕中心、服务大局，以人为本、强化服务，典型引领、示范带动，注重实效”的原则，以加强党的执政能力建设为主线，以服务群众、做群众工作为主要任务，从切实转变工作方式入手，着力推进服务型基层党组织建设，进一步增强基层党组织的凝聚力、战斗力和创造力。

随着“两学一做”学习教育活动的全面开展，推动着我党教育从“关键少数”向广大党员拓展、从集中性教育向经常性教育延伸，基层组织贯彻党的路线方针能力不断加强，政治理论学习制度迈向常态化，广大党员的思想意识和党性修养不断提高，基层党支部的战斗堡垒作用更加凸显，为民意识和服务意识提升，党的公信力大大增强。

按照机关党委推进“两学一做”学习教育和机关作风建设整体工作要求，国资支部紧紧围绕学校中心工作，致力强化服务意识，把党建工作与资产管理工作紧密切合，齐抓共管，以加强支部政治理论学习为前提，围绕服务，提升党员和全体职工的思想意识和政治素质；强化服务，树立职工的服务意识、窗口意识和形象意识；保障服务，建立以服务为导向的考核激励机制，着力推进服务型国资党支部建设。

二、工作举措

（一）强化学习基石作用，树立服务工作意识

国资处是学校面向广大师生的重要窗口部门，担负着全校资源调配、资产

的招标采购、建账统计、日常调配等工作，其内容量大面宽，事务琐碎而繁杂，整体工作的正常运转既要具备完善的规章制度和规范的工作流程，更需要一支工作高效优良的服务型管理队伍。国资处以政治理论学习为平台，通过党的大政方针、习近平总书记系列重要讲话、专题业务知识学习和研讨、工作流程优化再造等活动，着重从工作人员的事业心与责任感、服务意识、工作方式方法等方面进行全面教育，整体提升支部成员的政治理论素养，加强职工深学、善思、能写、会说等能力，全方位贯穿管理就是服务的工作理念，牢固树立服务意识。

（二）优化工作流程，提升服务水平

结合机关部门工作流程优化再造活动，国资处紧紧围绕管理制度要求，以提高工作效率为核心，不断加大资产管理信息化建设力度，启用资产管理网上查询、报废公示、监督以及调剂使用平台，进一步修订和优化工作流程，简化窗口业务程序。同时针对实际工作问题，积极沟通，主动联系，严格落实限时办结制，切实缩短办事时限，不断提升部门的工作效率和服务水平。

（三）端正服务态度，提高服务质量

根据学校《机关服务制度》《机关工作人员行为规范》的要求，国资处从职工工作中的言行入手，把服务师生理念贯穿到整个工作中去，切实明确岗位职责，实行置牌上岗，严格执行首问负责制，属于职责范围内的事情要及时办理，不属于职责范围内的事情要做好联系、介绍和转接工作，同时按照规范文明用语要求，接待来电、来访职工要热情、耐心，努力做到一张笑脸、一声问候、一把椅子、一杯茶水，并在职工监督下不断改进工作服务态度，努力提高服务质量。

（四）以“查”促改，不断推进服务型党支部建设

国资处以机关党委实施评议员制度为契机，对机关党委通过随机明察暗访提出的意见建议清单、问题清单、表扬清单及政治理论学习存在问题反馈意见认真剖析，以问题为导向，深入开展自查自省，针对问题对号入座，逐一提出整改意见，全力做到即知即改，努力向着职工满意的服务型党支部迈进。

三、工作成效

1. 通过组织职工对党的大政方针、习近平总书记系列重要讲话、专题业务知识的系统学习及“两学一做”学习教育、机关作风建设等活动的深入开展，职工的政治理论水平和思想道德素养得到全面提升，工作的事业心、责任感、服务意识明显增强，整体工作水平和能力显著提高。

2. 通过资产管理信息化建设，努力搭建科学、高效的管理服务平台，进一步优化工作流程，不断创新改造管理服务方式，使职工资产业务办理程序更加科学、便捷，无谓跑动次数明显减少，办事效率显著提高，资产管理的服务能力和水平全面提升。

3. 通过《机关工作人员守则》《机关工作人员服务准则》《机关服务制度》《机关工作人员行为规范》及机关作风建设等制度的落实，工作人员的工作方式得到进一步改进，工作环境、工作状态、工作态度明显改善，职工满意度不断增加，资产管理服务质量不断提升，机关作风表率作用逐渐凸显。

（执笔人：孙平阳）

充分发挥支部功能　促进党员思想教育工作常态化

保卫处党支部

一、背景及目标

根据学校党委和机关党委关于做好“三严三实”专题教育和“两学一做”学习教育相关通知要求,保卫支部自2016年初开始,围绕着“以‘支部生活’促进党员思想政治教育经常化”的主题开展了系列活动。希望借此改善党员的日常管理教育不经常、不深入,发挥作用不明显,工作动力不足、活力不强的现象,以及纠正关于思想政治教育“没必要”“没时间”“没用处”“没兴趣”的错误认识。在近一年的实践过程中,通过不断拓展“支部生活”内容,丰富“支部生活”形式,创新“支部生活”载体,保卫支部对党员的思想政治教育逐步深入到校园安保工作的方方面面,延伸到校卫队员工作生活的时时处处,成为促进校园安全保卫工作落实的一种好形式,确保了校园安全稳定和以教学科研为中心的各项任务圆满完成。

在日常校园安全保卫工作中我们深刻认识到,只有“支部生活”才能引导党员学业务、想工作、受教育,才能发动和依靠校卫队广大党员带头践行学校各项安保工作,校园安全工作才能真正落到实处。

二、工作措施与成效

(一)通过“支部活动”延伸教育过程,形成“时时受教育”的育人环境

两年来,保卫支部认真学习了党的十八届四中、五中、六中全会精神和习近平总书记系列重要讲话,“三严三实”专题教育和“两学一做”学习教育,校领导在学校党建工作会议和学校年度工作会议上的讲话等内容。时间上,支部能够严格执行校党委规定,正确处理好工学矛盾,坚持每周三下午7、8节课组织所有职工党员开展学习讨论。即使保卫工作性质特殊,遇到大型活动、校园突发

情况处置等，支部仍然能够挤出小块时间把学习内容补上。特别是我们在组织学习《在组织里的人，就要过组织生活》——2015 年 8 月 14 日，习近平总书记以普通党员身份参加所在党支部组织生活会，与支部成员一起交流并发表了重要讲话时，现场职工党员讨论热烈，发言踊跃。这样就使“支部生活”有机地贯穿到了每名职工党员的日常工作和政治教育中，使活动有了依托。内容上，支部能够按照校党委印发的《推进“两学一做”学习教育常态化制度化实施方案》和《教职工政治理论学习制度的通知》要求，结合校园治安形势和季节性安全防范事故工作特点，灵活学习内容。利用马拉松赛事、开学典礼、毕业典礼、大事要事安全保卫任务等重要节点，支部将学习教育寓于保卫工作之中，既完成了安保工作，又对职工进行了思想政治教育。形式上，支部针对党员比较分散、人员难于集中的特点，采取划区分片、支委包组、“大课”与“小课”相结合的方法，保证所有党员时时处处受教育。通过抓理论学习，一方面提高党员职工爱岗敬业、热爱本职工作的自觉性，另一方面加强作风建设，增强保卫队伍的战斗力和凝聚力。广大党员职工的思想觉悟和素质有了明显提高，有力促进了保卫处各项工作的顺利进行。

（二）通过“支部生活”丰富教育素材，形成“事事是教材”的资源宝库

保卫处引导大家讲身边的事，谈自己的看法，大到学校发展改革的重要政策，小到校园一日安全，既有对校卫队好人好事的赞扬，又有对一些不良倾向的批评，每一件事都成了自我教育的好材料。利用校长信箱中师生反映校园安全工作的意见和建议，如保卫人员服务态度、接警出警时间、情况处置方法等方面存在的问题，保卫处能够举一反三，教育保卫人员恪守“服务师生、保障教学科研”的工作理念；利用机关党委开展的“反对铺张浪费，提倡勤俭节约”“微故事”、用镜头记录身边的人和事等活动，我们激励校卫队的工作责任心和使命感。支部收集整理了校园安全突发情况 20 类处置预案，并将校园“如何发现涉恐嫌疑”“发现涉恐嫌疑后怎么办”“恐怖事件现场处置”“紧急避险和自救互救”等，一一汇编成册，组织校卫队员进行学习交流，成为生动实际的教育素材，更好地服务于校园安全保卫工作。

（三）通过“支部生活”拓展教育空间，形成“处处是课堂”的教育氛围

我们坚持把“支部生活”贯穿到日常工作开展中，及时捕捉教育课题，采取多种形式随时随地搞好党员的思想政治教育。

几年来，保卫支部积极开展各类有益的文体活动，以激发广大党员职工的工作活力，增强支部的凝聚力和战斗力：举行了保卫处职工拔河比赛；组织党员职工赴牛背梁自然保护区进行野外体能素质拓展训练;组织部分党员职工赴照金革命老区进行红色传统教育;在“七一”,组织党员去富平习仲勋陵园进行“重温入党誓词,缅怀革命先烈”纪念活动等。

同时,支部还积极参加机关党委组织的各种球类活动:在 2012 年乒乓球混合团体赛中获得了第 4 名;2013 年羽毛球混合团体赛中保卫支部获得了第 2 名;2015、2016 年羽毛球混合团体赛中分别获得了第 3 名、第 2 名;2015、2016 年乒乓球混合团体赛中保卫支部获得了第 1 名、第 2 名。通过这一系列活动,促进了广大党员职工之间的交流和了解,增强了支部的凝聚力和战斗力。

为配合“三严三实”专题教育和“两学一做”学习教育活动,保卫支部在南北校区大门设立了“1 +1”(校卫队干部加一名普通党员)党员先锋模范岗。南校区刘亚鹏副队长和魏建军党员、北校区何振华副队长和董永泉党员组成的党员先锋模范岗,夜以继日地工作,维护南北校区大门出入秩序,从每天出入的 1.1 万余辆次和 1 万余人次中看到了自身的价值所在。在队员的日记中我们看到:这里没有璀璨炫目的霓虹灯,没有聒噪人群的喧嚣,也没有活力四射的舞台,但三尺平凡岗位需要我,默默无闻也光荣。

运用“支部生活”促进党员思想政治教育经常化实践充分说明,新的形势虽然会带来新的矛盾和问题,但同时蕴藏着解决问题的办法。关键是要有积极进取的意识和勇于创新的精神。只要我们善于把创新和求实、继承和发展统一起来,在排查校园安全隐患中找办法,在措施落实的基础上求创新,校园安全工作就能稳步发展。

(执笔人:张占国)

创新学习方式　增强学习效果
促进思想和工作进步

教育发展基金会党支部

一、背景和目标

为了更好开展“两学一做”学习教育常态化制度化工作，切实发挥党支部在“两学一做”学习教育中的主体作用，西北农林科技大学教育发展基金会党支部结合支部党员思想和工作实际，创新学习方式，促进教育细致化深入化，促进教育的针对性、时效性和影响力，展示支部特色。

二、具体举措

（一）互动式学习讨论

学习教育中，采用互动式学习讨论。党支部改变过去由支部书记一人主讲、支部党员带着耳朵听的“灌输式”传统模式，由支部党员轮流发言，每个党员每次重点讲好至少一个问题，最大限度地调动支部党员的学习积极性和主动性。每个党员从学习党章党规入门，到深入学习习近平总书记系列重要讲话，查资料、列提纲，了解知识背景，充实发言内容。这一过程让党员们更加坚定了做一名合格党员的信念。

（二）感受式实践学习

组织全体党员参观眉县常兴镇扶眉战役烈士陵园，并唱国歌，重温入党誓词，瞻仰了烈士墓区，倾听了革命先烈的感人事迹，参观了纪念馆陈列的各种历史图片资料和战役中的实物，感受革命先烈的浴血奋战、不怕牺牲的精神，激励大家在今后的工作、学习和生活中，时刻以英雄模范为榜样，发挥党员的先锋带头作用，为学校的发展和建设社会主义和谐社会贡献自己的力量。

（三）融入式日常学习

依托互联网技术，随时随地掌中学。建立支部党员微信群，充分利用移动网络平台，编发党员学习材料，确保将“两学一做”学习教育融入支部党员的日常工作和生活中。在支部党员中落实了教育全覆盖，学习全参与。积极利用网络学堂，开展专题研讨，交流学习心得，自觉学习先进党支部和先进人物事迹，同时利用反面典型事例对支部党员进行警示教育，变硬性学习为日常习惯，推动党性教育常态化，引导支部党员爱党、忧党、兴党、护党。

（四）引导式促进工作

树立党务和业务学习典型，组织开展优秀党员事迹学习会等，引导党员向先进支部、先进党员学习，坚持将学习与工作紧密结合，坚持“汇聚八方涓流，推进教育事业发展”的工作目标，立足学校教学与科研发展需要，发挥最大能量，推进本职工作。

三、工作成效

（一）及时掌握党员学习的动态

通过学习、交流、讨论，支部及时掌握了所有党员的思想动态和学习效果。并对认识不足、不到位的党员予以引导，提高学习效率。

（二）最大限度地调动了党员积极性

各种互动式学习、参观式学习、创新式学习等，调动了党员学习的积极性，从“被动学习”到“主动学习”，从“让我学”到“我要学”的良好状态，真正将学习党的新政策、新要求、新思想作为每个党员生活的一部分，成为党员素质的基本要求。

（三）用先进的政治理论指导工作

学习党的先进思想理论，用思想武装头脑，用行动促进工作。按照新时代要求加强政治能力训练，加强政治历练，自觉把讲政治贯穿于党性锻炼全过程，贯穿于日常工作生活全过程。同时每个党员也注意将党的新的思想理论应用于实际工作中，用新思想、新理论指导本部门的工作，寻找政策与部门工作的契合点，深度研读，提高工作效率和工作成效。

四、经验体会

（一）真正将学习扎根党员内心

每个党员要把“两学一做”作为锤炼党性的基本功、必修课，时刻牢记自己第一身份是党员，无论职务高低，都要以普通党员身份参加党的组织生活，更好地教育引导广大党员按照“四讲四有”的标准，做到政治合格、执行纪律合格、品德合格、发挥作用合格，不断提高政治觉悟，使自己真正成为一名合格的党员。

（二）注重思想学习与部门工作结合

要紧紧围绕党的中心工作和全党工作大局组织开展学习教育，坚持把学习教育同做好改革发展稳定工作结合起来，同教育发展基金会工作相结合，把党建设得更加强大，把工作稳固推进，为教育事业、为实现中华民族伟大复兴的中国梦做出贡献。

（三）不断开拓创新与时俱进

在支部活动和学习方式上不断地探索，不断创新，并和其他支部交流，以形式多样的方式开展支部活动，让支部活动丰富多彩，意义深远。扎实党员的理论学习，从而提高了党支部的凝聚力，充分激发出每个人的正能量，将教育学习和本职工作不断推向前进，显示出支部独特的风采。

（执笔人：冯炜　韦粉）

“学”“课”“考”“做”
强化组织引领　彰显党员力量

博览园党支部

一、背景及目标

为保持和增进党员先进性，加强学习型党组织建设，树立党员的先锋模范作用，博览园党支部积极探索党建工作新思路、新途径、新方法，在秉承对内服务教学科研和对外开展科学普及，致力于建设高水平教学科研基地的同时，全面贯彻党的教育方针，狠抓党的思想建设、作风建设和组织建设，带领全园职工深化党性认识，开展“学”“课”“考”“做”相结合的系列活动，增强党员自主能动性，积极打造学习型党组织，切实发挥新形势下的高校博物馆科普育人文化职能。

二、工作举措

（一）以“学”为基——注重党员思想建设

坚持“三会一课”制度，按时召开支委会、支部大会、党小组会，加强政治理论学习，提高了组织生活质量。坚持每周政治理论学习不间断，定期开展德育、党性教育和时事政策教育，以“坚定理想信念”“讲规矩、守纪律”“讲政治、有信念”等为主题进行专题研讨，深入学习贯彻习近平总书记系列重要讲话精神，宣传和学习党的路线方针政策和党的基本知识，召开丰富多样的组织生活会和主题党日活动，重温忠党宣誓、红色影片观摩、科教案例鉴析等，提高党性觉悟，增强政治意识和政治方向，提升党支部的凝聚力和战斗力。

（二）以“课”为旗——坚持“微党课”制度

在贯彻支部领导班子讲党课的同时，支部开展党员“微党课”制度，在每周政治理论学习过程，针对专题学习内容，每周由 2 ~ 3 名党员根据自身的学习领悟和解读，结合工作实际和具体岗位职责，进行专题学习下的“微党课”教育分享，同时制订自己的个人成长规划，确定个人理论学习、工作实践、专业学习等方面的成长目标和措施，将党员的长远理想转变为清晰的阶段目标和落实措施。

（三）以“考”为准，深化党性引领精神

支部要求党员同志对照《条例》《准则》，结合工作实际，开展自查自考，支部全面综合评议；定期监督、查验、规范党员个人政治学习进度、方向、内容，进行监督考评通报；明确以党员为核心在“两学一做”自查自纠暨4A景区复核自查、中央巡视检查、“双一流”高校创建和本科教学审核评估系列大考中的相关任务，落实目标责任制，明确党员立足对历史、当前、未来高度负责的政治地位；以评促建，大力加强学习提高，在群众中凸显党性引领精神，坚定不移推进质量导向发展方式转变，全力打赢“大考”攻坚战。

（四）以“做”为纲，践行党性修养成果

党支部积极倡导全体员工结合工作实际和特长优势进行职业培训、学历继续教育及相关专业技能提升；以“三秦楷模”王辉、“全国优秀教师”黄大年系列工匠精神和先进事迹为引导，在党支部组织的“自然艺术系列”旅游商品荣获金奖观摩学习与经验分享交流、“我为大师画素描”——李岚清素描艺术展艺术修养观摩学习、火地塘试验林场野外实践体验活动和博览园日常科普类系列活动中用实践检阅党性修养；组织参与机关党委系列考核知识竞赛、主题征文、优秀党员“微故事”评选、文体交流活动，在陕科协、国土资源部、国家旅游局等上级行业主办的讲解大赛、旅游商品大赛中创先争优。

三、工作成效

通过党员思想建设，坚定理想信念，提高党性觉悟，增强政治意识和政治方向，为一切实践活动开展提供强有力的政治理论保障，明确党员的责任和党性荣辱归属感；通过“微党课”制度，使党员充分认识自己，把抽象的长远目标分解为清晰的阶段目标和措施，督促党员互相监督、共同进步；通过结合工作实际，实行党员系列监督考评，以实际行动阐释党性信念的强大作用，规范、强化党员身体力行、率先垂范的战斗堡垒作用，促进基层党员带动辐射群众的良好政治风貌；以“做”为纲，通过主题活动教育和系列大赛创新实践，使党员永葆先进性、积极性，实现学用结合，将个人职业“螺丝钉”精神融入集体力量，凝聚博览园服务育人品牌力量。

四、经验启示

开展“学”“课”“考”“做”相结合的系列党建活动，从加强队伍建设入手，把员工对事业的认同感、组织的归属感，以及个人的成就感有机结合起来，努力创新工作载体，进行了长期不懈的实践探索，有效地回答了新形势下基层党组织靠什么带队伍的问题。同时，不满足既有的成果，坚持对党建的每一项工作进行总结改进，不断积累经验、丰富内容、完善制度，持续提升党建水平，使党建工作常抓常新。虽然“微党课”也存在着不足之处，如主题的提炼较为平淡化，具体表现为缺乏新的见解与较高的视角两个方面；还有就是人人都做主讲人，因个体自身水平的不同也会对分享课程的内容安排缺乏精心而多角度的组织。如何进一步提高党课质量，如何利用科普育人思路强化党性修养，锻造创新型党建工作，我们还有很多路要走，还要继续探索。

（执笔人：杨蓓蓓）

精心组织　创新思维
扎实开展"两学一做"学习教育

旱作重点实验室党支部

自从开展"两学一做"学习教育活动以来，旱作重点实验室支部通过教育学习、参观红色革命根据地、观看有教育意义的影片等多种方式，紧紧围绕"两学一做"学习教育要求，使全体党员明确学习目的、以思想引领行动、用实际行动体现党员干部的先锋模范作用。

一、工作举措

（一）制定学习计划，提高学习成效，提高党员对"两学一做"教育重要性的认识

根据"两学一做"学习教育活动的要求，旱作重点实验室支部组织全体党员，集体制定学习计划、学习形式，提高学习成效，使大家在思想上高度重视；邀请专家，给大家进行讲课教育，分析国内外的各种政治形势，分析国内现状，使大家从心里对这次的学习要求足够重视，理解这次学习的必要性。

（二）增加学习方式，丰富学习内容，进一步促进本单位各项工作保优保质开展

1. 为了增加大家学习的兴趣，加强学习记忆效果，我们采用了多种学习形式进行学习：集体学习各项规章制度、学习习总书记系列重要讲话，把握时势，思想精神上始终和党中央保持高度一致；观看爱国主义教育影片，重温历史，深刻理解党是怎样一步一步走到今天的；参观红色革命教育基地，重温入党誓词，缅怀革命先烈，珍惜我们今天所拥有的来之不易的美好生活；邀请专家和支部书记讲党课，使大家充分了解党的过去、现在以及未来；进行专题研讨会，鼓励每位党员对所学知识的理解和今后的行动发表自己观点；开展"主题党日活动"，把我们的学习和我们的日常工作紧密结合起来，用我们的实际行动，为科研人员提供更专业更优质的服务。

2. 为了使大家更充分地了解理解党的一切，支部除了学习党委要求的学习内容外，还结合时事学习，学习典型案例，并且要求每位党员认真记录学习笔记，将“看齐意识”“四讲四有”党员标准深入每个党员的脑海中。

3. 在“两学一做”学习教育中，强化党支部的组织意识，积极参加支部组织活动，把抓住“学”这个基础和“做”这个关键不放松。作为重点实验室的一员，在认真学习的过程中，我们更要把学到的东西，有效地利用到实际的工作中去；作为技术人员，我们要不怕苦、不怕累，做到爱岗敬业，勤奋工作，干一行，爱一行，钻一行，精一行，努力在平凡的工作岗位上干出不平凡的业绩，用一流的服务体现共产党员的先锋模范作用。

（三）彼此监督，定期考核，发挥支部战斗堡垒作用

党员学习，是一个需要长期坚持的事情，在活动开展的过程中，支部及时对党员学习情况进行督促检查，及时发现存在的问题和不足，提出纠正意见和要求，力求边实施，边总结，边完善，边提高，整体推进；发现有党员书写不够认真、记录不规范的问题，立即召开会议，指出问题，安排整改，进一步规范了学习活动，促进了活动的扎实成效，顺利开展。

二、取得成效

（一）增强了党员思想素质

通过这一段时间紧张系统的学习，大家对于党的性质、宗旨、责任、义务等有了深刻的认识，党员的意识和党性观念有了明显的提高；坚定了共产主义理想信念，以崭新的精神面貌全身心地投入到紧张的工作中，树立了全心全意为师生服务的宗旨意识。

（二）提高了党组织的凝聚力

这一段时间的学习，使得大家经常聚集在一起探讨和发言，在提高大家理论知识和党性修养的同时，党支部党员之间的关系也发生了很大的变化，大家变得更加亲密，支部的各项工作也能够更好地开展。

（三）提高了旱作重点实验室技术平台的服务质量

旱作重点实验室技术平台作为我校一个高质量的服务平台，一直以来担负着我校很多重要的科学研究，给科研人员提高了许多高质量的科研数据，对我校科学研究起着非常重要的作用。在整个学习教育活动的过程中，支部始终注重将教育活动与本单位工作有机地结合起来，引导广大党员把教育活动所激发出来的巨大热情投入到工作之中，组织和动员全体党员立足岗位，充分发挥模范带头作用，争先创优，攻关解难，切实把党员作用落实在岗位上，体现在行动中，使全体党员进一步改进了工作作风，提高了服务意识。学习教育活动开展期间，不仅没有耽误了工作，反而有效地促进了工作，做到了学习和工作"两不误，两促进"。

（执笔人：周晓娜）

后 记

正当全党认真学习贯彻党的十九大精神，全国各族人民豪情满怀地掀起决战全面建成小康社会、夺取新时代中国特色社会主义伟大胜利的热潮之际，由西北农林科技大学机关党委组织汇编的《对标一流　迈向卓越——西北农林科技大学第二届机关优秀工作案例集》一书付梓刊行，与读者见面。这是学习贯彻党的十九大精神的实际行动，是为高校机关部门广大党员干部和工作人员送上的一份厚礼。

高校机关是高校的职能管理部门，机关工作的质量、效率和水平，直接关系到学校人才培养、科学研究、社会服务、文化传承创新、国际交流合作和治校能力的总体水平，直接关系到学校改革和发展的成效。如何不断提升机关服务效能，进一步全面加强机关党建工作，积极应对新任务、新挑战，推动高校事业的发展，是国内外高校普遍面临的一个重要课题，也是西北农林科技大学“二次创业，奠基百年”的重要课题。

西北农林科技大学机关党委按照习近平总书记就机关党建工作提出的“走在前，作表率”的要求，根据校党委部署，紧紧围绕服务建设世界一流农业大学和“双一流”建设的战略任务，不断推进“学习型、创新型、规范型、服务型、效率型、廉洁型”机关建设，进一步塑造“争创一流，追求卓越”的机关文化特质。在2014年7月第一届机关优秀工作案例评选活动中取得良好效果的基础上，于2017年4月开展了第二届机关优秀工作案例的评选活动。目的在于不断总结和探索，进一步提高机关工作、机关党建的能力和水平。优秀工作案例评选是机关的技能比赛，展现机关工作的基本功和创新精神，不仅要求做得好、说得出，还要求有提炼、有共鸣。呈现在读者面前的《对标一流　迈向卓越》一书，就是这一活动的精彩展现。

这本机关优秀工作案例集，是西北农林科技大学机关各部门、党支部，根据机关工作性质和特点，围绕转变工作作风、提高工作效率、提升服务质量、规范管理行为、解决棘手难题等，大力挖掘务实、创新的优秀工作方案、举措和办法，记录着平凡的工作，反映着学校改革发展的历程。

"子云相如，异曲而同工。"案例是经验的总结升华，是经验交流的桥梁，更是潜心的探索和汗水的付出。案例是创新提升，只有反复提炼，参考他人的成功做法才能不断改进自身。此书的出版，相信对其他高校机关工作会有一定的参考和借鉴之处。

本书倾注了许多人的心血。得到西北农林科技大学党委副书记、党委常委徐养福同志的关注和重视，得到机关各部门负责人的大力支持和帮助，得到机关各党支部的密切配合，得到西北农林科技大学场站管理中心党委、资产经营公司党委的大力配合。特邀胡安劳教授、张绍华研究员、李芳林副教授进行审阅。本书的出版也得到西北农林科技大学出版社的大力支持，在此一并深表谢忱。

本书汇编时间紧，任务重，不当不妥之处，恳请各位同人不吝赐教，祈望有关专家和读者批评指正。

西北农林科技大学机关党委书记 刘新民

2017 年 11 月 20 日